高等职业教育本科教材

化工原理实验

HUAGONG YUANLI SHIYAN

周长丽　任珂　黄华圣◎主编

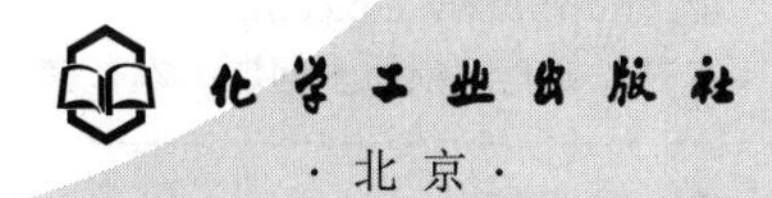

·北京·

内容简介

《化工原理实验》介绍了与主要化工单元操作对应的仿真实训、演示实验、基础实验和设计实验，包括安全用电仿真实训、工业自动化仪表3D仿真实训、流体力学仿真实验、全数字型流体力学综合实验、离心泵性能综合实验、离心通风机性能测定实验、对流传热系数测定实验、蒸发实验、精馏实验、填料塔吸收实验、干燥特性曲线测定实验、振动筛板塔萃取实验和膜分离实验共十三个实验实训项目。

本书在体现职业本科“先进性、职业性、实用性”的基础上，突出校企合作、融媒体等新形态教材特色。在实验实训项目中配套了可听、可视的实验操作视频、微课等数字化资源，同时把化工技术、自动化技术、网络通信技术、数据处理等融合在一起，实现了故障报警、网络采集与自动控制等训练任务，体现了“学中做、做中学”，形成了“教、学、做、训、考”一体化的新模式。

本书可作为高等职业教育本科、普通高等教育本科、应用型本科以及高等职业教育专科化工技术类、环境保护类、制药类及其他相近专业（如化学工程、环境工程、石油化工、生物工程、生物制药等）的教材，也可作为相关企业职工能力提升的培训教材和参考书。

图书在版编目（CIP）数据

化工原理实验／周长丽，任珂，黄华圣主编．
北京：化学工业出版社，2024．8（2025．3重印）．--（高等职业教育本科教材）．-- ISBN 978-7-122-46112-4

Ⅰ．TQ02-33

中国国家版本馆CIP数据核字第2024WY6750号

责任编辑：熊明燕　提　岩　　　装帧设计：王晓宇
责任校对：王鹏飞

出版发行：化学工业出版社
（北京市东城区青年湖南街13号　邮政编码100011）
印　　装：河北延风印务有限公司
787mm×1092mm　1/16　印张14½　字数350千字
2025年3月北京第1版第2次印刷

购书咨询：010-64518888　　　售后服务：010-64518899
网　　址：http://www.cip.com.cn
凡购买本书，如有缺损质量问题，本社销售中心负责调换。

定　　价：42.00元

本书编审人员

主　编　周长丽　河北工业职业技术大学
　　　　任　珂　河北工业职业技术大学
　　　　黄华圣　浙江天煌科技实业有限公司
副主编　王　兵　河北工业职业技术大学
　　　　左晓冉　河北工业职业技术大学
　　　　吴鹏飞　河北工业职业技术大学
参　编　王治江　浙江天煌科技实业有限公司
　　　　王　营　浙江天煌科技实业有限公司
　　　　吕　芳　河北工业职业技术大学
　　　　徐雅曦　河北工业职业技术大学
　　　　陈翠娜　河北工业职业技术大学
　　　　赵　军　河北工业职业技术大学
　　　　丁斯佳　河北工业职业技术大学
　　　　田　明　河北科技工程职业技术大学
　　　　郭东萍　河北工业职业技术大学
　　　　胡文娜　河北工业职业技术大学
主　审　张香兰　中国矿业大学（北京）
　　　　朱银惠　河北工业职业技术大学

前 言

化工原理实验课程是高等职业教育本科化工类、环保类、制药类及其相近专业必修的一门专业技能训练课程，是培养学生工程观念和工程实践能力的重要环节。本教材与化工原理实验课程相配套，介绍了与主要化工单元操作对应的仿真实训、演示实验、基础实验和设计实验，突出了校企合作、融媒体等新形态教材特色。

高等职业教育本科作为目前职业教育体系中学历层次最高的教育，是现代职业教育体系建设的“领头羊”，不仅要面向产业，更要对接产业中的高端领域，目标就是努力培养造就更多的“大国工匠、高技能人才”。

为了适应当前高等职业教育本科的快速发展，根据其培养目标和各专业人才培养方案，进一步深化“三融”（即“职普融通、产教融合、科教融汇”），全面贯彻党的教育方针，我们组建了一支由高校教师和多名行业工程师组成的产教融合、校企合作的“双元”教材开发团队，参考浙江天煌科技实业有限公司开发的化工原理实验设备，编写了这本《化工原理实验》教材。

本教材在编写过程中兼顾国内各高校的实验装置，注重共性原理，突出个性设备，力求内容表述科学严谨、深入浅出、图文并茂、概念清晰、层次分明、操作易懂、利于自学。教材按章节编排，分为安全用电仿真实训、工业自动化仪表3D仿真实训、流体力学仿真实验、全数字型流体力学综合实验、离心泵性能综合实验、离心通风机性能测定实验、对流传热系数测定实验、蒸发实验、精馏实验、填料塔吸收实验、干燥特性曲线测定实验、振动筛板塔萃取实验和膜分离实验共十三个实验项目。教材内容涵盖了仿真实训、演示实验、基础实验和设计实验，每个实验中有实验目的、原理、装置、流程、操作步骤、数据记录与处理、实验报告和思考题，同时配套了可听、可视的实验操作视频、微课等数字化资源，指导学生完成实验。

本书的仿真软件、实验设备操作界面及部分文字资源由浙江天煌科技实业有限公司提供；部分动画、视频资源由北京东方仿真软件技术有限公司、上海卓越睿新数码科技股份有限公司提供技术支持。

由于编者水平所限，虽尽职尽责，教材中也难免有不足之处，敬请广大读者批评指正。

编 者

2024年6月

目 录

第五章 离心泵性能综合实验 091

第六章 离心通风机性能测定实验 106

第七章 对流传热系数测定实验 112

第八章　蒸发实验　118

第九章　精馏实验　125

第十章　填料塔吸收实验　154

第十一章　干燥特性曲线测定实验　160

第十二章　振动筛板塔萃取实验　166

第十三章　膜分离实验　174

附　录　192

参考文献　219

二维码资源目录

续表

序号	资源名称	资源类型	页码
28	连续精馏装置	动画	126
29	填料塔结构	动画	127
30	筛板塔结构	动画	127
31	电子密度计的使用	视频	135
32	筛板塔的精馏实验	视频	139
33	精馏原理分析	微课	140
34	理论塔板数的绘制	动画	143
35	填料塔的精馏实验	视频	146
36	吸收概述及气液相平衡	微课	154
37	吸收与解吸流程	动画	154
38	吸收设备及操作	微课	155
39	填料塔吸收实验	视频	155
40	膜分离实验	视频	174

第一章

安全用电仿真实训

第一节

概述

一、软件功能

本软件是为配合职业本科教育的教学和实训要求，根据安全用电的相关要求而研发的。包括各种电气安全作业的组织措施、技术措施、安全保护措施、电气设备的安全运行、电网的安全管理和电气火灾灭火知识等。与“电气安全工程”“安全用电”“电工作业”“电工技术”和“电气工程概论”等相关课程的实训教学配套。

二、软件组成

软件通过人机交互的方式，最大限度地使学生参与其中，功能完善，界面美观，各项操作直观简洁，易学易用。软件主要分为五个模块。

理论知识：包含安全用电概述、安全用电的相关基础知识、安全用电措施和触电预防共四部分。

动画仿真：包含家庭电路的组成、为什么要用三线插头、人是怎么触电的、欧姆定律、电功率与安全用电的关系、认识低压断路器、漏电保护器的原理和预防雷电共八部分。

用电事故预防：包含电的危害、生活中如何预防电气事故和电气火灾和爆炸的预防等。

紧急救护：包含医疗急救小常识和触电急救动画讲解。

答题互动：包含电磁大冒险和用电知识问答。

三、运行环境

① 机型：PC 及兼容机。
② CPU 类型：Intel 酷睿双核以上。
③ RAM（内存）大小：1G 以上。
④ HD（硬盘）空间：剩余空间 1G 以上。
⑤ 光盘驱动器：16 倍速以上。
⑥ 推荐显示分辨率与色彩：1024×768　32 位色以上。
⑦ 声卡与音频输出：最少 16 位声卡。
⑧ 软件运行环境：Windows XP、Windows 7、Windows 10。

四、软件操作说明

先插入加密狗，然后运行“安全用电仿真实训软件 .exe”文件，无需安装即可直接打开。打开后，等待片头动画结束，会出现一个开始界面，如图 1-1 所示。

图 1-1　开始界面

点击【>> 进入】按钮，进入程序主界面，即首页，如图 1-2 所示。

图 1-2　安全用电仿真实训软件主界面

右上“☒”标志为关闭窗口按钮，点击后直接退出程序并关闭窗口。

鼠标移至“理论知识”部分，可单击进入理论知识部分的子菜单，其余模块操作相同。

第二节

安全用电仿真实训操作

一、理论知识

1. 安全用电概述

理论知识主界面的左侧为目录。分为“安全用电概述”“安全用电的相关基础知识”“怎么安全用电”“触电预防”四部分，如图 1-3 所示。其中“安全用电概述”包含“什么是电能”和“安全用电的意义”两部分内容。同理以同样的操作方法呈现其余各部分内容。

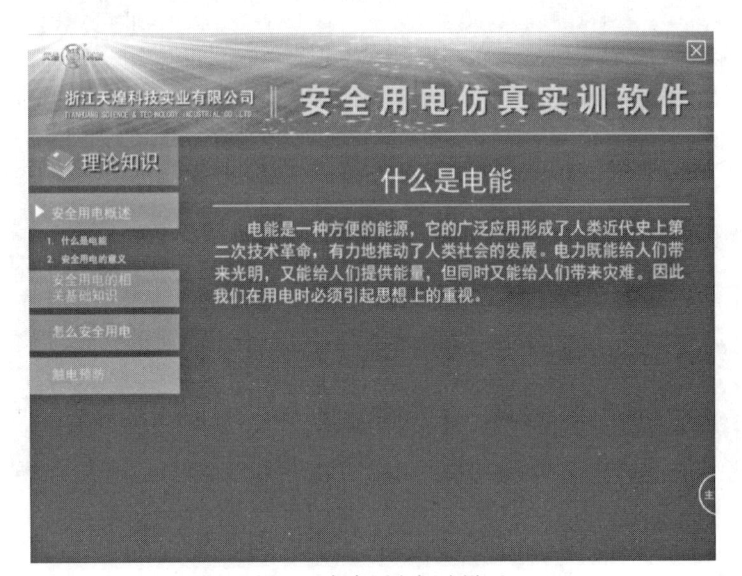

图 1-3　安全用电概述界面

2. 安全用电的相关基础知识

如图 1-4 所示，包含“电功和电功率”“我国的安全电压是多少”“安全标志”三部分内容。

3. 怎么安全用电

如图 1-5 所示，包含“日常常识”“发生触电事故的主要原因”“发生触电时应采取哪些措施”“安全用电原则”四部分内容。

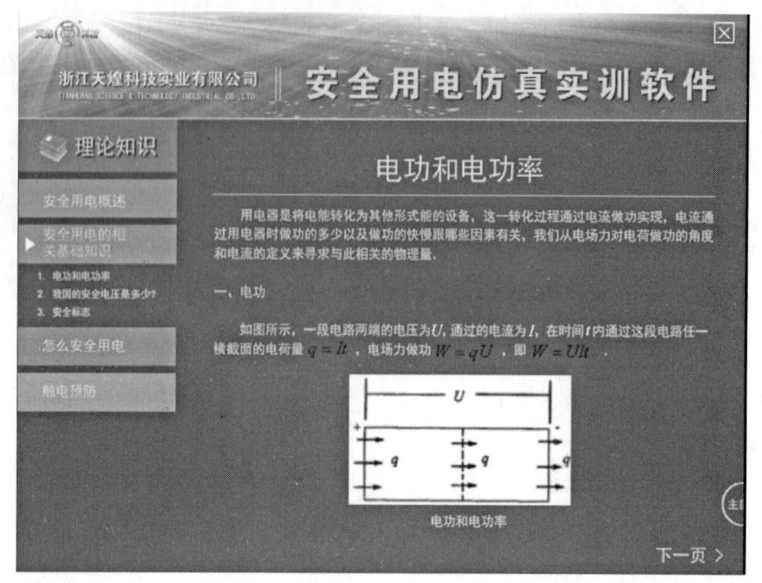

图 1-4　安全用电相关基础知识界面

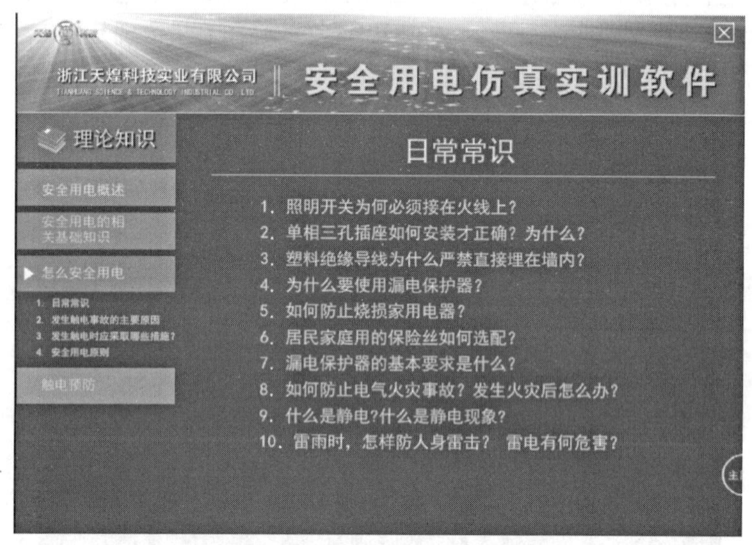

图 1-5　怎么安全用电界面

4. 触电预防

如图 1-6 所示，包含“人体触电方式有哪些”“保护接零”“保护接地”三部分内容。

二、安全用电动画仿真

安全用电动画仿真目录界面，如图 1-7 所示，该目录下有八部分内容，包含“家庭电路的组成”“为什么要用三线插头”“人是怎么触电的”“认识欧姆定律”“电功率与安全用电的关系”“认识低压断路器”“漏电保护器的原理”和“注意预防雷电”，单击按钮可播放相对应的动画。

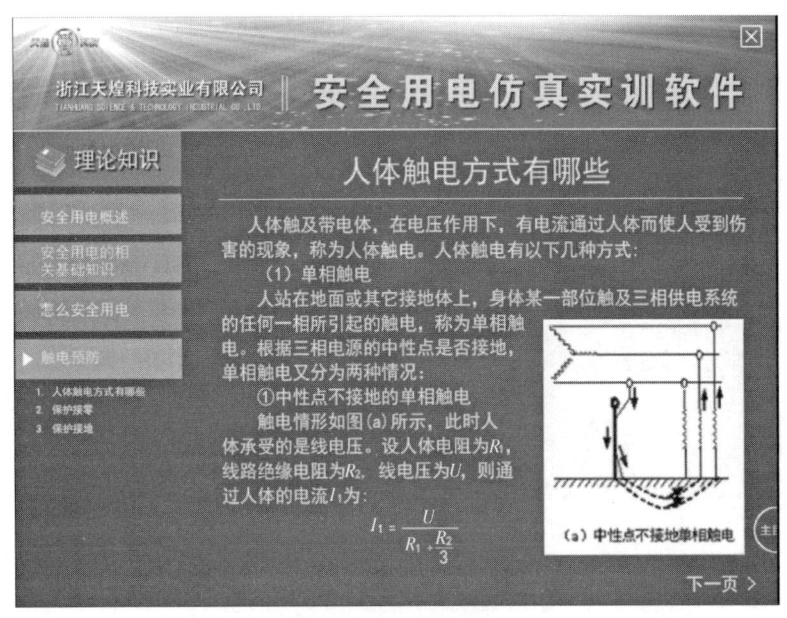

图 1-6　触电预防界面

图 1-7　安全用电动画仿真目录界面

三、用电事故预防

单击【用电事故预防】按钮，进入用电事故预防目录界面，如图1-8所示，包含“电的危害”“生活中如何预防电气事故”“电气火灾和爆炸的预防”“用电设备安全管理”“临时用电安全管理”“电器伤害急救”“电器火灾扑救”七个模块，单击可进入相应模块。

图 1-8　用电事故预防目录界面

四、紧急救护

单击【紧急救护】按钮，进入紧急救护界面，如图 1-9 所示，包含“医疗急救小常识”和“触电急救动画讲解”两个模块，单击可进入相应模块。

图 1-9　紧急救护界面

1. 医疗急救小常识

如图 1-10 所示，包含“人体正常指数”“徒手心肺复苏术”“怎样拨打急救电话”“应急施救的方法”。

2. 触电急救动画讲解

如图 1-11 所示，包含“触电伤害的主要形式”“发生触电怎么办”“怎么救助触电的人”“触电自救”“帮伤员摆脱电源”。

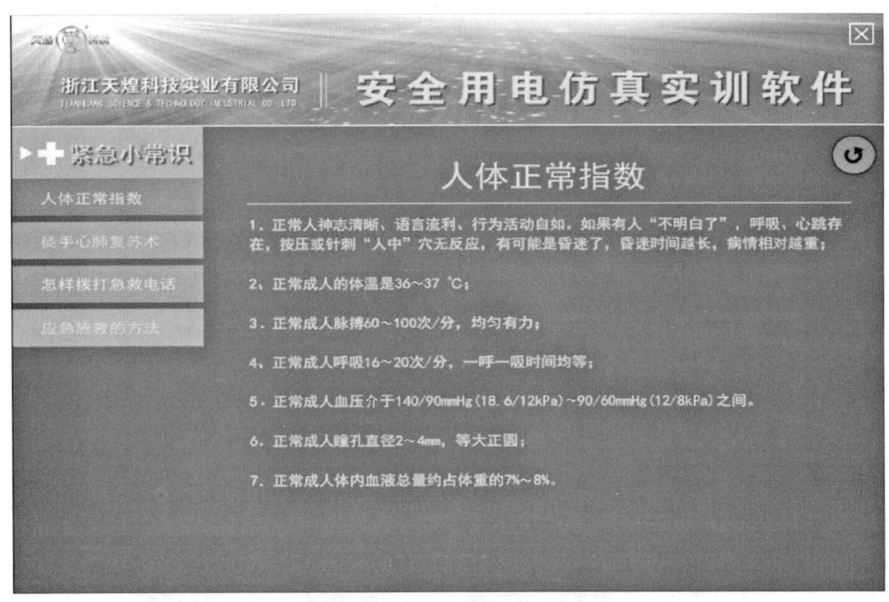

图 1-10　医疗急救小常识界面

图 1-11　触电急救动画讲解界面

五、答题互动

单击【答题互动】按钮，进入答题互动界面，如图 1-12 所示，包含“电磁大冒险”和“用电知识问答”两个模块。

点击进入相应的模块，如图 1-13、图 1-14 所示。

图 1-12　答题互动界面

图 1-13　电磁大冒险界面

图 1-14　用电知识问答界面

第二章

工业自动化仪表 3D 仿真实训

第一节 概述

一、软件功能

该软件是根据专业需要，采用先进的计算机 3D 仿真技术，对工业自动化仪表的产品说明、结构展示和工作原理过程进行模拟，学生可以在电脑前身临其境地进行反复操作练习，是一种经济可靠的培训工具。适合职业院校、技工学校、职业教育培训、鉴定站等机构的技能实训教学。

二、运行环境

① 分辨率：1440×900。
② CPU：双核 2.0GHz 以上。
③ 内存：2GB 以上。
④ 显卡要求：支持 3D 图形显示（显存 512MB 以上）。
⑤ 硬盘容量：20GB 以上。
⑥ 系统：Windows 7、Windows 10。
⑦ 加密狗。

三、软件操作说明

本软件是一款免安装软件，将“天煌工业自动化仪表 3D 仿真教学软件”光盘中的文件拷贝到电脑中，双击【工业自动化仪表 3D 仿真教学软件 .exe】，进入软件初始界面，初始界面分为单机版、网络版，如图 2-1 所示。

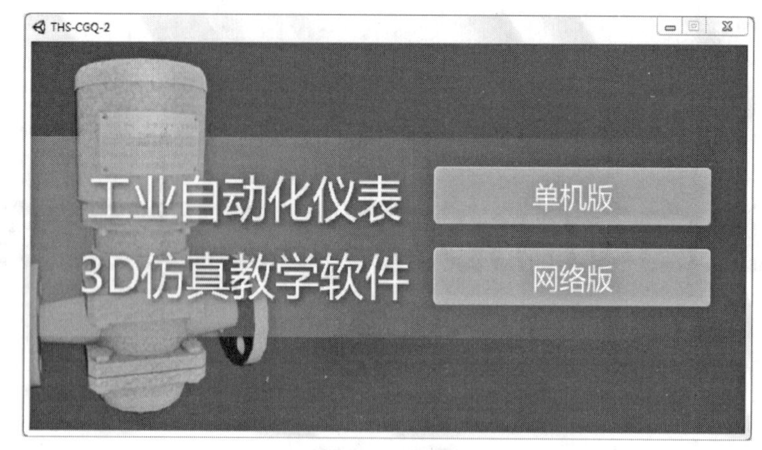

图 2-1　初始界面

1. 单机版

插入加密狗后，在软件初始界面点击【单机版】按钮，若加密狗连接成功，即可进入软件主界面。如果未插入加密狗或加密狗读取失败，界面中将显示“没有发现加密狗”，如图 2-2 所示。

图 2-2　加密狗认证失败界面

2. 网络版

首先，在教师机上插入加密狗，并双击打开“网络版服务器 .exe”，进入服务器界面，若加密狗连接成功，界面中将显示“加密狗连接成功”的提示和此加密狗的最大节点数，此时可点击【创建服务器】按钮，即可成功创建服务器，如图 2-3 所示。如果未插入加密狗或加密狗读取失败，界面中将显示“没有发现加密狗”的提示，且此时加密狗的最大节点数为 0，如图 2-4 所示。

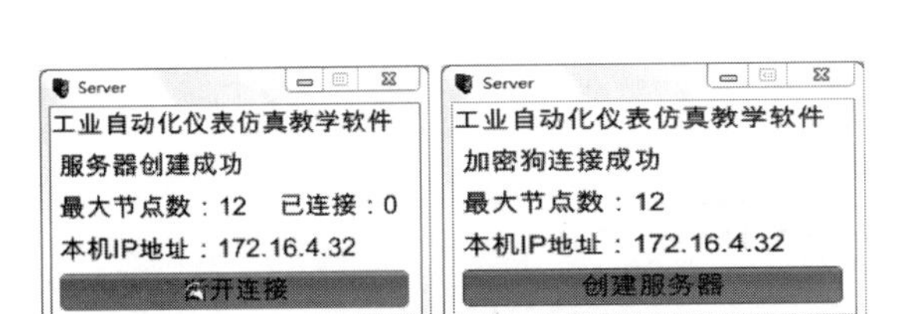

图 2-3　网络版服务器界面

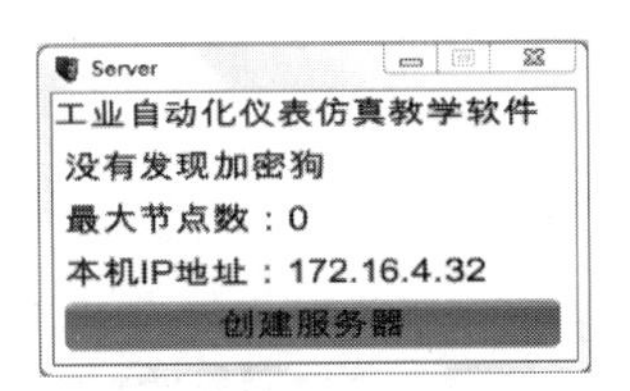

图 2-4　网络版服务器界面（没有发现加密狗）

教师机服务器创建成功后，在学生机上点击【网络版】按钮，并在弹出窗口的输入框中输入教师机上服务器所显示的 IP 地址，如图 2-5 所示。输入完成后，点击【连接服务器】按钮，进入软件主界面，点击左上方【返回】按钮可返回初始界面，如图 2-6 所示。

图 2-5　连接服务器界面

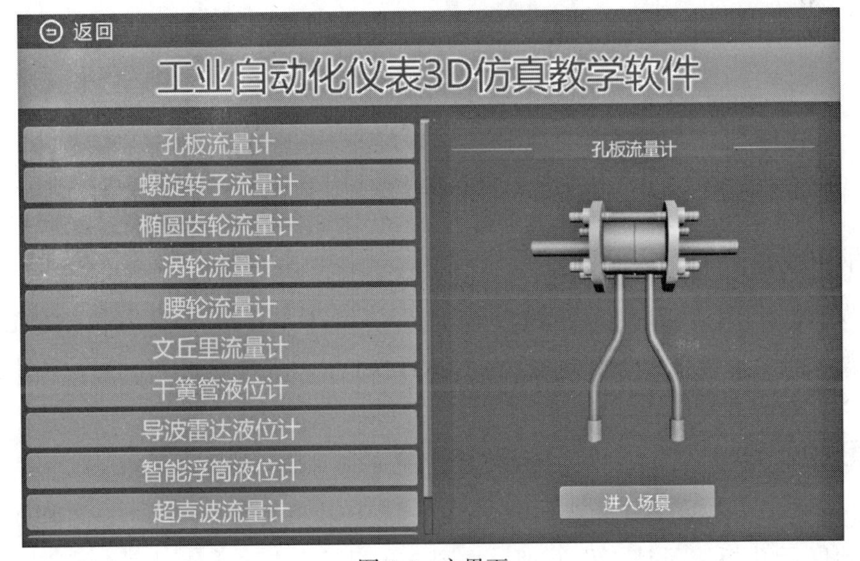

图 2-6　主界面

第二节 工业自动化仪表3D仿真实训操作

一、孔板流量计

在主界面中选中“孔板流量计”，主界面右侧弹出相应的传感器图片、名称和【进入场景】按钮，点击【进入场景】按钮，进入孔板流量计的场景（进入孔板流量计默认是“产品说明”界面，可以点击下方【产品说明】【结构展示】和【工作原理】按钮进行场景切换），如图 2-7 所示。

1. 产品说明

在孔板流量计中，选择【产品说明】按钮。在产品说明界面中，用户可以了解孔板流量计的介绍，点击【⊖】按钮可返回主界面，如图 2-7 所示。

⊖孔板流量计

在管道内部装上孔板或喷嘴等节流件，流体流经节流件时，其上下游之间就会产生静压力差，该静压力差与流量之间有确定的数值关系，所以通过测量差压以及在已知流过流体的性质和其他有关环境条件下，即可根据通用的国际标准计算流量。

图 2-7　孔板流量计说明

2. 结构展示

在孔板流量计中，选择【结构展示】按钮。在结构展示界面中，滚动鼠标滚轮可放大缩小三维模型，按下鼠标滚轮不放移动鼠标可旋转模型，点击【⊖】按钮可返回主界面，如图 2-8 所示。

3. 原理展示

在孔板流量计中，选择【工作原理】按钮。在工作原理场景中，点击【+】和【−】按钮，开始展示孔板流量计工作原理。如图 2-9 所示。点击【⊖】按钮可返回主界面，如图 2-6 所示。

⊙孔板流量计

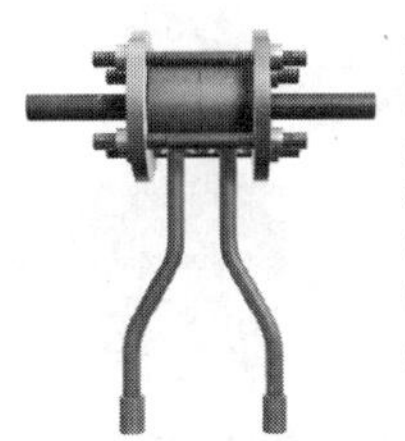

图 2-8　孔板流量计结构

⊙孔板流量计

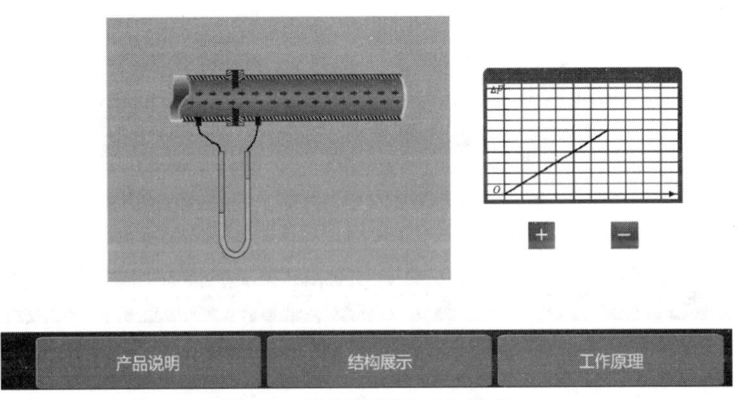

图 2-9　孔板流量计工作原理

二、螺旋转子流量计

操作方式同孔板流量计，产品说明如图 2-10 所示，结构展示如图 2-11 所示，工作原理如图 2-12 所示。

⊙螺旋转子流量计

图 2-10　螺旋转子流量计产品说明

图 2-11　螺旋转子流量计结构展示

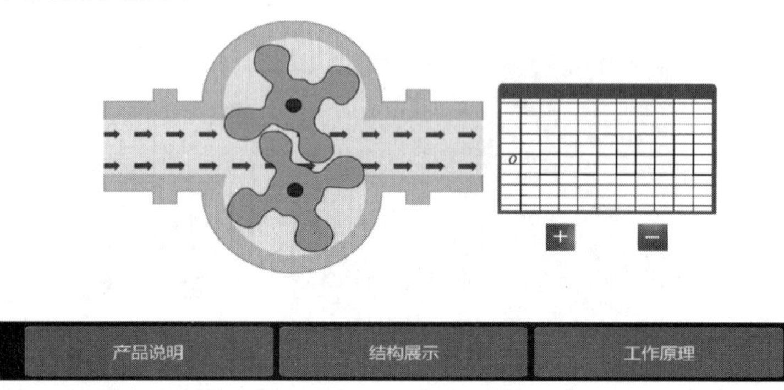

图 2-12　螺旋转子流量计工作原理

三、椭圆齿轮流量计

操作方式同孔板流量计，产品说明如图 2-13 所示，结构展示如图 2-14 所示，工作原理如图 2-15 所示。

图 2-13　椭圆齿轮流量计产品说明

⊖椭圆齿轮流量计

流量计主要由壳体、发信器、计数器、前盖、后盖、盖板、椭圆齿轮和联轴器(分磁性联轴器和轴向联轴器)等组成。

图 2-14　椭圆齿轮流量计结构展示

⊖椭圆齿轮流量计

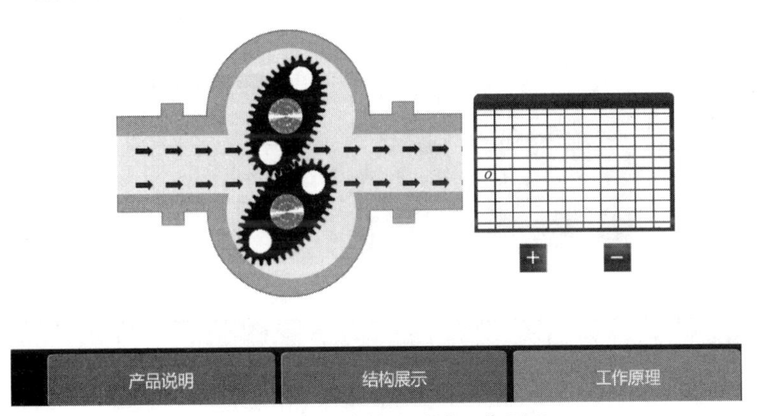

产品说明　结构展示　工作原理

图 2-15　椭圆齿轮流量计工作原理

四、涡轮流量计

操作方式同孔板流量计，产品说明如图 2-16 所示，结构展示如图 2-17 所示，工作原理如图 2-18 所示。

⊖涡轮流量计

涡轮流量计是以动量守恒原理为基础的，在流体流动的管道内，安装一个可以自由转动的叶轮或涡轮，当流体冲击叶轮或涡轮时产生动力，相对于轴心形成动量矩。旋转角速度随着动量矩的变化而变化，即流量随着动量矩的变化而变化。流体的动能使叶轮旋转。流体的流速越高，动能越大，叶轮的转速也就越高，涡轮流量计是典型的速度式流量计。在规定的流量范围和一定的流体黏度下，转速与流速呈线性关系。因此，测出叶轮的转速或转数，就可以确定管道流过流体的流量或总量。

产品说明　结构展示　工作原理

图 2-16　涡轮流量计产品说明

涡轮流量计

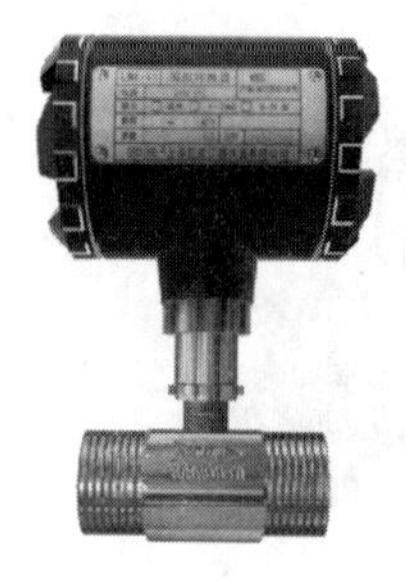

涡轮流量计主要由壳体、导流器、支承、涡轮和磁电转换器组成，涡轮是测量元件，它由导磁系数较高的不锈钢材料制成，轴芯上装有数片呈螺旋形或直形的叶片。

图 2-17　涡轮流量计结构展示

涡轮流量计

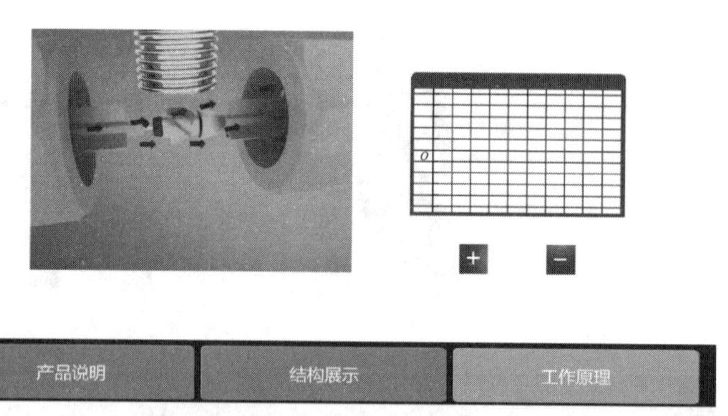

图 2-18　涡轮流量计工作原理

五、腰轮流量计

操作方式同孔板流量计，产品说明如图 2-19 所示，结构展示如图 2-20 所示，工作原理如图 2-21 所示。

腰轮流量计

腰轮流量计利用特殊形状的测量元件把流体连续不断地分割成单个已知的体积部分，根据计量室逐次、重复地充满和排放该体积部分流体的次数来测量流量体积总量。

产品说明　结构展示　工作原理

图 2-19　腰轮流量计产品说明

图 2-20　腰轮流量计结构展示

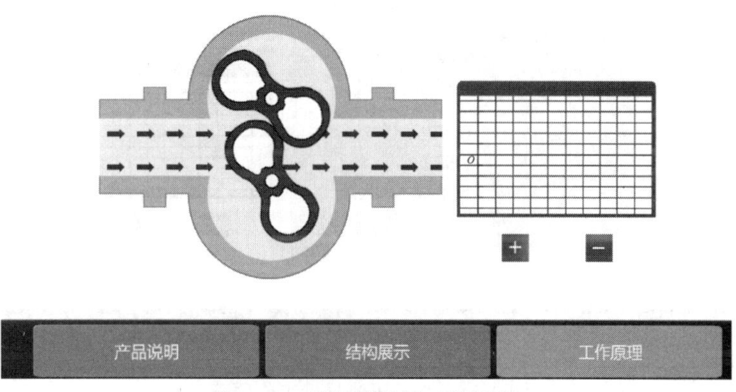

图 2-21　腰轮流量计工作原理

六、文丘里流量计

操作方式同孔板流量计，产品说明如图 2-22 所示，结构展示如图 2-23 所示，工作原理如图 2-24 所示。

图 2-22　文丘里流量计产品说明

⊖文丘里流量计

①入口段：一个短的圆柱段，其直径为D；②收缩段：形状为一锥形管，锥角约为21°±2°；③喉道：一个短的直管段，直径约为(1/3～1/4)D，长度等于管径；④扩散段：锥角为8°～15°的锥管。距入口段末端(0.25～0.75)D处有一个测压环，上面至少有4个测压环，和压环通向压力计。

图 2-23　文丘里流量计结构展示

⊖文丘里流量计

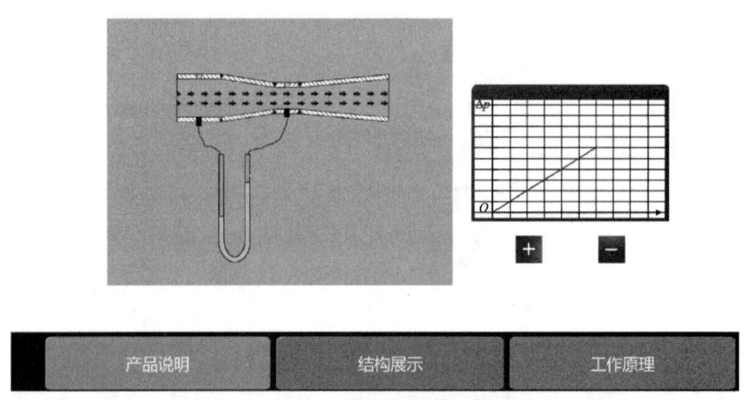

图 2-24　文丘里流量计工作原理

七、超声波流量计

操作方式同孔板流量计，产品说明如图 2-25 所示，结构展示如图 2-26 所示，工作原理如图 2-27 所示。

⊖超声波流量计

超声波流量计是近十几年来随着集成电路技术迅速发展才开始应用的一种非接触式仪表。超声波流量计由超声波换能器、电子线路及流量显示和累计系统三部分组成。超声波换能器用来发射和接收超声波；超声波流量计的电子线路包括发射、接收、信号处理和显示电路；测得的瞬时流量和累积流量值用数字量或模拟量显示。

图 2-25　超声波流量计产品说明

㊀超声波流量计

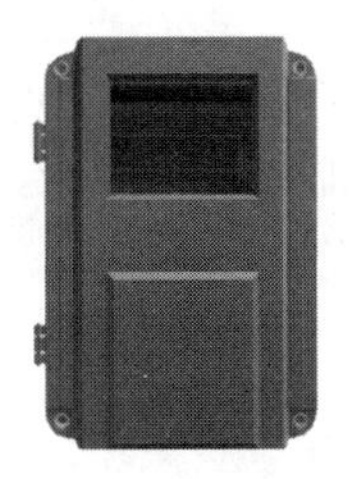

超声波流量计主要由流量计表体、超声波换能器及其安装部件和信号处理单元组成。对于现场插入式超声波流量计和外夹式超声波流量计，安装换能器处的管道可做表体使用。外夹式流量计的换能器紧密安装在管道壁外。

操作盘

传感器

图 2-26　超声波流量计结构展示

㊀超声波流量计

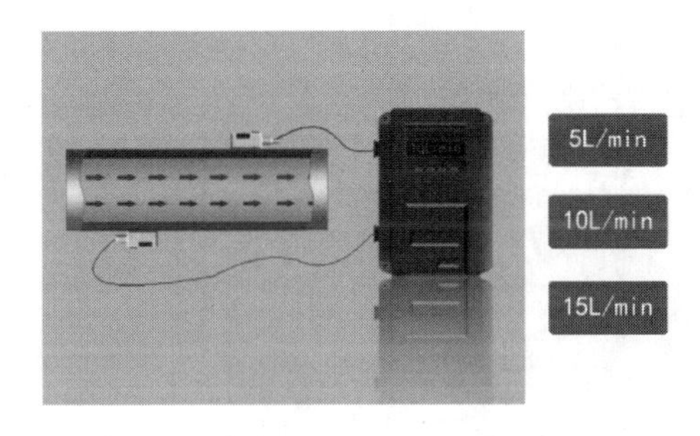

5L/min

10L/min

15L/min

图 2-27　超声波流量计工作原理

八、干簧管液位计

操作方式同孔板流量计，产品说明如图 2-28 所示，结构展示如图 2-29 所示，工作原理如图 2-30 所示。

㊀干簧管液位计

主要由磁浮球、传感器、变送器三部分组成，当磁浮球随被测介质液位变化而上下浮动时，浮球内磁组件吸合传感器内某一相应位置的干簧管。使传感器的总电阻(或电压)发生相应变化，再由变送器将电阻(或电压)的变化转换成4～20mA·DC的标准电流信号输出，可构成位式液位调节、断续的连续的PID液位调节系统。

产品说明　结构展示　工作原理

图 2-28　干簧管液位计产品说明

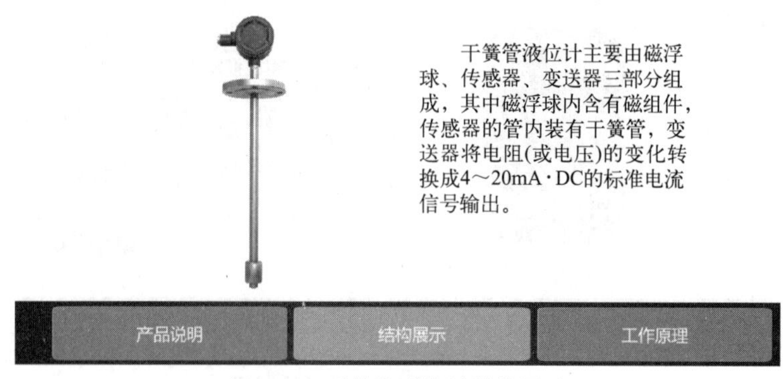

图 2-29　干簧管液位计结构展示

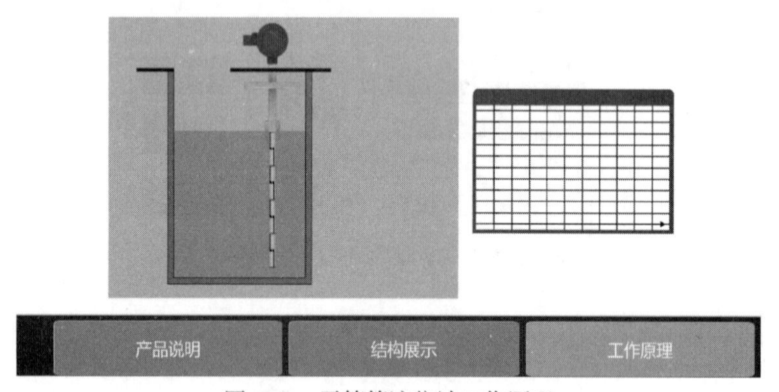

图 2-30　干簧管液位计工作原理

九、导波雷达液位计

操作方式同孔板流量计，产品说明如图 2-31 所示，结构展示如图 2-32 所示，工作原理如图 2-33 所示。

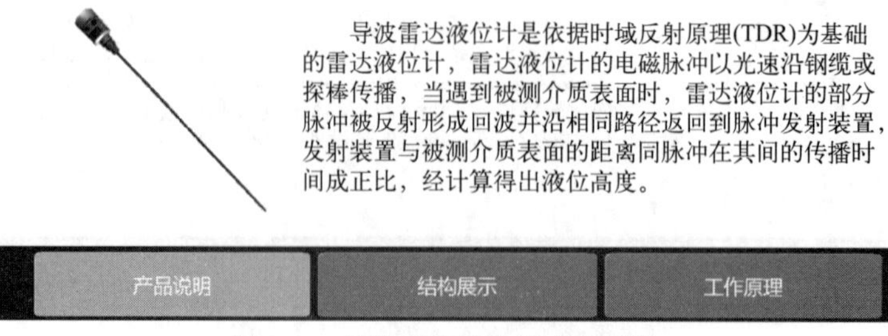

图 2-31　导波雷达液位计产品说明

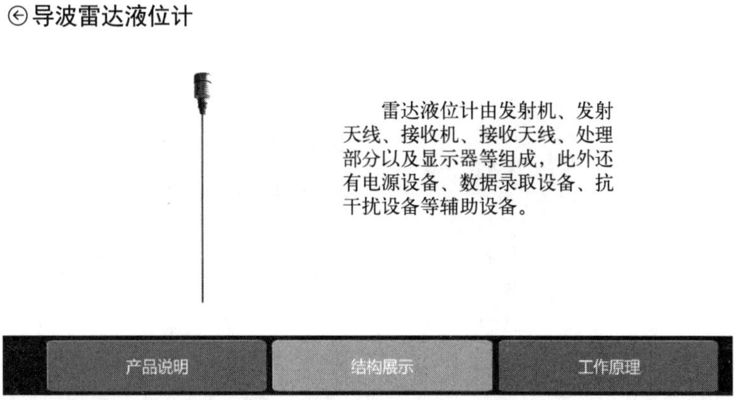

导波雷达液位计
雷达液位计由发射机、发射天线、接收机、接收天线、处理部分以及显示器等组成，此外还有电源设备、数据录取设备、抗干扰设备等辅助设备。
产品说明
结构展示
工作原理

图 2-32　导波雷达液位计结构展示

导波雷达液位计
+
−
产品说明
结构展示
工作原理

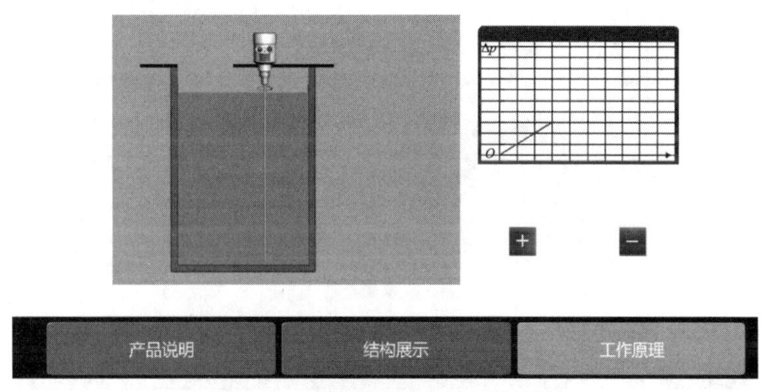

图 2-33　导波雷达液位计工作原理

十、超声波液位计

操作方式同孔板流量计，产品说明如图 2-34 所示，结构展示如图 2-35 所示，工作原理如图 2-36 所示。

超声波液位计
超声波液位计的工作原理是由换能器(探头)发出高频超声波脉冲遇到被测介质表面被反射回来，部分反射回波被同一换能器接收，转换成电信号。超声波脉冲以声波速度传播，从发射到接收到超声波脉冲所需时间间隔与换能器到被测介质表面的距离成正比。
产品说明
结构展示
工作原理

图 2-34　超声波液位计产品说明

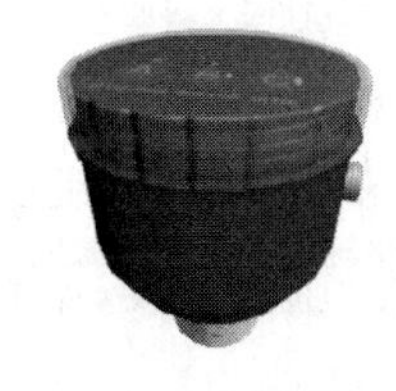

㊀超声波液位计

超声波液位计由三部分组成：超声波换能器、处理单元和输出单元。超声波液位计换能部分利用压电陶瓷作为超声波脉冲的发射器和接收器。处理单元能够把时间转换为距离和液位。输出单元对液位进行输出显示。

图 2-35　超声波液位计结构展示

㊀超声波液位计

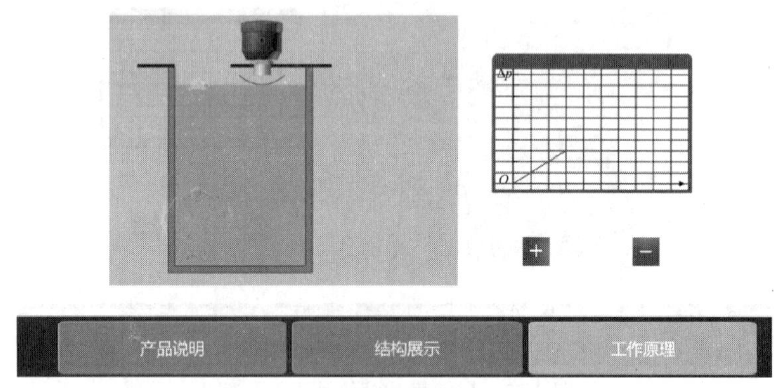

图 2-36　超声波液位计工作原理

十一、智能浮筒液位计

操作方式同孔板流量计，产品说明如图 2-37 所示，结构展示如图 2-38 所示，工作原理如图 2-39 所示。

㊀智能浮筒液位计

浸在液体中的浮筒受到浮筒液位计向下的重力，向上的浮力和弹簧弹力的复合作用。当这三个力达到平衡时，浮筒就静止在某一位置。当液位发生变化时，浮筒所受浮力相应改变，平衡状态被打破，从而引起弹力变化即弹簧的伸缩，以达到新的平衡。弹簧的伸缩使其与刚性连接的磁钢产生位移。这样，通过指示器内磁感应元件和传动装置使其指示出液位。限位开关的仪表即可实现液位信号的报警功能。

产品说明　结构展示　工作原理

图 2-37　智能浮筒液位计产品说明

⊖ 智能浮筒液位计

浮筒液位计是根据阿基米德定律和磁耦合原理设计而成的液位测量仪表，仪表可用来测量液位、界位和密度，负责上下限位报警信号输出。专用于测量压力容器内液位，由四个基本部分组成：浮筒、弹簧、磁钢室和指示器。

产品说明　结构展示　工作原理

图 2-38　智能浮筒液位计结构展示

⊖ 智能浮筒液位计

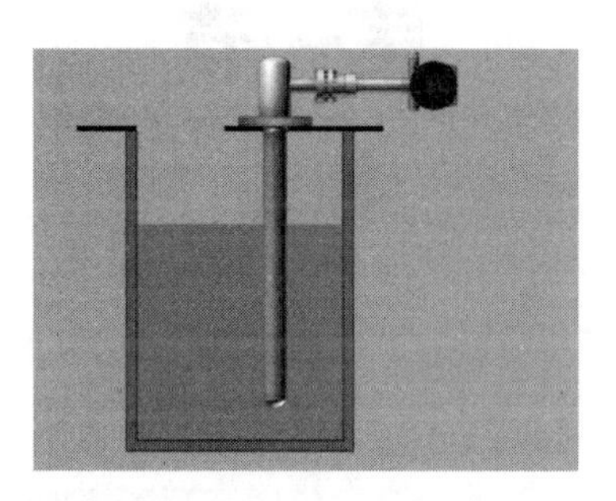

产品说明　结构展示　工作原理

图 2-39　智能浮筒液位计工作原理

第三章 流体力学仿真实验

第一节 概述

一、软件功能

1. 实验内容

“流体力学实验仿真软件”包含了以下 10 个模块：流体静力学综合实验，伯努利方程综合实验，文丘里实验，雷诺实验，动量定律综合实验，孔口、管嘴综合实验，局部阻力综合实验，沿程阻力综合实验，毕托管测速实验，明渠水力学综合实验。

2. 功能介绍

① 模拟 10 种流体力学相关的典型实验，每个实验包括“目的”“装置认知”“原理”“实验”“思考”等内容，让学生在操作设备之前，可在电脑上反复练习达到提高学习效率的目的。

② 模拟真实设备的实验过程、实验现象，通过调节阀门的开度控制实验管道内液体的流量，不同流量情况下各个测量点的压力差等，并记录相关实验数据。

③ 具备标注功能，便于进行重点知识的标注、讲解。

④ 模拟 10 种实验环境，让学生直观地观察各种实验现象，理解相关的理论知识。

二、运行环境

① 本软件界面分辨率：1440×900 像素。

② CPU：双核 2.0GHz 及以上。

③ 内存：2GB 及以上。

④ 硬盘容量：2GB 以上。

⑤ 系统：Windows 7、Windows 10。

三、软件操作说明

1. 相关硬件连接

在使用本软件之前，必须将该软件公司提供的加密狗与电脑连接，否则无法运行本软件。

2. 软件进入

本软件是一款免安装软件，在该软件公司提供的“流体力学实验仿真软件”光盘中，双击【流体力学实验仿真软件 .exe】，进入软件主界面，如图 3-1 所示。

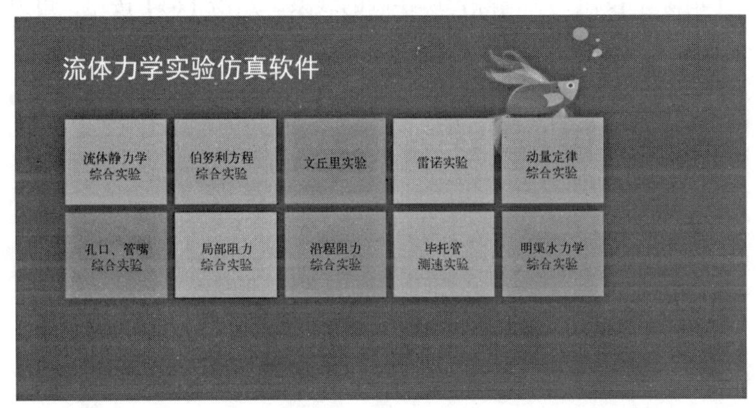

图 3-1　软件主界面

3. 软件退出

在软件界面上，将鼠标光标移至监视器右侧边缘处，显示如图 3-2 所示的侧边栏。点击【退出】按钮进入退出界面；点击【关于】按钮进入软件相关信息界面。

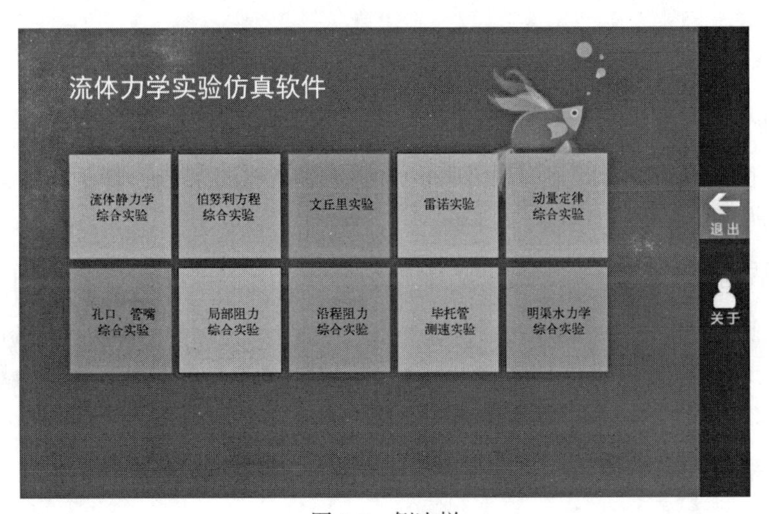

图 3-2　侧边栏

第二节

流体力学仿真实验操作

一、流体静力学综合实验

1. 目的界面

在主界面中，点击【流体静力学综合实验】按钮，进入流体静力学综合实验界面，默认为目的界面，如图 3-3 所示。在界面左下方点击【批注】按钮，能画出任意红色线条进行重点内容的批注；点击【清除】按钮，可清除掉所绘制的线条。点击【←】按钮，可返回主界面。

1. 掌握流体力学知识、巩固相对压强、绝对压强的概念；
2. 了解正U形管、倒U形管工作原理；
3. 掌握测定未知液体密度的方法。

图 3-3　目的界面

2. 装置认知界面

在界面左侧边栏点击【装置认知】按钮，进入装置认知界面，详细介绍装置的每个部件，如图 3-4 所示。

3. 原理界面

在界面左侧边栏点击【原理】按钮，进入原理界面，对流体静力学综合实验原理进行了详细的介绍，如图 3-5 所示。在原理区域内滚动鼠标滚轮或者点击【▬▬▬】按钮灰色部分，可以切换原理内容。

4. 实验界面

在界面左侧边栏点击【实验】按钮，进入实验界面，如图 3-6 所示。在该界面中可以点击【压强测量】【未知液体密度测量】【液位差测量】切换到不同的实验项目中。在“模拟反应器压强选择”框内点选实验条件，在界面左下方的图表中能得出相应的数据结果。点击【操作指南】可获得实验操作帮助。

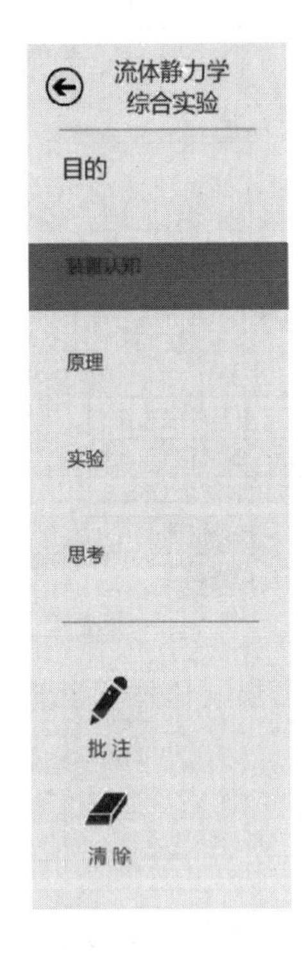

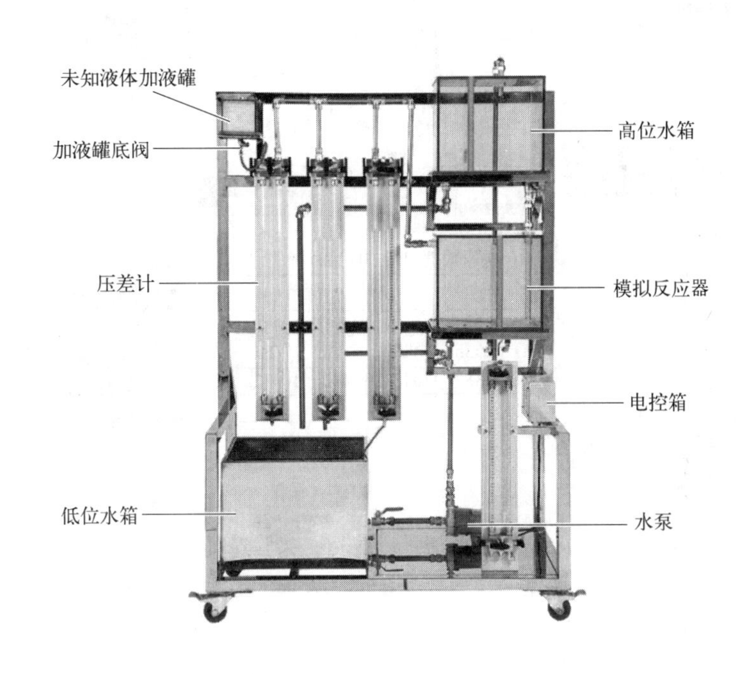

图 3-4　装置认知界面

流体静力学
综合实验

目的

装置认知

原理

实验

思考

批注

清除

U形管一端连通大气，一端连通被测流体，U形管两端的压力差在液柱高度差上体现。

U形管测压原理

U形管压差计是根据流体静力学平衡原理测流体压强的，如图1，在U形的玻璃管内装有密度为$\rho_{液}$的指示液，将欲测压差的两侧流体分别与U形管左、右支管上端连通。指示液必须不溶解欲测压差的两侧流体，而且密度大于任一侧流体。

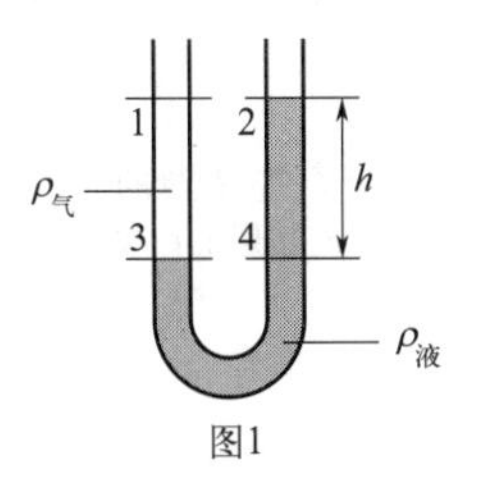

图1

如图1所示，左侧流体密度为$\rho_{气}$，指示液在右支管内的液面比其在左支管的液面高，高度差为h，单位为m。

先观察p_3与p_4之间的关系，因p_3、p_4是静止、连通且处于同一水平面的指示液在两支管的压强，由水平面即等压面推论得知，$p_3=p_4$。

又根据流体静力学方程可知

$p_3=p_1+\rho_{气}gh$

$p_4=p_2+\rho_{液}gh$

所以$p_1-p_2=(\rho_{液}-\rho_{气})gh$ (1)

本实验中，因$\rho_{气}$远远小于$\rho_{液}$，故(1)式可表示为

$p_1-p_2=\rho_{液}gh$ (2)

图 3-5　原理界面

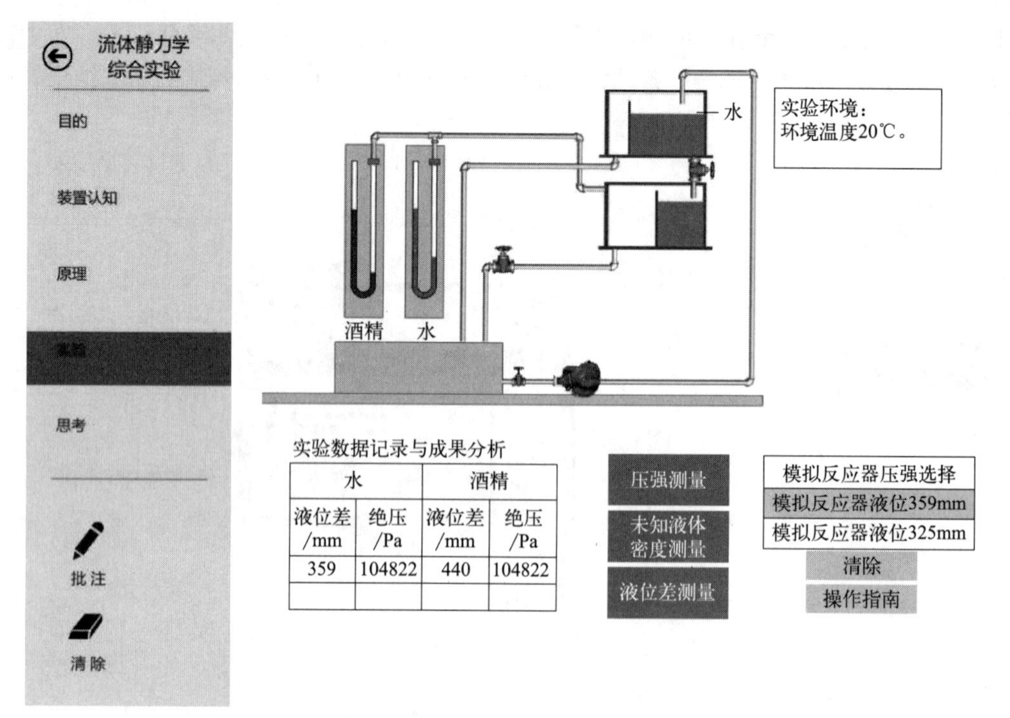

水		酒精	
液位差/mm	绝压/Pa	液位差/mm	绝压/Pa
359	104822	440	104822

图 3-6　实验界面

5. 思考界面

在界面左侧边栏点击【思考】按钮，进入思考界面，如图 3-7 所示。在界面右下方点击【参考答案】按钮，可显示思考题的参考答案。

1. 为了提高测量的准确性，对未知液体的密度有何要求？
2. 如何测量未知液体的密度？

参考答案

图 3-7　思考界面

二、伯努利方程综合实验

在图 3-1 主界面中点击【伯努利方程综合实验】按钮，进入伯努利方程综合实验界面。该界面中的“目的”“装置认知”“原理”“思考”界面的操作方法同“流体静力学综合实验”。如图 3-8 所示。

1. 验证流体恒定流动时的总流体的伯努利方程；
2. 掌握有压管流中流动液体能量转换特性；
3. 掌握流速、流量、压强等动水力学水流要素的实际量测技能；
4. 学会计量各相应截面的静压头和动压头，并能绘制各相应压头线。

(a) 目的界面

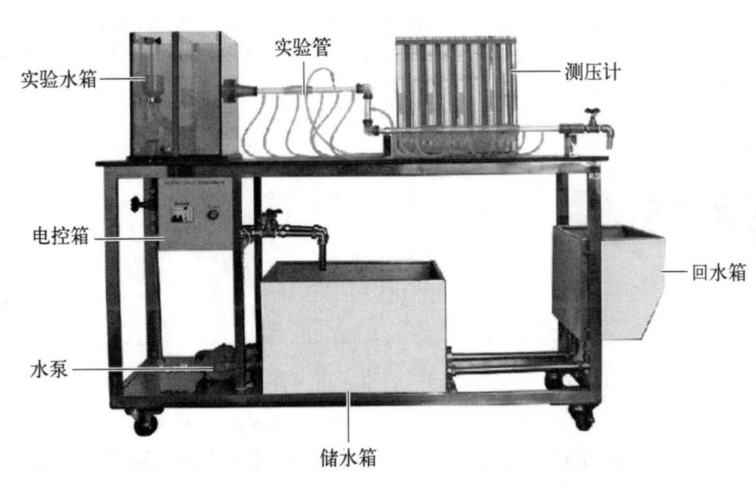

(b) 装置认知界面

图 3-8

实际流体在做稳定管流时的总流伯努利方程为：

$$Z_1+\frac{p_1}{\rho g}+\frac{\alpha_1 v_1^2}{2g}=Z_2+\frac{p_2}{\rho g}+\frac{\alpha_2 v_2^2}{2g}+h_{f1-2}$$

h_{f1-2}表示所选定的两个过流断面之间的单位重量流体的水头损失。

选测压点(1)～(14)，从相应各测压管的水面读数测量$Z+\frac{P}{\rho g}$值，并分别计算各测点速度水头$\frac{\alpha v^2}{2g}$，并将各过流断面处的$Z+\frac{P}{\rho g}$与$\frac{\alpha v^2}{2g}$相加，据此，可在管流轴线图上方绘制出测压管水头线P-P和总水头线E-E。

从以上可知，流体在管道流动时，能量一直在损失，即总水头一直在下降，而静压随着管径的变大而增大，变小而减小。

(c) 原理界面

1. 测压管水头线和总水头线的变化趋势有何不同?为什么?
2. 流量增大或减小时，测压管水头线有何变化?为什么?

参考答案

(d) 思考界面

图 3-8　伯努利方程综合实验目的、装置认知、原理、思考分解界面图

点击实验进入实验界面，如图 3-9 所示，根据【　】提示，点击【　】按钮，装置开始运行，可以观察各个压差管的压差及其压差值。点击【　】按钮，使用测量工具测出流量，计算出各个测试点的水头值。点击【操作指南】可获得实验操作帮助。

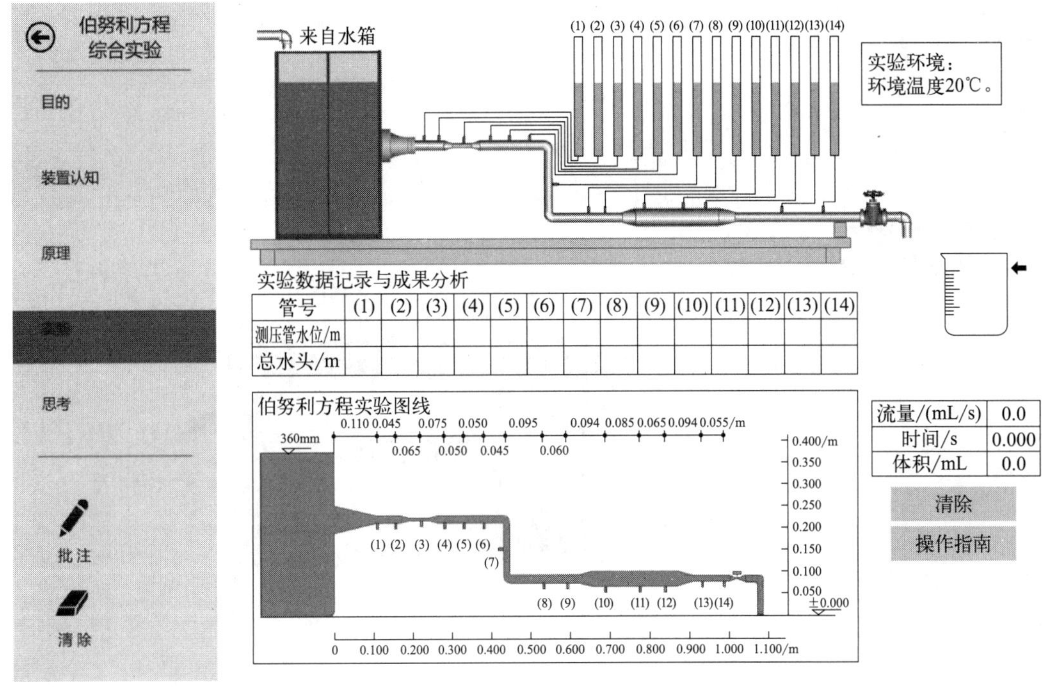

图 3-9　实验界面

三、文丘里实验

在图 3-1 主界面中点击【文丘里实验】按钮，进入文丘里实验界面。该界面中的“目的”“装置认知”“原理”“思考”等界面操作方法同“流体静力学综合实验”。如图 3-10 所示。

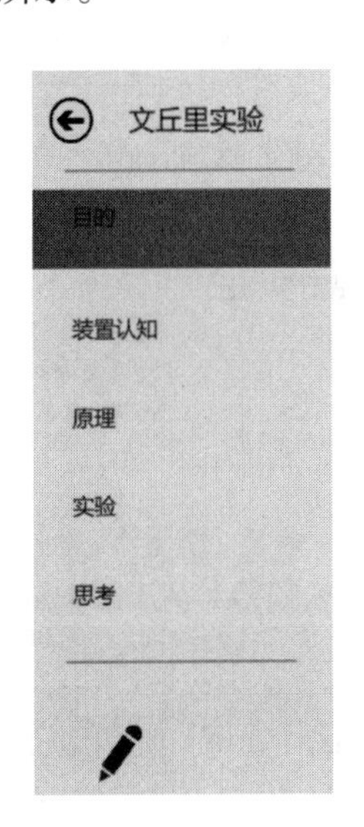

1. 掌握流量计性能测试的一般实验方法；
2. 验证文丘里流量计的孔流系数C_v与雷诺数Re的关系曲线。

(a) 目的界面

图 3-10

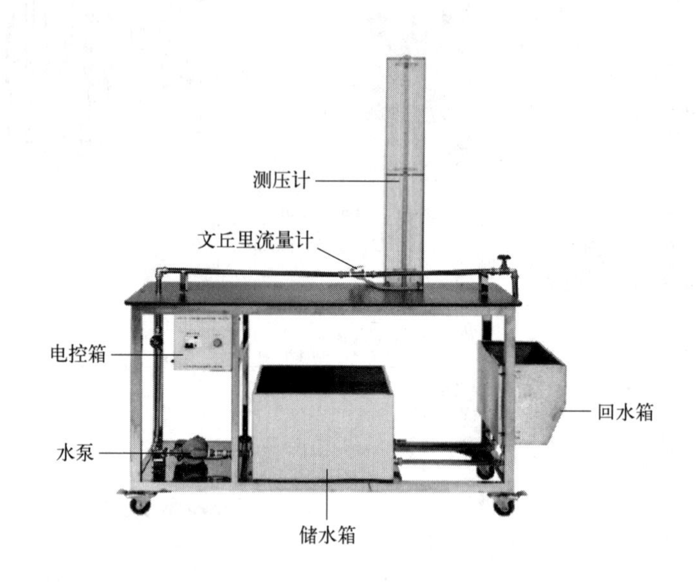

(b) 装置认知界面

文丘里实验

目的

装置认知

原理

实验

思考

文丘里管为渐缩渐扩管，避免了突然缩小和突然扩大，可以大大降低阻力损失。用于测量流量时，称为文丘里流量计。

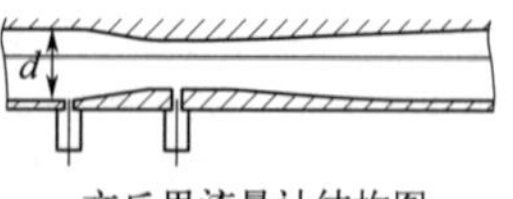

文丘里流量计结构图

流体流过文丘里流量计时，都会产生一定的压差，而这个压差与流体流过的流速存在着一定的关系。

1. 文丘里流量的标定

流体在管内的实际流量V可用体积法测量。也可通过其计算公式计算得出

$$Q=0.44856\sqrt{gR}\,(\mathrm{m^3/h})$$

式中　R—文丘里流量计的压差读数，即测压计读数，m。

2. 孔流系数C_V与雷诺数Re关系测定

流体的流量可通过文丘里流量计的计算公式计算得出

$$V=C_V\frac{\pi}{4}d^2\sqrt{2gR}$$

于是文丘里流量计的孔流系数

$$C_V=\frac{4V}{\pi d^2\sqrt{2gR}}$$

式中　d—文丘里流量计的孔径，m，本实验中文丘里孔径d=0.0105m；

C_V—文丘里流量计的孔流系数；

g—重力加速度，g=9.807m/s^2。

(c) 原理界面

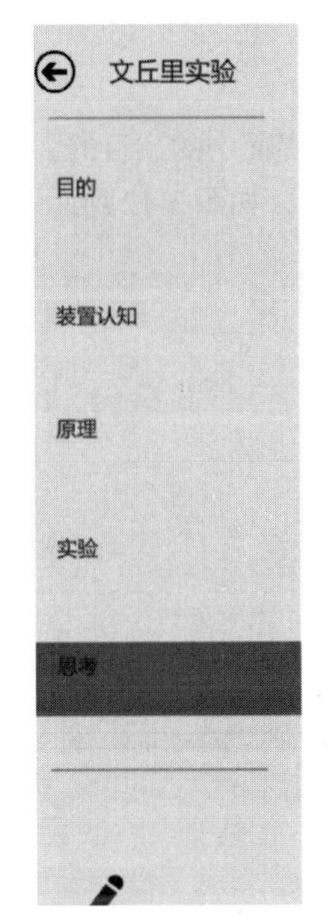

文丘里的实际流量与理论流量为什么会有差别?这种差别是由哪些因素造成的?

参考答案

(d) 思考界面

图 3-10　文丘里实验目的、装置认知、原理、思考分解界面图

点击实验进入实验界面，如图 3-11 所示，在实验界面中，点击【流量调节】框内的按钮【▲】(流量增大)，点击按钮【▼】(流量减小)。测试阀门不同开度下实验管道的流量和压差值。

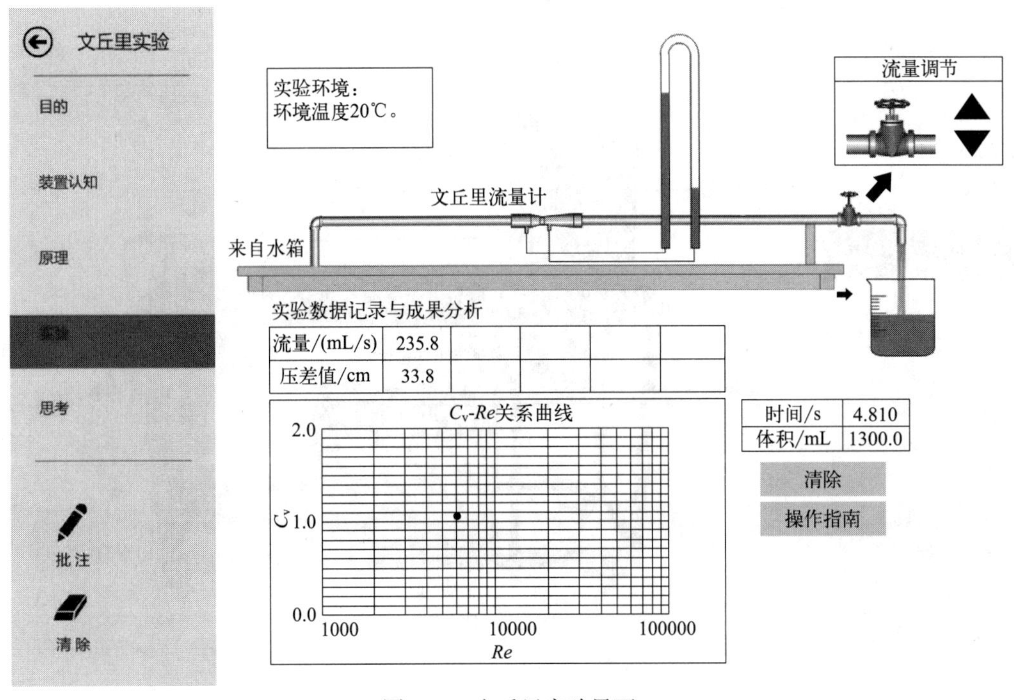

图 3-11　文丘里实验界面

四、雷诺实验

在图3-1主界面中点击【雷诺实验】按钮，进入雷诺实验界面。该界面中的“目的”“装置认知”“原理”“思考”等界面的操作方法同“流体静力学综合实验”，如图3-12所示。

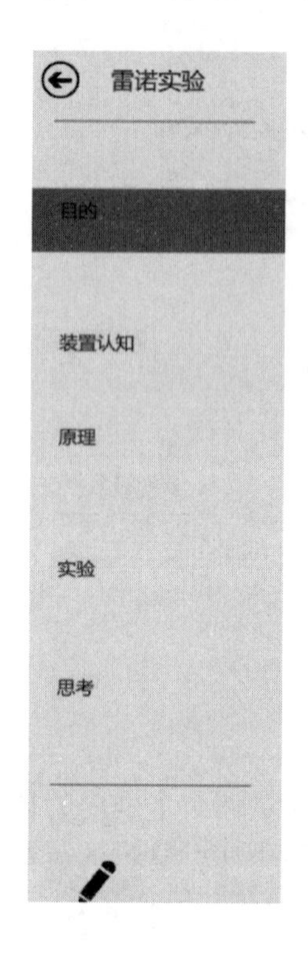

1. 观察层流、紊流的流态及其转换特性；
2. 测定临界雷诺数，掌握圆管流态判别准则；
3. 学习雷诺数用无量纲数进行实验研究的方法，并了解其实用意义。

(a) 目的界面

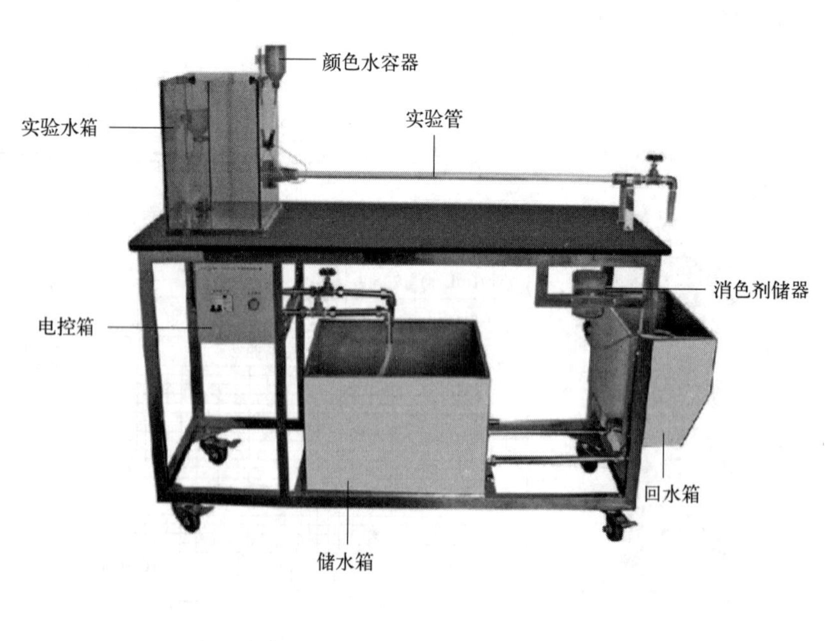

(b) 装置认知界面

液体在圆管流动时，存在着层流与湍流两种形态：流速较小时，水流有条不紊的呈层状有序的直线运动，流层间没有质点混掺，这种流态称为层流；当流速增大时，流体质点做杂乱无章的无序的直线运动，流层间质点混掺，这种流态称为湍流。雷诺数是区别流体流动状态的无量纲数，其计算方法如下。

$$Re=\frac{vd}{\nu}$$

式中　v—平均流速，$v=\dfrac{Q}{\frac{\pi d^2}{4}}$，m/s；

d—管道内径，m(本实验管径为0.0158m)；

ν—运动黏度，$\nu=\dfrac{0.01775}{1+0.0337t+0.000221t^2}\times10^{-4}$，$m^2/s$；

t—水温，℃；

Q—管道流量，用容积法测量，m^3/h。

从以上可知，圆管内的流型由层流向湍流的转变不仅与流速有关，而且还与流体的密度、黏度以及流动管道的直径有关，且实验研究发现，流速由大变小时，可由层流变为湍流，进而变为层流。

(c) 原理界面

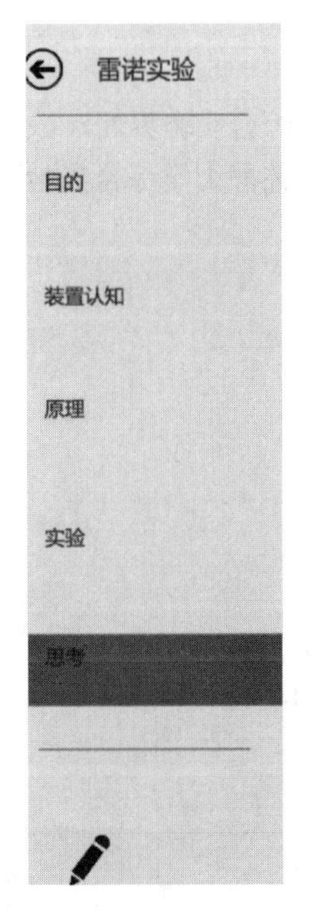

1. 下临界雷诺数有何意义?
2. 实验水箱内中间隔板的作用?

参考答案

(d) 思考界面

图 3-12　雷诺实验目的、装置认知、原理、思考分解界面图

点击实验进入雷诺实验界面，如图 3-13 所示，点击【流量调节】框内的按钮调节流量，观察流体流动的流态，测定临界雷诺数。

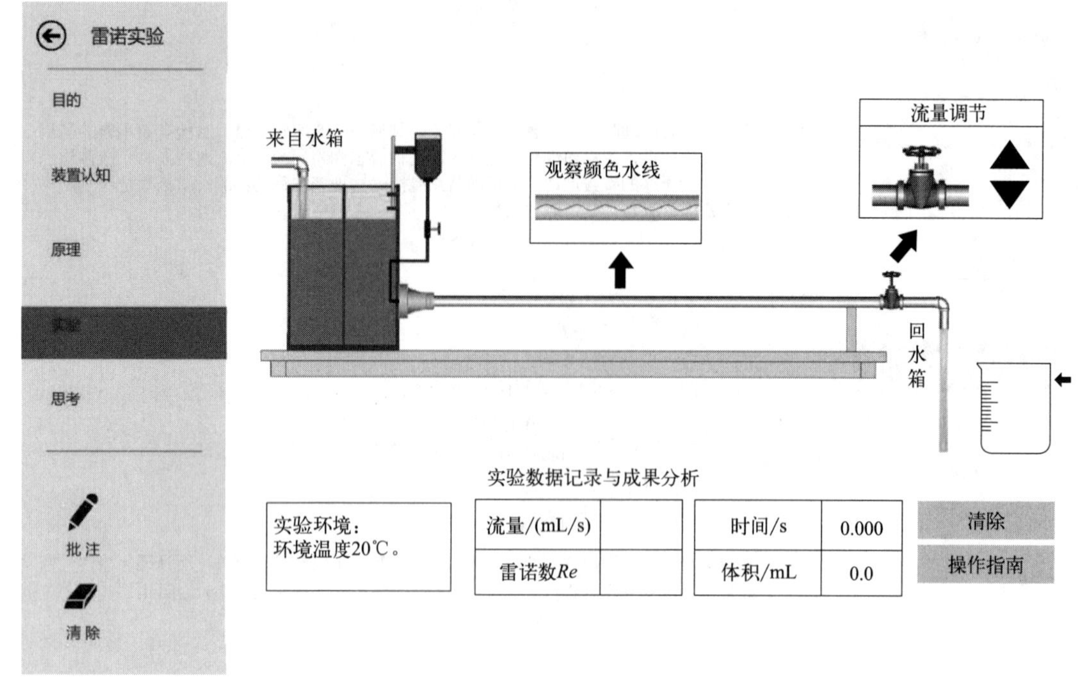

图 3-13　雷诺实验界面

五、动量定律综合实验

在图 3-1 主界面中点击【动量定律综合实验】按钮，进入动量定律综合实验界面。该界面中的“目的”“装置认知”“原理”“思考”等界面的操作方法同“流体静力学综合实验”，如图 3-14 所示。

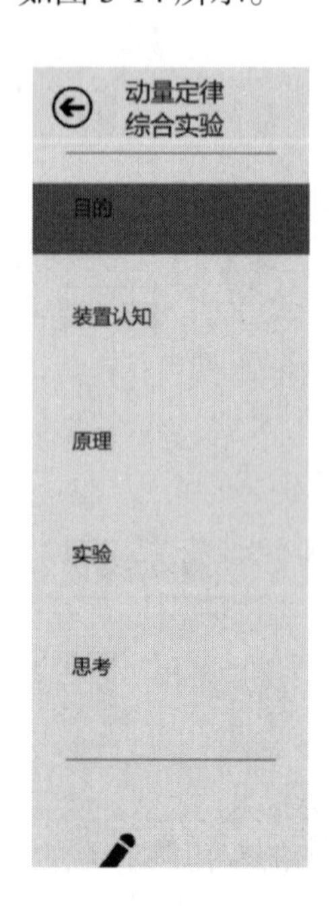

1. 测定管嘴喷射水流对平板或曲面板所施加的冲击力；
2. 测定动量修正系数，以实验分析射流出射角度与动量力的相关性；
3. 将测出的冲击力与用动量方程计算出的冲击力进行比较，加深对动量方程的理解。

(a) 目的界面

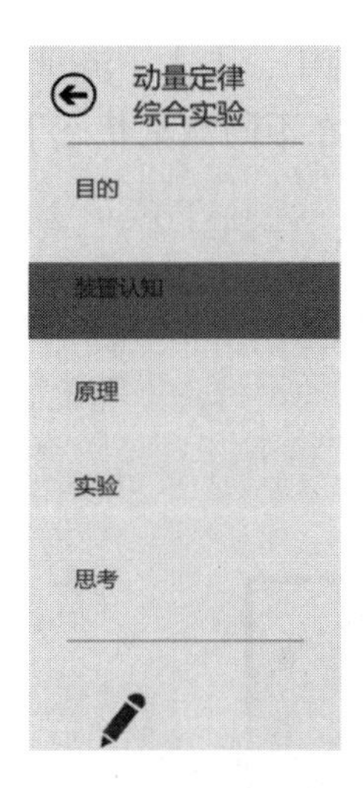

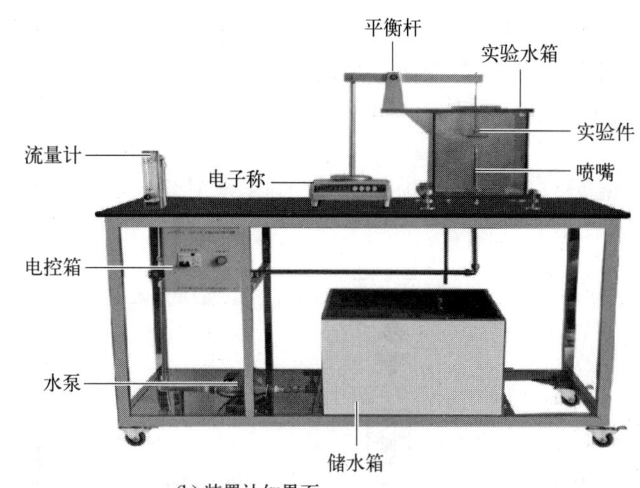

(b) 装置认知界面

动量定理指出：流体微团动量的变化率等于作用在该微团上所有外力的矢量和。即某控制体内的动量在时间dt内的增量等于作用在控制体上所有外力在dt时间内的总冲量。

水射流冲击实验件的速度v

管嘴出口处的水流速度：

$$v_0=\frac{Q}{A_0}$$

式中　A_0—喷嘴出口截面积，m^2；

　　Q—流体的流量，m^3/s。

在地心引力的作用下，水射流离开喷嘴后要减速，当水流射到实验件上时，速度v_1应根据垂直上抛运动的公式进行修正，即：

$$v_1=\sqrt{v_0^2-2gs}$$

式中　s—从喷嘴出口到模板实际接触距离，s=0.03m(可调节)。

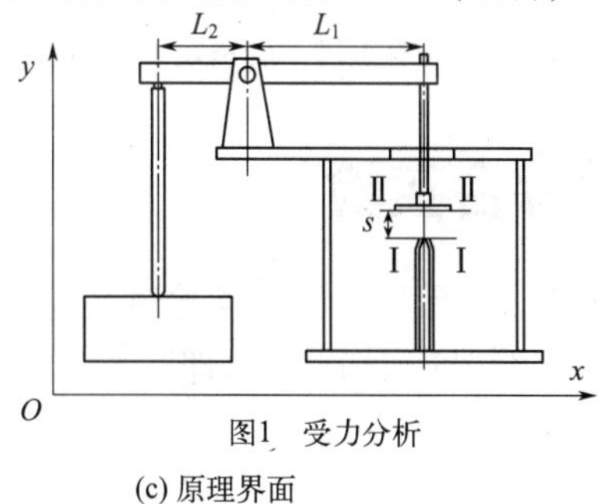

图1　受力分析

(c) 原理界面

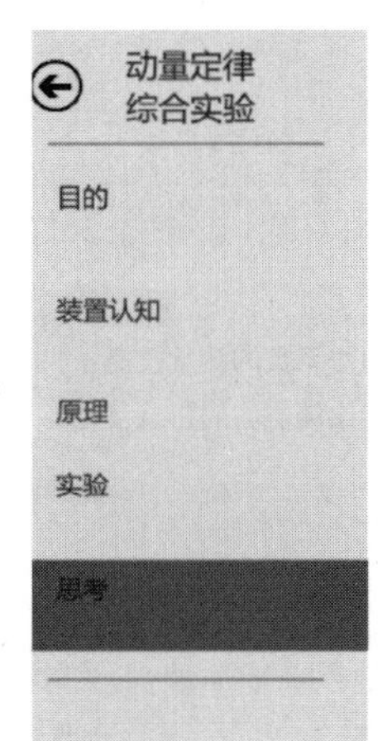

1. 分析用动量方程求得的作用力值和实测值之间产生误差的原因?
2. 若电子秤的起始读数不为零，会对实验结果带来什么影响?
3. 对于凹球面、凸球面实验件的动量与平板实验件的动量比较有何规律?为什么会有这种规律?

参考答案

(d) 思考界面

图 3-14　动量定律综合实验目的、装置认知、原理、思考分解界面图

点击实验进入动量定律综合实验界面，如图 3-15 所示，在实验界面中，点击【流量调节】框内的按钮【▲】或者按钮【▼】改变管道内流量的大小。观察在不同流量状态下，实验水箱内水幕的变化。

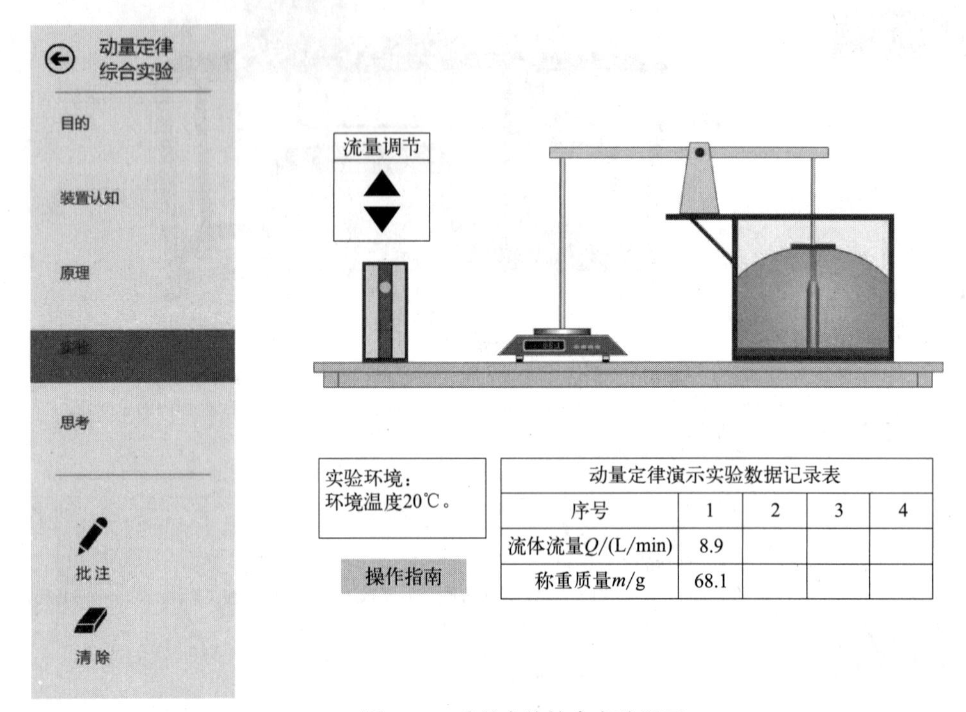

动量定律演示实验数据记录表				
序号	1	2	3	4
流体流量Q/(L/min)	8.9			
称重质量m/g	68.1			

图 3-15　动量定律综合实验界面

六、孔口和管嘴综合实验

在图 3-1 主界面中点击【孔口、管嘴综合实验】按钮，进入孔口、管嘴综合实验界面中。该界面中的“目的”“装置认知”“原理”“思考”等界面的操作方法同“流体静力学综合实验”，如图 3-16 所示。

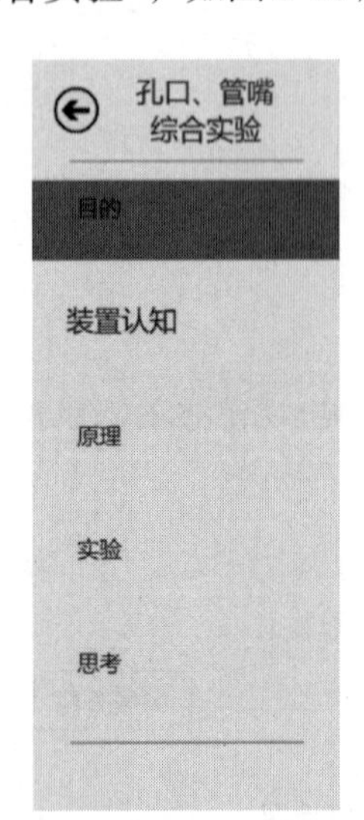

1. 掌握孔口、管嘴出流的流速系数、流量系数、收缩系数、局部阻力系数的测量技能；
2. 通过对不同管嘴、孔口的流量系数的测量分析；了解进口形状对出流能力的影响及相关水力要素对孔口出流能力的影响；
3. 了解直角管嘴内部压强分布特征。

(a) 目的界面

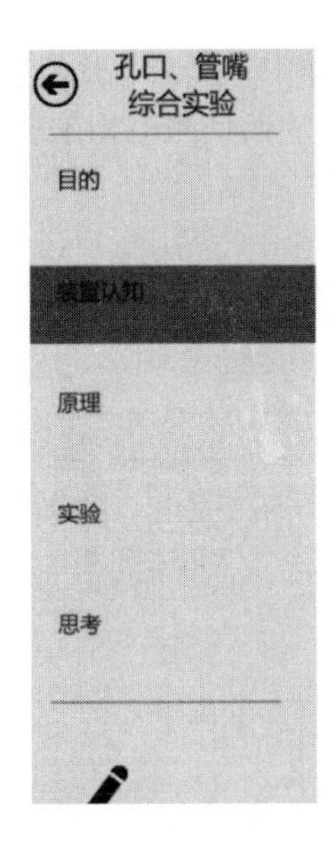

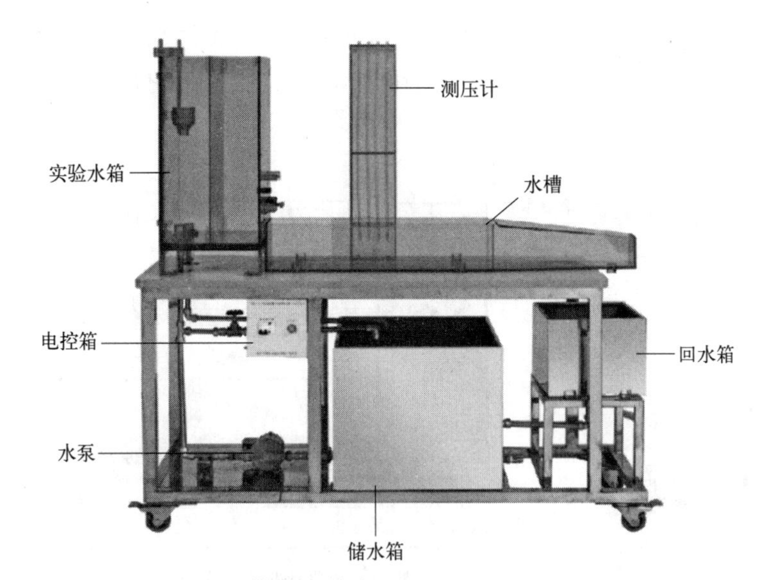

(b) 装置认知界面

孔口出流：在容器壁上开孔，水经孔口流出的水力现象就称为孔口出流，当孔口直径d与孔口中心以上的水头高度H的比值小于0.1，即$d/H<0.1$时，可认为孔口射流断面上的各点流速相等，且各点水头亦相等，这时的孔口称为小孔口。

管嘴出流：在孔口周边连接一长为3～4倍孔径的短管，水经过短管并在出口断面满管流出的水力现象，称为管嘴出流。当水流经管嘴出流时，由于管嘴内部的收缩断面处产生真空，等于增加了作用水头，使得管嘴的出流大于孔口出流。

当水流从孔口(或管嘴)出流时，由于惯性的作用，水流在流出后有收缩现象。收缩断面的面积A_1与孔口的面积A的比值ε称为收缩系数。

$$\varepsilon=\frac{A_1}{A}=\frac{d_1^2}{d^2} \tag{1}$$

式中　ε—收缩系数，无量纲数；

A_1—收缩断面的面积，m^2；

A—孔口的面积，m^2；

d_1—收缩断面的直径，m；

d—孔口的直径，m。

应用伯努利方程可推得孔口(或管嘴)流量计算公式如下

$$Q=\varepsilon\varphi A\sqrt{2gH}\ 或\ Q=\mu A\sqrt{2gH} \tag{2}$$

式中　Q—孔口(或管嘴)流量，m^3/h；

φ—流速系数，无量纲数；

μ—流量系数，无量纲数；

H—孔口(或管嘴)中心点以上的作用水头，m。

(c) 原理界面

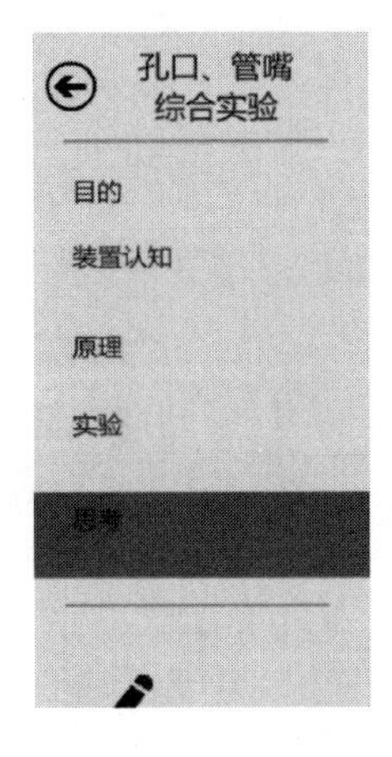

1. 流速系数φ是否可能大于1.0?
2. 在相同作用水头下，各种管嘴出流的流量大小如何? 为什么会有差异?

参考答案

(d) 思考界面

图 3-16　孔口、管嘴综合实验目的、装置认知、原理、思考分解界面图

点击实验进入孔口、管嘴综合实验界面，如图 3-17 所示。在实验界面中，点击【孔口】【锥形管嘴】【圆角管嘴】【直角管嘴】等按钮进行相应的实验。使用测量工具测出相关的数据，并在表中显示。

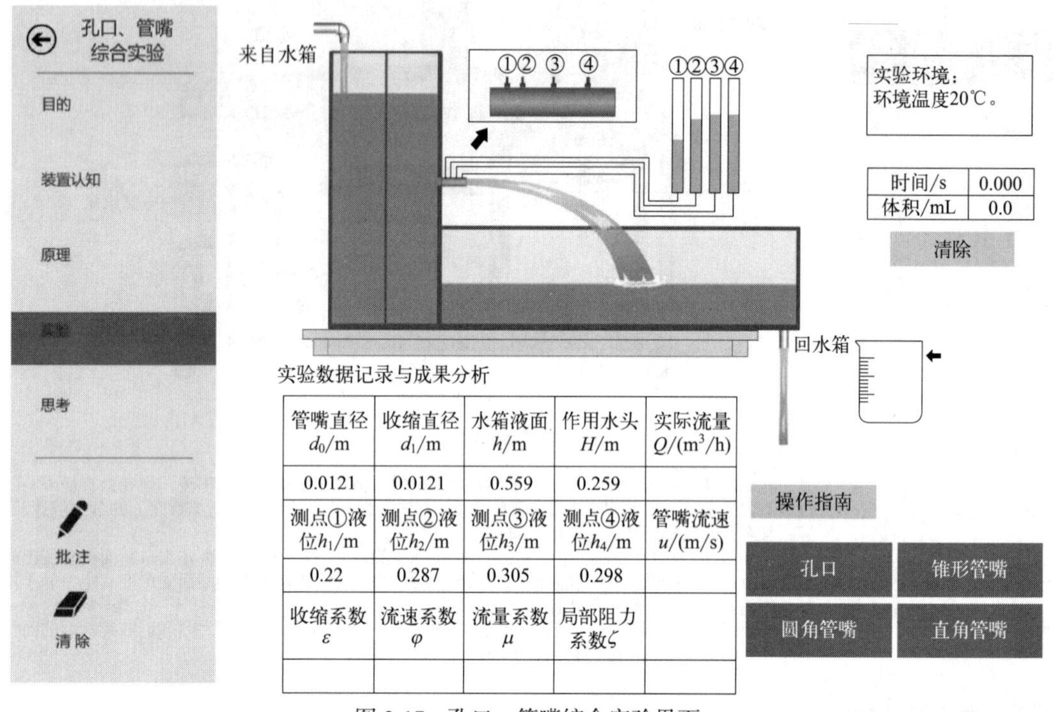

图 3-17 孔口、管嘴综合实验界面

七、局部阻力综合实验

在图 3-1 主界面中点击【局部阻力综合实验】按钮，进入局部阻力综合实验界面。该界面中的“目的”“装置认知”“原理”“思考”等界面的操作方法同“流体静力学综合实验”，如图 3-18 所示。

1. 加深对局部阻力损失机理的理解；
2. 掌握三点法、四点法测量局部阻力系数的技能；
3. 测定阀门全开或任意开度时的局部阻力和局部阻力系数ζ。

(a) 目的界面

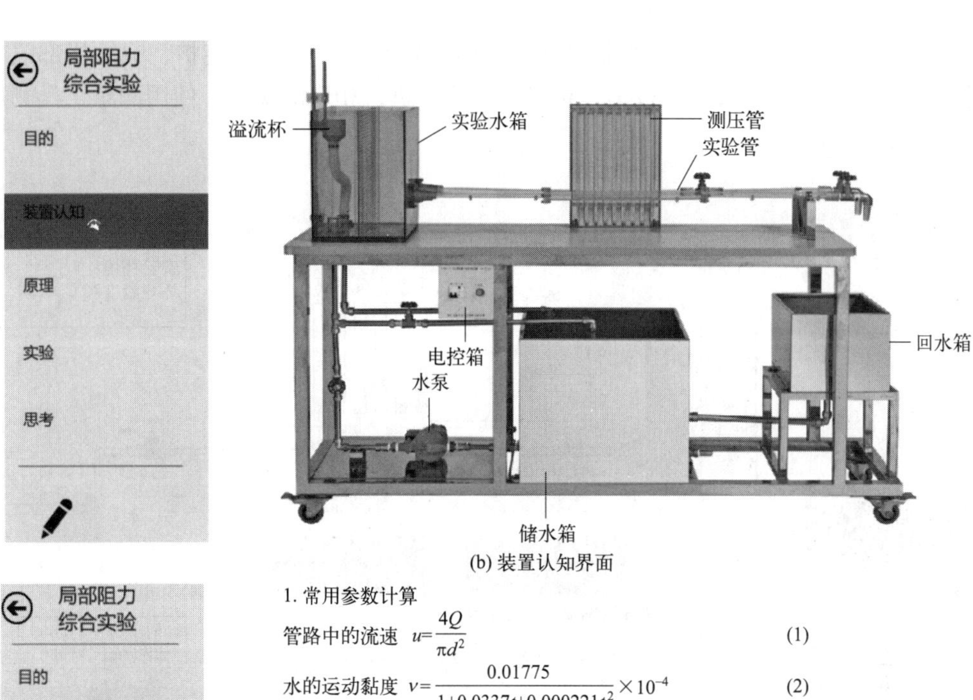

(b) 装置认知界面

1. 常用参数计算

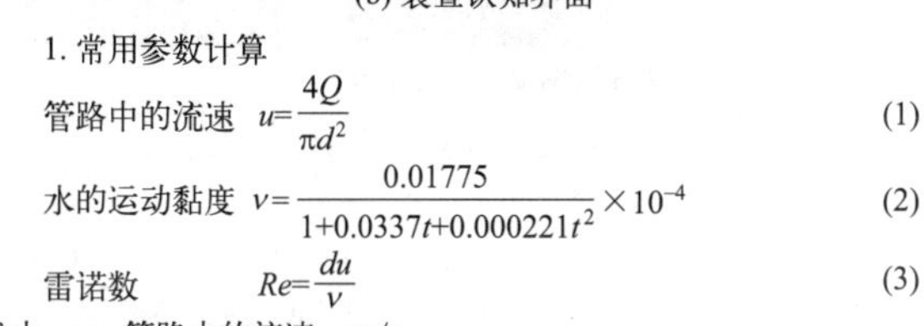

管路中的流速 $u=\frac{4Q}{\pi d^2}$ (1)

水的运动黏度 $v=\frac{0.01775}{1+0.0337t+0.000221t^2}\times 10^{-4}$ (2)

雷诺数 $Re=\frac{du}{v}$ (3)

式中 u—管路中的流速，m/s；

Q—用体积法测得的流量，m^3/s；

d—管道内径，m；

v—流体的运动黏度，m^2/s(也可根据流体温度直接查表)；

t—流体温度，℃。

2. 突扩圆管的局部阻力损失

流体流过突然扩大管路时，由于流道突然扩大，流速减小，压力相应增大，流体在这种逆压流动过程中极易发生边界层分离，产生漩涡。由边界层分离所造成的机械能损失要远大于此过程中流体与壁面间的摩擦损失。如图1所示，通过四点法(即①、②、③、④)可以测得突扩时局部阻力损失。

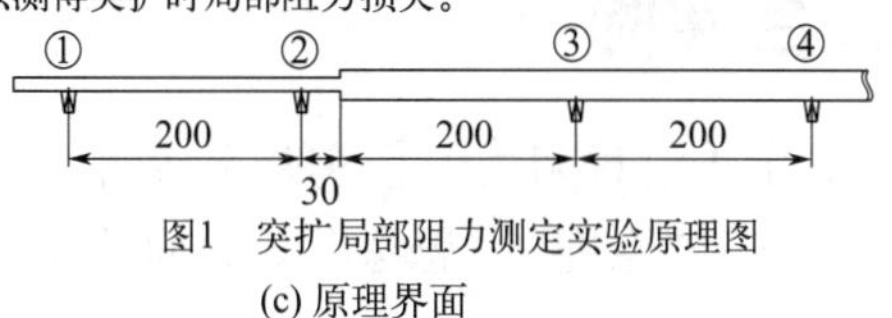

图1 突扩局部阻力测定实验原理图

(c) 原理界面

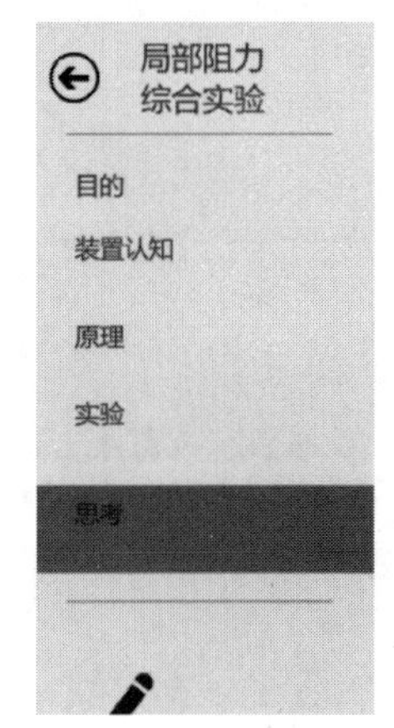

1. 结合实验结果，分析比较突扩与突缩圆管在相应条件下的局部阻力损失大小关系。
2. 产生突扩与突缩局部阻力损失的主要部位在哪里?怎样减小局部阻力损失?
3. 影响实验结果的因素有哪些?

参考答案

(d) 思考界面

图 3-18 局部阻力综合实验目的、装置认知、原理、思考分解界面图

点击实验进入局部阻力综合实验界面，如图 3-19 所示。点击【突扩、突缩局部阻力测试】【阀门局部阻力测试实验】按钮，选择实验管道进行相应的实验，使用测量工具测定相关的实验数据。

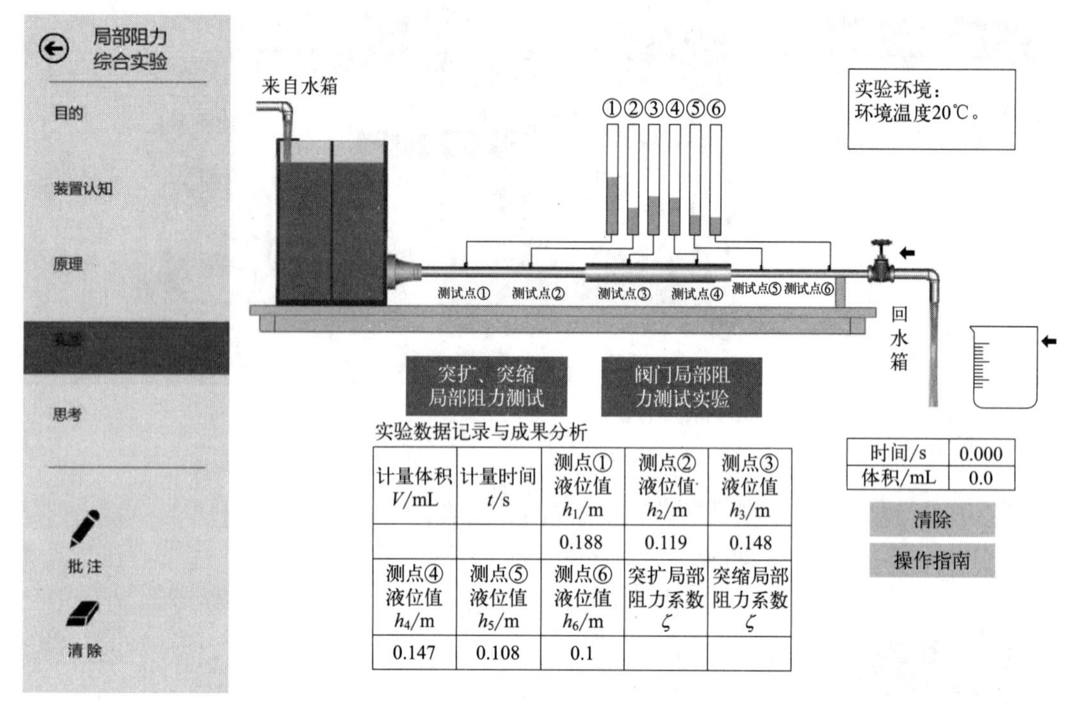

图 3-19　局部阻力综合实验界面

八、沿程阻力综合实验

在图 3-1 主界面中点击【沿程阻力综合实验】按钮，进入沿程阻力综合实验界面。该界面中的“目的”“装置认知”“原理”“思考”等界面的操作方法同“流体静力学综合实验”，如图 3-20 所示。

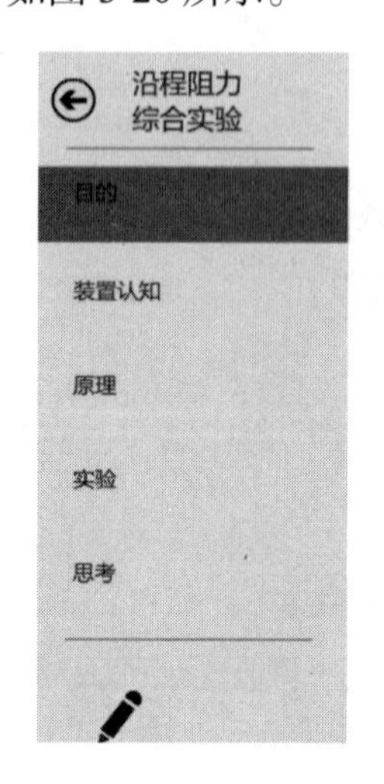

1. 深入了解流体沿程损失概念；
2. 掌握圆管的沿程阻力、直管摩擦系数的测定原理和方法；
3. 了解摩擦系数在不同流态、不同雷诺数下随流速变化的规律。

(a) 目的界面

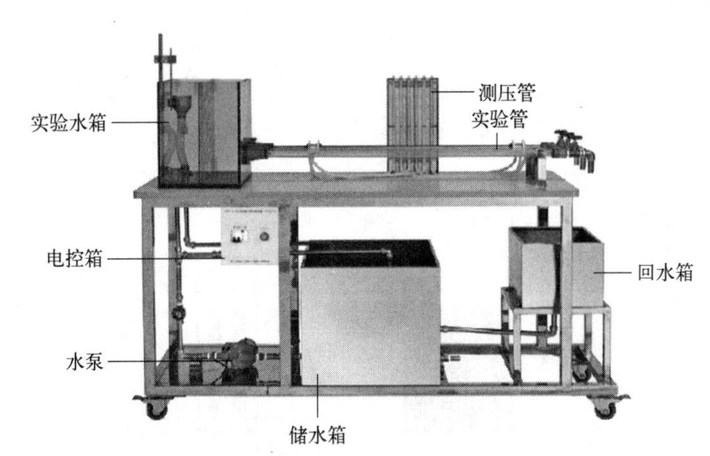

(b) 装置认知界面

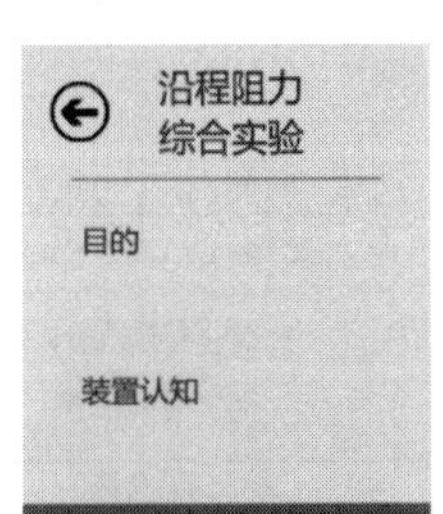

实际液体在流动时有沿程损失，流体平均流速不同(此时Re的值也相应变化)，其沿程损失也不同，本设备可进行圆管的沿程阻力和直管摩擦系数的测定。

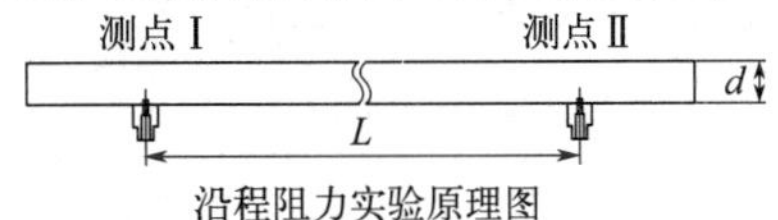

沿程阻力实验原理图

圆管流动沿程水头损失计算过程如下：

根据达西公式：$\Delta h_f=\lambda\frac{L}{d}\cdot\frac{v^2}{2g}$

又根据水平等径圆管在被测点Ⅰ、Ⅱ两个过流断面间的伯努利方程：

$$\frac{p_{\mathrm{I}}}{\rho g}=\frac{p_{\mathrm{II}}}{\rho g}+\Delta h_{f_{\mathrm{I-II}}}$$

即$\Delta h_{f_{\mathrm{I-II}}}=\frac{p_{\mathrm{I}}}{\rho g}-\frac{p_{\mathrm{II}}}{\rho g}=\Delta H$

于是有$\lambda\frac{L}{d}\cdot\frac{v^2}{2g}=\frac{p_{\mathrm{I}}}{\rho g}-\frac{p_{\mathrm{II}}}{\rho g}=\Delta H$

即可得$\lambda=\dfrac{\Delta H}{\frac{L}{d}\cdot\frac{v^2}{2g}}$

(c) 原理界面

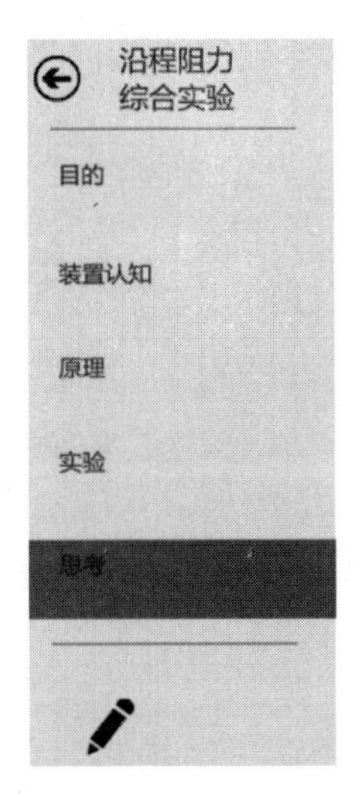

1. 为什么测压管的压差就是沿程水头损失?
2. 影响实验效果的因素有哪些?

参考答案

(d) 思考界面

图 3-20 沿程阻力综合实验目的、装置认知、原理、思考分解界面图

点击实验进入沿程阻力综合实验界面，如图 3-21 所示。点击【管内径 ϕ15.2mm 有机玻璃管】【管内径 ϕ 20mm 有机玻璃管】【管内径 ϕ 15mm 不锈钢管】按钮，选择不同的管径进行实验。在“流量调节”框内点击按钮【▲】或者按钮【▼】，来调节流量，在不同流量情况下用测量工具测出相关的实验数据。

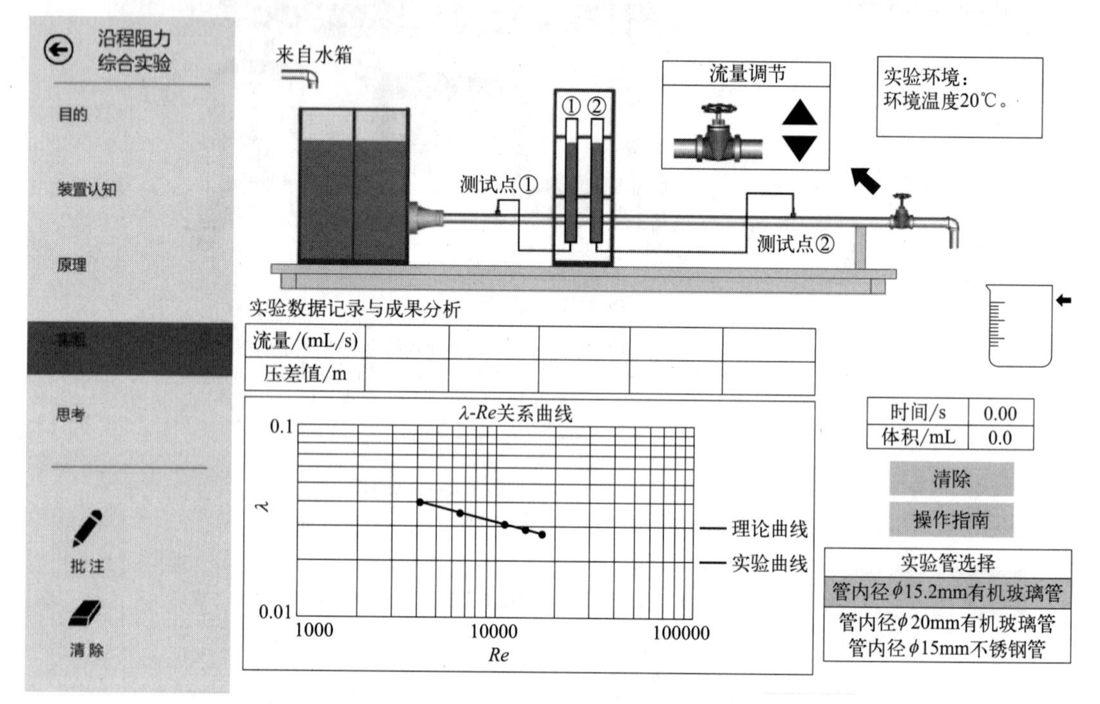

图 3-21　沿程阻力综合实验界面

第四章

全数字型流体力学综合实验

第一节 概述

流体力学是力学的一个独立分支，主要研究流体本身的静止状态和运动状态及流体和固体界面间有相对运动时的相互作用和流动的规律。

流体力学研究的主要内容包括：建立流体平衡和运动规律的基本方程；确定流体流经各种通道时速度、压强的分布规律；探求流体运动中的能量转换及各种能量损失的计算方法；解决流体与限制其流动的固体壁面间的相互作用力。本实验以 THXZH-4 型全数字型流体力学综合实验装置为例介绍实验的相关内容。

实验装置组成和操作方法

一、实验装置组成

该实验装置主要由储水箱、恒压水箱、自制简易毕托管、文丘里流量计、孔板流量计、涡轮流量计、局阻阀门、水泵、压力传感器、功率表、测压管件、管道阀门、实验台及电控箱等组成。触摸屏监控程序是以 MCGS（监视与控制通用系统）嵌入版组态软件为平台进行设计，可在线实时监控装置运行及对数据的采集。

二、实验内容

流体力学综合实验装置可完成下述实验：雷诺现象演示实验、伯努利方程实验、毕托管测速实验、文丘里流量计校核实验、孔板流量计校核实验、阀门局部阻力测定实验、突扩与突缩阻力测定实验、粗糙管湍流直管阻力测定实验、光滑管湍流直管阻力测定实验、光滑管层流直管阻力测定实验、离心泵性能测定实验、比例定律测定实验、管路特性曲线测定实验、管道压力定值控制实验、管道流量定值控制实验、管道流量比值控制实验、管道压力流量串级控制实验共十七个实验项目。

三、实验台参数

实验台总尺寸：长 × 宽 × 高 =2100mm×750mm×1930mm。

恒压水箱：长 × 宽 × 高 =370mm×260mm×450mm。

实验管路 1#：管内径 ϕ14mm，管长 1000mm。可以完成雷诺实验。

实验管路 2#：管内径 ϕ14mm，上管轴线高 225mm，中间弯管中心高 120mm，下管轴线高 20mm，总长约 1200mm。可以完成伯努利方程实验、毕托管测速实验，实验水位：H=410mm。

实验管路 3#：管径 ϕ20mm×1mm，总长约 1.85m，实验管上装有孔板流量计和文丘里流量计，可以完成文丘里、孔板流量计的校核实验。

实验管路 4#：管径 ϕ20mm×1mm，测定阀门阻力管长为 1.20m，总长约 1.85m。可以完成阀门局部阻力测定实验。

实验管路 5#：管径 ϕ20mm×1mm，中间接有突扩突缩实验管，管径 ϕ25.4mm×0.8mm。可完成突扩、突缩阻力测定实验。

实验管路 6#：管径 ϕ20mm×1mm，粗糙管实验管长为 1.20m，总长约 1.85m。可完成粗糙管湍流沿程阻力测定实验。

实验管路 7#：管径 ϕ20mm×1mm，光滑管实验管长为 1.20m，总长约 1.85m。可完成光滑管湍流沿程阻力测定实验。

实验管路 8#：管径 ϕ8mm×1mm，光滑管实验管长为 1.10m，总长约 1.85m。可完成光滑管层流沿程阻力测定实验。

实验管路 9#：管径 ϕ28.6mm×1.0mm 和管径 ϕ34mm×1.5mm，可完成离心泵特性曲线测定实验、比例定律实验和管路特性曲线测定实验。

四、实验装置工艺流程

实验装置工艺流程如图 4-1 和图 4-2 所示，用本实验装置做各项实验时，其基准水平面一律选择为工作台面板。

管路 1#：由水泵 P201 供水到恒压水箱，水箱内液体分别由管路 1# 和 2# 流入循环水箱，再返回到储水箱中循环使用。

管路 2#：由水泵 P101 供水经管路 3#、4#、5#、6#、7#、8# 及 9# 返回到储水箱中循环使用。

雷诺实验管：颜色水容器中的颜色水经显色剂调节阀门 F203，进入管路 1#，随管路 1# 内的流动水一起流动，显示有色的流线；经节流阀 F202 流入到循环水箱再返回到储水箱中循环使用。当储水箱中水微红时，将消色剂（白醋）加入少量，使有色水变清。

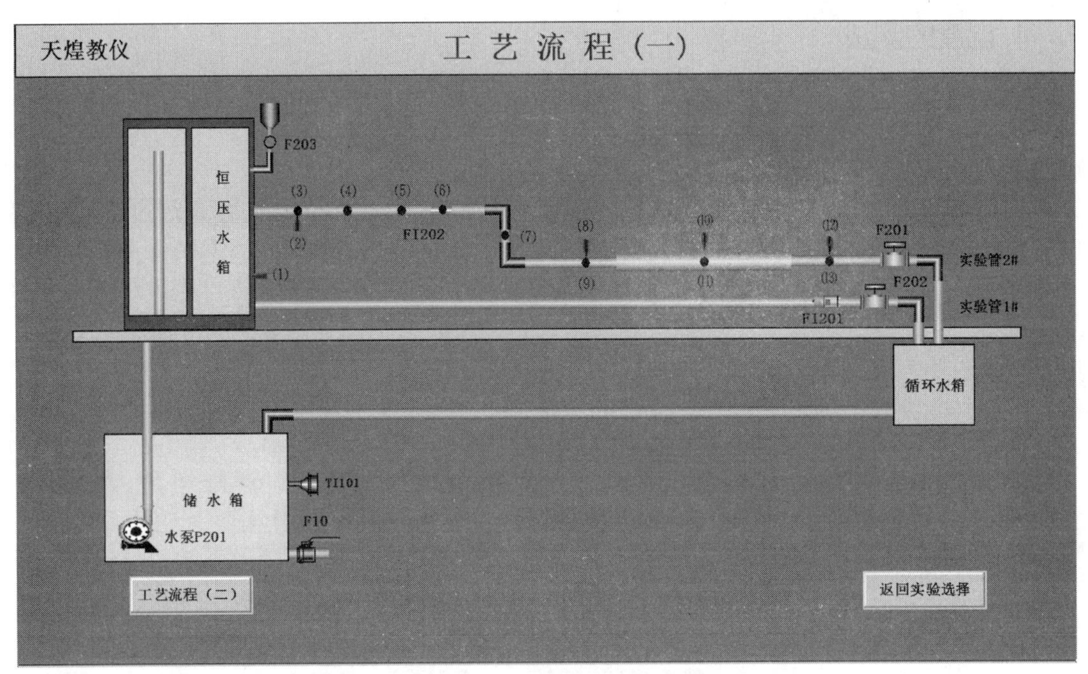

图 4-1　流体力学综合实验装置工艺流程（一）

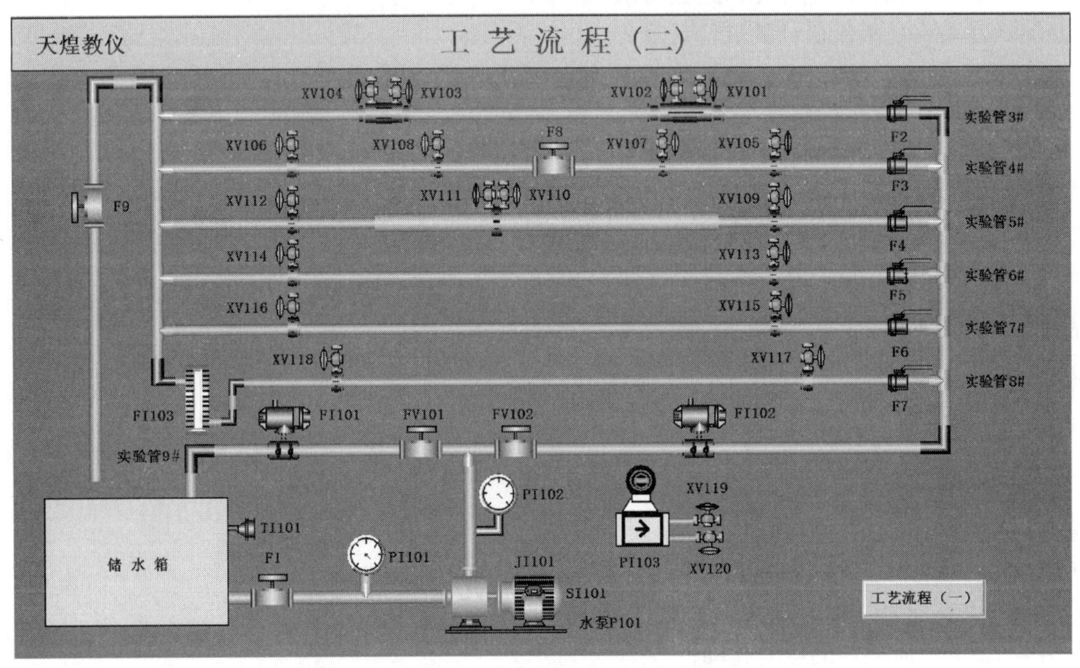

图 4-2　流体力学综合实验装置工艺流程（二）

五、测量方法

由于本实验装置测量的方式多样化，只在此处做详细的介绍，后续实验部分不再赘述。

1. 温度的测量

实验中温度测定采用温度传感器 TI101 测量，可在操作界面上读取。

2. 压力（液位）的测量

伯努利方程实验的测点压力 p 既可在玻璃管液位计上读取，也可通过压力传感器 PI201 ～ PI213 读取。PI201 ～ PI213 分别对应实验管上的测点①～ ⑬。

3. 流量的测量

（1）雷诺实验　雷诺实验的流量 FI201 可通过孔板流量计测定，具体方法如下

$$Q = C_0 A_0 \sqrt{\frac{2\Delta p}{\rho}} \tag{4-1}$$

因

$$\Delta p = p_1 - p_2$$

则

$$Q = C_0 A_0 \sqrt{\frac{2\Delta p}{\rho}} = C_0 A_0 \sqrt{\frac{2}{\rho}} \sqrt{p_1 - p_2} = k\sqrt{p_1 - p_2} \tag{4-1a}$$

式中　Δp——流量计的压差，Pa；

A_0——孔板流量计孔口处截面积，m^2；

C_0——孔板流量计的流量系数；

ρ——流体密度，kg/m^3，本实验用水，取 ρ=1000kg/m^3；

Q——流体流量，L/min；

p_1——孔板流量计高压侧的压力，cmH_2O；

p_2——孔板流量计低压侧的压力，cmH_2O；

k ——常数，本实验可取 0.562。

（2）伯努利方程实验　伯努利方程实验的流量 FI202 可通过文丘里流量计测定，具体方法如下

$$Q = C_0 A_0 \sqrt{\frac{2\Delta p}{\rho}} \tag{4-2}$$

因

$$\Delta p = p_1 - p_2$$

则

$$Q = C_0 A_0 \sqrt{\frac{2\Delta p}{\rho}} = C_0 A_0 \sqrt{\frac{2}{\rho}} \sqrt{p_1 - p_2} = k\sqrt{p_1 - p_2} \tag{4-2a}$$

式中　Δp——流量计的压差，Pa；

A_0——文丘里喉径处截面积，m^2；

C_0——流量计的流量系数；

ρ——流体密度，kg/m^3；

Q ——流体流量，L/min；

p_1 ——文丘里流量计高压侧的压力，cmH_2O；

p_2 ——文丘里流量计低压侧的压力，cmH_2O；

k——常数，本实验可取 1.75。

（3）其他实验　其他实验的流量可通过流量传感器 FI101 与 FI102 或转子流量计 FI103 直接读取。

第二节
流体力学实验

雷诺现象
演示实验

一、雷诺现象演示实验

（一）实验目的

1. 观察层流、紊流的流态及其转换特性；
2. 测定临界雷诺数，掌握圆管流态判别准则；
3. 学习雷诺数用无量纲数进行实验研究的方法，并了解其实用意义。

（二）实验流程

雷诺现象演示实验流程如图 4-3 所示。

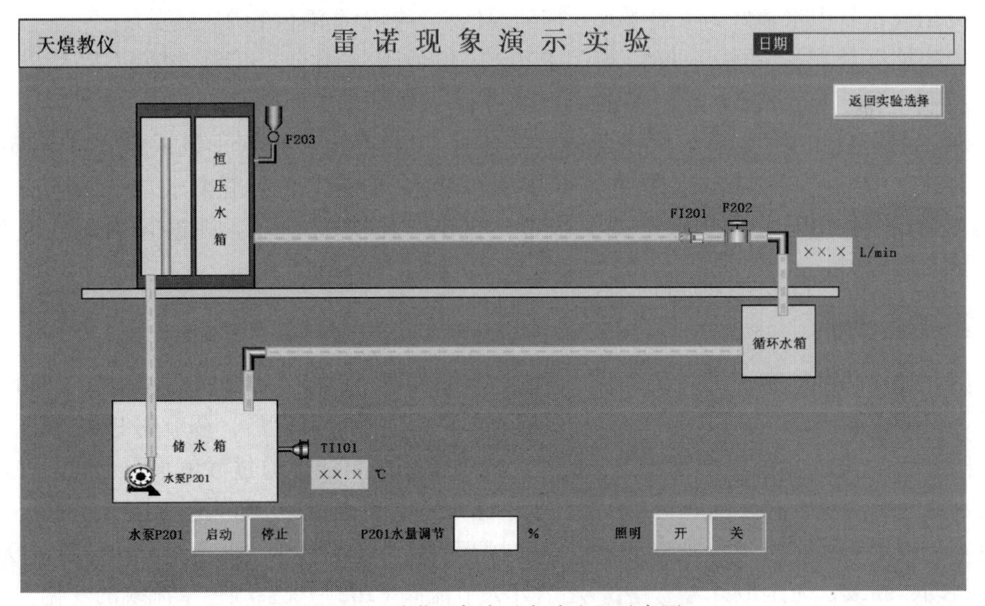

图 4-3　雷诺现象演示实验流程示意图

（三）实验原理

雷诺数是区别流体流动状态的无量纲数。对于圆管流动，其下临界雷诺数 Re_c 为

2000 ～ 2300，小于该临界雷诺数的流体为层流流动状态，大于该临界雷诺数，且 $Re>4000$ 则为湍流流动状态。工程上，在计算流体流动阻力损失时，不同的 Re 范围，采用不同的计算公式。因此观察流体流动的流态，测定临界雷诺数，是流体力学课程实验的重要内容。

$$u=\frac{Q}{\frac{\pi d^2}{4}} \tag{4-3}$$

式中　u——流体流速，m/s；

Q——流体流量，m^3/s；

d——管内径，本实验装置中 d=0.014m。

$$Re=\frac{du\rho}{\mu} \tag{4-4}$$

式中　μ——流体黏度，Pa·s；

ρ——流体密度，kg/m^3。

若 $Re<2000$ 为层流，$Re>4000$ 为湍流。

层流与湍流流动形态

层流速度分布

（四）实验方法与步骤

1. 准备工作

（1）关闭阀 F10，将储水箱加水至约 2/3 处。关闭颜色水调节阀 F203，将配制好的颜色水（酚酞、氢氧化钠、水的混合物，配制方法：先将 1g 氢氧化钠溶于 100mL 水中，再加入 1 ～ 2g 酚酞，其中水最好为去离子水）加到颜色水容器中至液位约 2/3 处。

（2）排气及实验操作　打开阀门 F202，其余阀门闭合，连接电源，启动电控箱上的控制电源。启动触摸屏，在触摸屏的界面上找到进入实验按钮，点击此按钮，进入实验选择界面；在实验选择界面中，点击【雷诺实验】按钮，进入雷诺实验界面。在雷诺实验界面下，点击【照明开】按钮，开启照明灯；点击【水泵 P201】，水泵 P201 运行，使恒压水箱充水至溢流水位，排出管路中的空气。观察管中无气泡存在时，即排气结束。

2. 实验步骤

（1）观察两种流态　排气结束后，在雷诺实验界面下调节水泵 P201 的开度，使恒压水箱始终保持微溢流状态，以提高管路进口前流体稳定度。待稳定后，调节阀 F202 和颜色水调节阀 F203，注入颜色水于管路内，使颜色水线呈一条直线。通过颜色水质点的运动观察管内水流的层流流态：显色剂经导入管注入管路 1#，调节阀 F202 和颜色水调节阀 F203，使颜色水流线形态清晰可见，观察颜色水线的状态变化（稳定直线、稳定略弯曲、直线摆动、直线抖动、断续、完全散开等）。然后逐渐开大节流阀 F202，观察颜色水流线的变化。待管中出现完全紊流后，再逐步关小节流阀 F202，观察由紊流转变为层流的水力特征（显色剂的流量也应根据节流阀 F202 的开度大小相应调大或调小）。观察储水箱内颜色是否变红，加入适量消色剂（白醋）。

（2）测定下临界雷诺数

① 将阀 F202 打开，使管中呈完全紊流，再逐步关小节流阀使流量减小。当流量调节到使颜色水在全管刚呈现出一条稳定直线时，即为下临界状态。

② 待管中出现临界状态时，读取流量计 FI201 的读数并记录于表 4-1 中。

③ 记录水箱内水温 TI101 的读数，以备计算水的运动黏度 v。

④ 根据所测流量，计算出管中的平均流速，并根据所测的实验水温求出水的运动黏度，求出下临界雷诺数 Re_c，并与公认值比较。

⑤ 根据所测的数据计算 Re_c 值，下临界雷诺数 Re_c 的值在 2000 ～ 2300 之间。

（3）实验结束　实验结束后，在雷诺实验界面下关闭颜色水调节阀 F203；点击水泵 P201 停止按钮，即停止水泵 P201；关闭阀 F202。在雷诺实验界面下，点击【返回实验选择】按钮；返回到实验选择界面（如果还需进行其他实验，可在实验选择界面中选择需要的实验项目进行实验操作）。在实验选择界面中，点击【退出实验】按钮，退出实验选择界面。断开电源，整理实验台，若长时间不使用时，请将各容器内的物料放干净。

3. 注意事项

（1）每调节阀门一次，均需等待稳定 2min。

（2）随出水流量减小，应在雷诺实验界面下适当调小水泵 P201 的开度，始终保持微溢流状态，以减小溢流量引发的扰动。

（3）颜色水由氢氧化钠水溶液和酚酞配比而成，因氢氧化钠具有很强的腐蚀性，使用时请注意安全，如皮肤接触到，请用大量清水冲洗。必要时请立即就医。

（五）实验数据记录

专业班级＿＿＿＿＿＿＿＿　姓　名＿＿＿＿＿＿＿＿　学　号＿＿＿＿＿＿

日　　期＿＿＿＿＿＿＿＿　地　点＿＿＿＿＿＿＿＿　装置号＿＿＿＿＿＿

同组同学＿＿＿＿＿＿＿＿＿＿＿＿＿＿＿＿＿＿＿＿＿＿＿＿＿＿＿＿＿＿

表 4-1　雷诺实验数据表

序号	TI101/℃	FI201/（L/min）
1		
2		
3		

（六）实验报告

1. 根据实验数据记录表，计算本次实验中下临界雷诺数。
2. 列出一组完整雷诺数的计算示例。

（七）思考题

1. 恒压水箱内的中间隔板有何作用？
2. 层流和湍流的本质区别是什么？
3. 层流和湍流的判断依据是什么？

二、伯努利方程实验

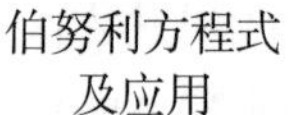
伯努利方程式及应用

伯努利方程实验

（一）实验目的

1. 验证流体恒定流动时的总流体的伯努利方程；
2. 掌握有压管流中，流动液体能量转换特性。

（二）实验流程

伯努利方程实验流程如图 4-4 所示。

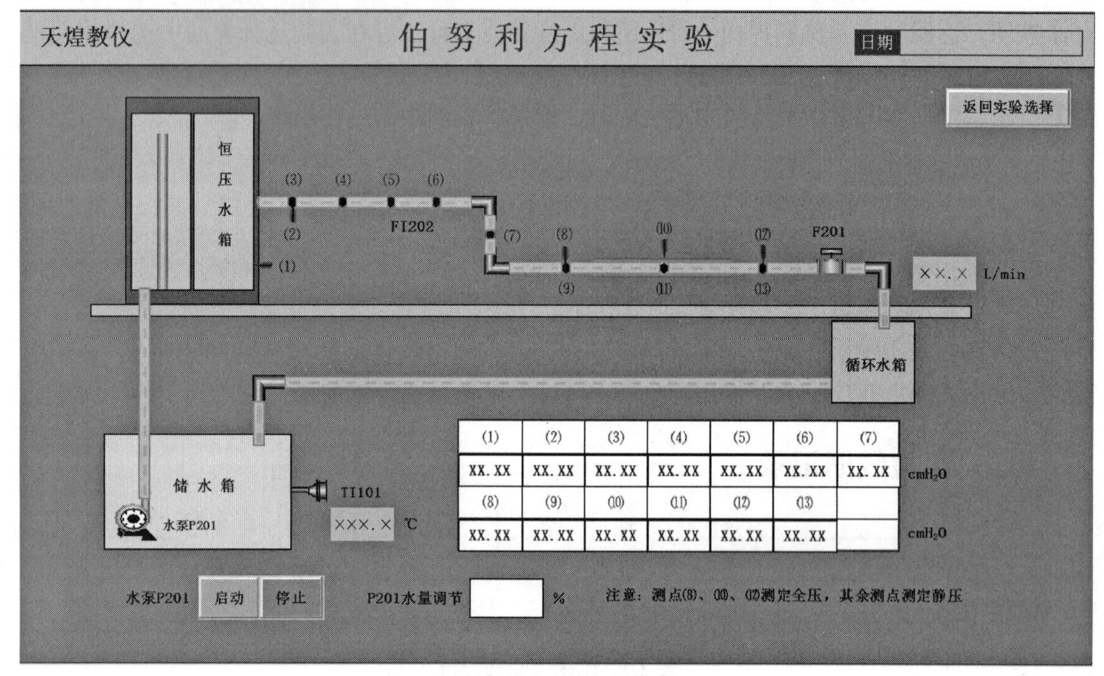

图 4-4　伯努利方程实验流程示意图

（三）实验原理

液体流动时的机械能，以位能、静压能和动能三种形式出现，这三种形式的能量可以互相转换，在无流动能量损失的理想情况下，它们三者总和是一定的。伯努利方程表明了流动液体的能量守恒定律。对不可压缩流体恒定流动的理想情况，总流体的伯努利方程可表示为

$$z_1+\frac{1}{2g}u_1^2+\frac{p_1}{\rho g}=z_2+\frac{1}{2g}u_2^2+\frac{p_2}{\rho g}\ (\mathrm{m}) \tag{4-5}$$

对实际液体要考虑流动时压头损失，此时方程变为

$$z_1+\frac{u_1^2}{2g}+\frac{p_1}{\rho g}=z_2+\frac{u_2^2}{2g}+\frac{p_2}{\rho g}+h_{\mathrm{f1-2}}\ (\mathrm{m}) \tag{4-6}$$

以桌面为基准面，从各断面的测压管中读出 $z+\dfrac{p}{\rho g}$ 值，测出通过管路的流量，即可计算出断面的平均流速和 $\dfrac{u^2}{2g}$，从而可得到各断面的测压管水头线 *P-P* 和总水头线 *E-E*。通过差压计量法测定 *Q*。利用式（4-3）计算流体流速。本实验装置中，管内径 d_1=0.014（m）；喉管段 d_2=0.010（m）；扩大管段 d_3=0.020（m）。

1. 定性分析

测点（1）～（13）对应测压管的编号为①～⑬（或微压传感器 PI201 ～ PI213），其中毕托管测点（8）、（10）、（12）用以测量毕托管处的总水头，近似替代所在断面的平均总水头，可用于定性分析，不能用于定量计算。其他测点（1）、（2）、（3）、（4）、（5）、（6）、（7）、（9）、（11）、（13）用以测量相应测点处的水头。

（1）静止流体的测压管水头相等　根据式（4-6）可得，当流速为 0 时，h_{f1-2} =0，则

$$z_1+\frac{p_1}{\rho g}=z_2+\frac{p_2}{\rho g} \tag{4-7}$$

（2）不同流速下某断面的水力要素变化规律　以测点 PI205、PI206 为例，PI205、PI206 点测得 $z+\dfrac{p}{\rho g}$ 的值，流速越大，断面上的静压头越小。

（3）相同流速下沿程总水头的变化规律　根据式（4-6）可得，总能量沿流程只会减少，不会增加，能量的损失是不可逆转的。观察测点 PI202、PI204、PI205 可得出此规律。

（4）测压管水头线的变化规律

① 同截面压力。观察测点 PI202、PI203 的液面高度相同，表明在同一截面上的静压力处处相等。

② 沿程水头损失。观察测点 PI203、PI204、PI205 的读数值，在等管径、等距离的情况下，沿程水头损失相同。

③ 静压头与动压头的转换。以测点 PI209、PI211、PI213 为例，测点的位头相等，PI209、PI211 的差值相对偏小，PI211、PI213 的差值相对偏大，表明流体从测点 PI209 流经测点 PI211 时，部分动压头转化为静压头；从测点 PI211 流经测点 PI213 时，部分静压头转化为动压头。

④ 位压头与静压头的转换。以测点 PI207、PI209 为例，断面流速相等，测点 PI207 的位压头大，静压头小；测点 PI209 的位压头小，静压头比测点 PI207 的静压头大，表明流体从测点 PI207 流经测点 PI209 时，部分位压头转化为静压头。

2. 定量分析

在各断面的测压管中读出 $z+\dfrac{p}{\rho g}$ 值，测出通过管路的流量，计算出各断面的平均流速和 $\dfrac{u^2}{2g}$，在图 4-5 中做出各断面的测压管水头线 *P-P* 和总水头线 *E-E*。

（四）实验方法与步骤

1. 准备工作

（1）关闭阀 F10，将储水箱加水至约 2/3 处。

（2）打开阀门 F201，其余阀门闭合，连接电源，启动电控箱上的控制电源。启动触摸屏，在触摸屏的界面上找到进入实验按钮，点击此按钮，进入实验选择界面；在实验选择界面中，点击【伯努利方程实验】按钮，进入伯努利方程实验界面。在伯努利方程实验界面下，点击【水泵 P201 启动】，水泵 P201 运行，使恒压水箱充水至溢流水位，排出管路中的空气。观察管中无气泡存在时，即排气结束。

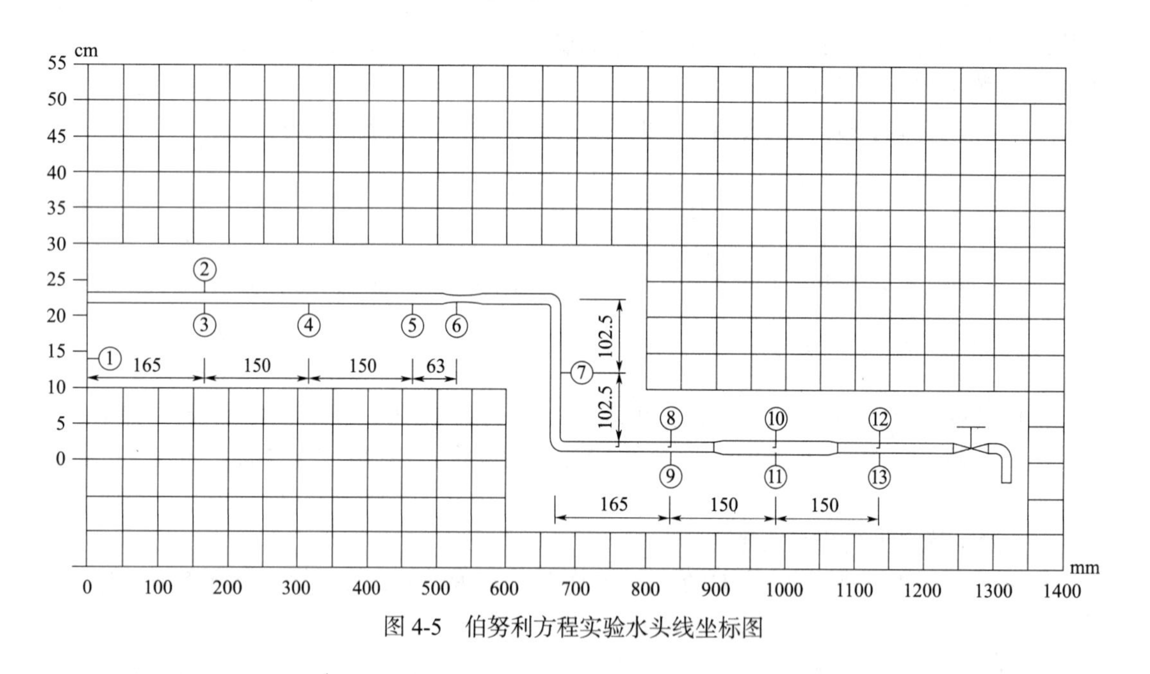

图 4-5　伯努利方程实验水头线坐标图

2. 实验步骤

（1）排气结束后，全关阀门 F201，检查测压管①～⑬水面是否平齐（以工作台面为基准）。如不平，则应仔细检查，找出故障原因（连通管受阻、漏气、有气泡），使用洗耳球抽吸加以排除，直至所有测压管水面平齐。

（2）打开节流阀 F201，调节水泵 P201 的开度，使实验时恒压水箱始终保持微溢流状态，观察测压管①～⑬的水位变化趋势，观察流量增大或减小时测压管水位如何变化。读取测压管①～⑬的液位读数（或在伯努利方程实验界面上读取 PI201 ～ PI213 的读数），读取 FI201 的读数并记录实验数据到表 4-2 中。

（3）调节节流阀 F201 的开度再做一次实验。

（4）实验结束后，在伯努利方程实验界面下点击【水泵 P201 停止】按钮，即停止水泵 P201；关闭阀 F201。在伯努利方程实验实验界面下，点击【返回实验选择】按钮；返回到实验选择界面（如果还需进行其他实验，可在实验选择界面中选择需要的实验项目进行实验操作）。在实验选择界面中，点击【退出】按钮，退出软件。

（5）断开电源，整理实验台，若长时间不使用时，请将各容器内的物料放干净。

（五）实验数据记录

专业班级＿＿＿＿＿＿＿＿　姓　　名＿＿＿＿＿＿＿＿　学　号＿＿＿＿＿＿＿＿
日　　期＿＿＿＿＿＿＿＿　地　　点＿＿＿＿＿＿＿＿　装置号＿＿＿＿＿＿＿＿
同组同学＿＿＿＿＿＿＿＿＿＿＿＿＿＿＿＿＿＿＿＿＿＿＿＿＿＿＿＿＿＿＿＿

表 4-2　伯努利实验数据记录表

序号	1	2	3	4	5
TI101/℃					
PI201/cmH_2O					
PI202/cmH_2O					
PI203/cmH_2O					
PI204/cmH_2O					
PI205/cmH_2O					
PI206/cmH_2O					
PI207/cmH_2O					
PI208/cmH_2O					
PI209/cmH_2O					
PI210/cmH_2O					
PI211/cmH_2O					
PI212/cmH_2O					
PI213/cmH_2O					
FI202/（L/min）					

（六）实验报告

1. 列出一组断面静压头、动压头、总水头的计算示例；

2. 依据计算数据，在图4-6中绘制总水头、动压头、位压头、静压头沿管道变化趋势图，并结合图形分析讨论各处发生的能量转换。

（七）思考题

1. 流量增大时，总水头线有何变化？

2. 总结流体流动时测压管水头线的变化规律？

3. 为什么流速越大，静压头越小？

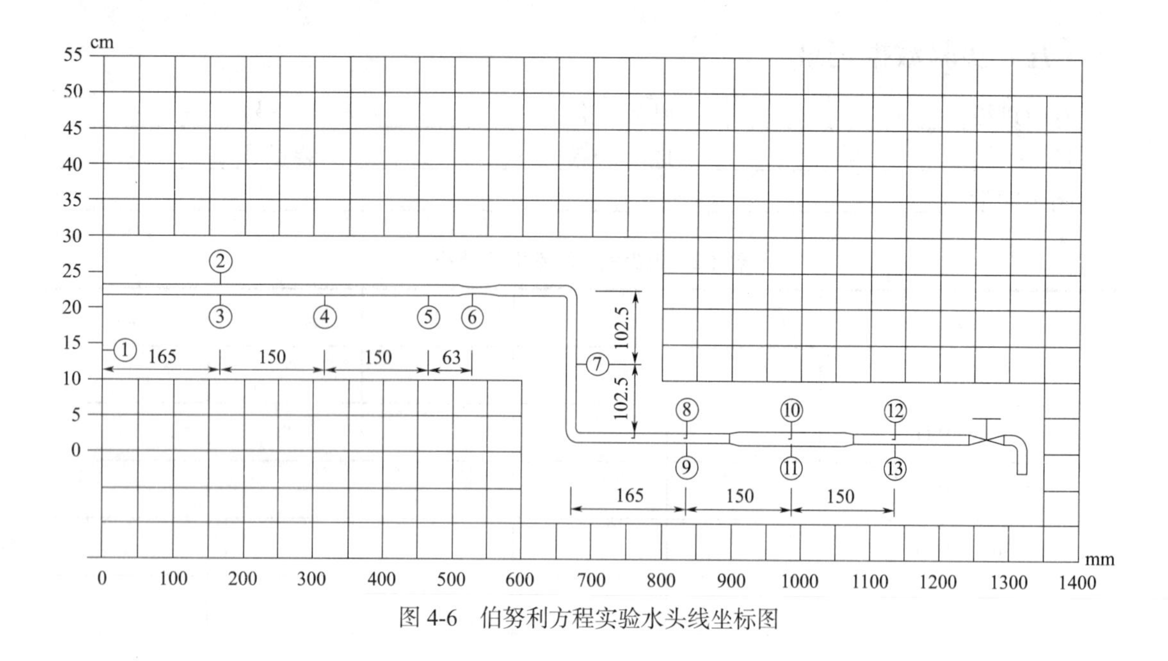

图 4-6　伯努利方程实验水头线坐标图

三、毕托管测速实验

（一）实验目的

1. 掌握用毕托管测流速的技能；
2. 验证毕托管测速与平均流速的关系；
3. 掌握有压管流中，流动液体能量转换特性。

（二）实验流程

毕托管测速实验流程如图 4-7 所示。

（三）实验原理

测速管又称为毕托管，用以测量管路中流体的点速度，是伯努利方程式的应用实例。毕托管是将流体动能转化为静压能，从而通过测压计测定流体运动速度的仪器，其构造如图 4-8 所示。测速管由两根弯成直角的同心套管所组成，内管壁无孔，外管壁上近端点处沿管壁的圆周开有若干个测压小孔，两管之间环隙的端点是封闭的。测量流速时，测速管的管口正对着流体的流动方向，U 形管差压计的两端分别与测速管的内管与外管相连。

设在测速管前一小段距离的点①处流速为 u_1，压力为 p_1，当流体流至测速管管口点②处时，因管内原已充满被测流体，故流体到达管口②处即被截住，速度降为零。动能转化为静压能，使压力增至 p_2。因此，内管所测得的是静压能和动能之和，合称冲压能，即

$$\frac{p_2}{\rho g}=\frac{p_1}{\rho g}+\frac{u_1^2}{2g} \tag{4-8}$$

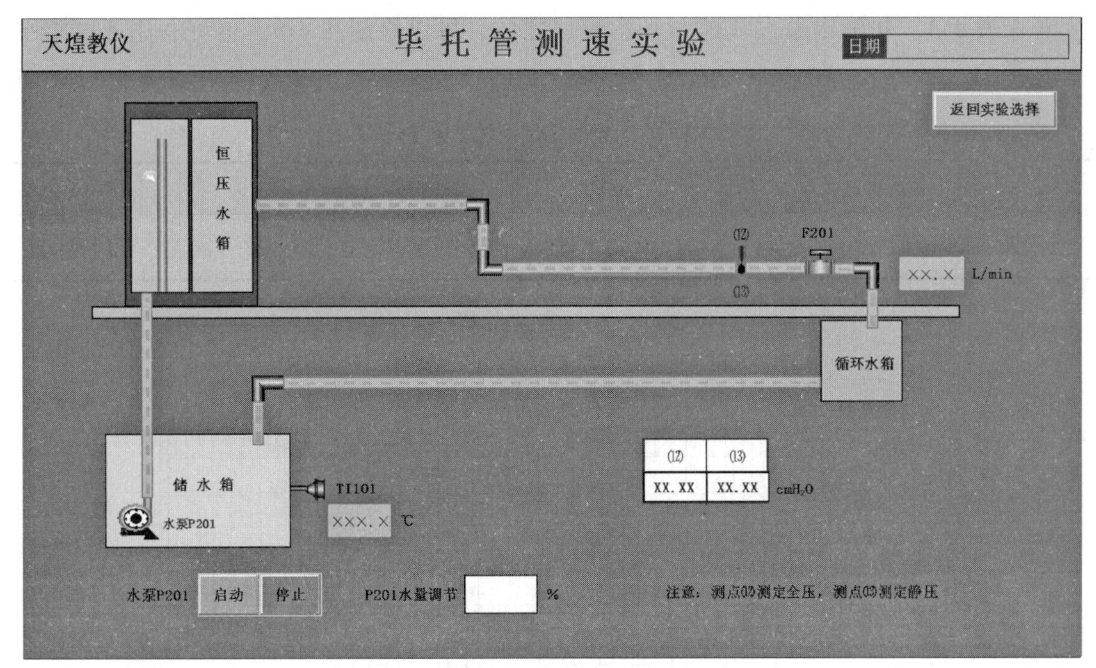

图 4-7　毕托管测速实验流程示意图

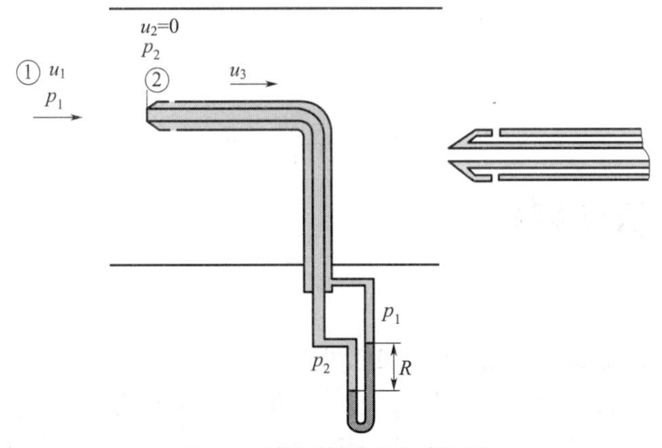

图 4-8　毕托管测流速原理图

外壁管上的测压小孔与流体流动方向平行，所以外管测得的是流体的静压能$\frac{p_1}{\rho g}$，故压差计的读数反映的是冲压能和静压能之差，即

$$\frac{\Delta p}{\rho g}=\frac{p_2}{\rho g}-\frac{p_1}{\rho g}=\left(\frac{p_1}{\rho g}+\frac{u_1^2}{2g}\right)-\frac{p_1}{\rho g}=\frac{u_1^2}{2g} \tag{4-9}$$

由此得

$$u_1=\sqrt{\frac{2\Delta p}{\rho}}=\sqrt{\frac{2Rg(\rho_0-\rho)}{\rho}} \tag{4-10}$$

此时 u_1 是圆管内流体的最大流速 $u_1=u_{\max}$，即雷诺数 $Re_{\max}=\frac{du_{\max}\rho}{\mu}$。雷诺数 Re 的

范围查表 4-3，并确定最大流速与平均流速之比，可以绘制图 4-9，也可利用此图求平均流速。

表 4-3 水力光滑管湍流速度分布规律

雷诺数 Re	4×10^3	2.3×10^4	1.1×10^5	1.1×10^6
最大速度与平均速度之比 $\frac{u_{max}}{u}$	1.26	1.24	1.22	1.17

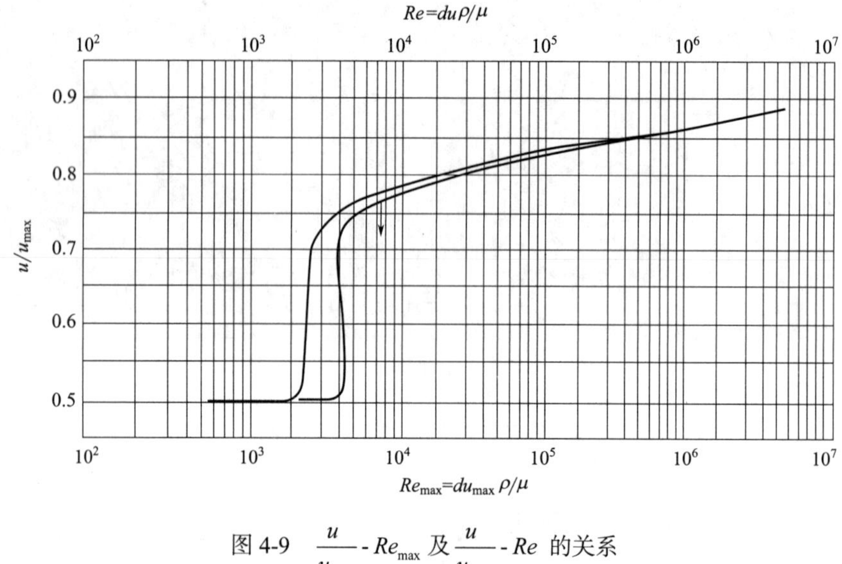

图 4-9 $\frac{u}{u_{max}}$ - Re_{max} 及 $\frac{u}{u_{max}}$ - Re 的关系

（四）实验方法与步骤

1. 准备工作

（1）关闭阀 F10，将储水箱加水至约 2/3 处。

（2）打开阀门 F201，其余阀门闭合，连接电源，启动电控箱上的控制电源。启动触摸屏，在触摸屏的界面上找到进入实验按钮，点击此按钮，进入实验选择界面；在实验选择界面中，点击【毕托管测速实验】按钮，进入毕托管测速实验界面。在毕托管测速实验界面下，点击【水泵 P201 启动】，水泵 P201 运行，使恒压水箱充水至溢流水位，排出管路中的空气。观察管中无气泡存在时，即排气结束。

2. 实验步骤

（1）排气结束后，全关阀门 F201，检查测压管 PI201 ～ PI213 水面是否平齐（以工作台面为基准）。如不平，则应仔细检查，找出故障原因（连通管受阻、漏气、有气泡），使用洗耳球抽吸加以排除，直至所有测压管水面平齐。

（2）调节阀 F201，使其处于某一流量的开度，调节水泵 P201 的开度，使实验时恒压水箱始终保持微溢流状态，稳定 2min 后读取记录测压管⑥、⑦、⑩、⑪、⑫、⑬ 的液位高度（或在毕托管测速实验界面中读取 PI206、PI207、PI210、PI211、PI212、PI213 的读数）并记录于表 4-4 中。

(3)适当改变阀 F201 开度，再获取两个流量状态测点并测量，数据记录于表 4-4 中。

(4)实验结束后，在毕托管测速实验界面下点击【水泵 P201 停止】按钮，即停止水泵 P201；关闭阀 F201。在毕托管测速实验界面下，点击【返回实验选择】按钮；返回到实验选择界面(如果还需进行其他实验，可在实验选择界面中选择需要的实验项目进行实验操作)。在实验选择界面中，点击【退出】按钮，退出软件。

(5)断开电源，整理实验台，长时间不使用时，请将各容器内的物料放干净。

(五)实验数据记录

专业班级________________ 姓　　名________________ 学　号______________

日　　期________________ 地　　点________________ 装置号______________

同组同学____

表 4-4　毕托管实验数据表

序号	TI101 /℃	PI206 /cmH_2O	PI207 /cmH_2O	PI210 /cmH_2O	PI211 /cmH_2O	PI212 /cmH_2O	PI213 /cmH_2O
1							
2							
3							

(六)实验报告

列出任意一组测量点完整数据的计算示例。

(七)思考题

1. 毕托管测出的流速是平均流速吗?
2. 简述毕托管的结构和用途。
3. 简述毕托管的使用方法。

文丘里流量计流动形态

四、文丘里流量计校核实验

(一)实验目的

1. 掌握流量计性能测试的一般实验方法；
2. 验证文丘里流量计的流量系数 C_0 与雷诺数 Re 的关系曲线。

(二)实验流程

文丘里流量计校核实验流程如图 4-10 所示。

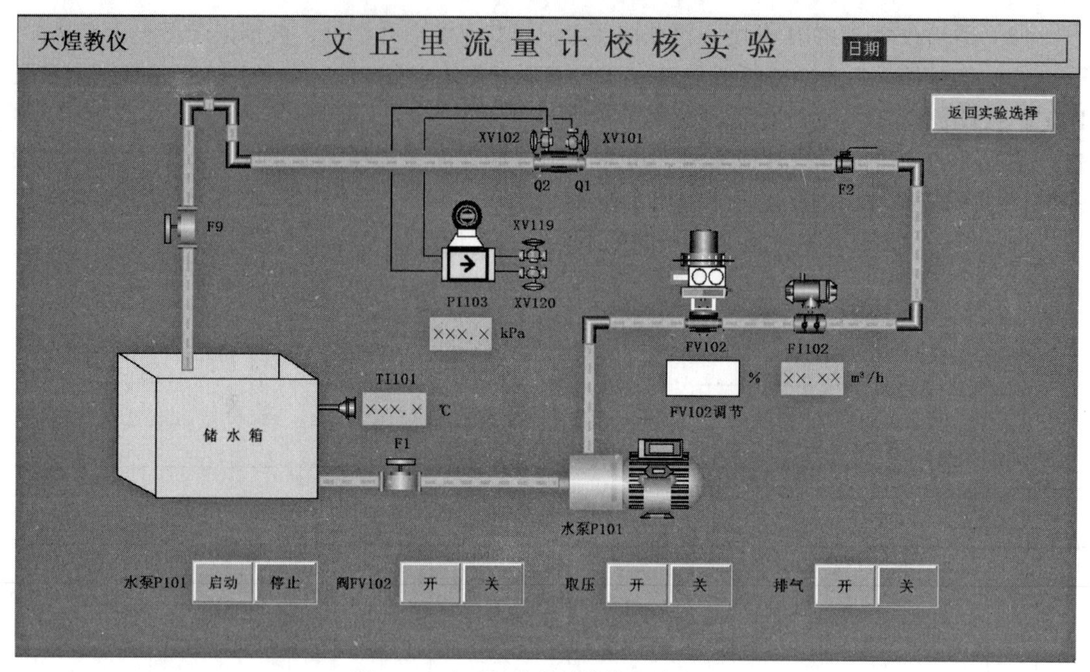

图 4-10　文丘里流量计校核实验流程图

（三）实验原理

流体流过文丘里流量计时，都会产生一定的压差，而这个压差与流体流过的流速存在着一定的关系。

1. 文丘里流量计的标定

流体在管内的实际流量 Q 可由涡轮流量计 FI102 直接读取。

流体在管内的流量和被测流量计的压差 Δp 存在如下关系：

文丘里流量计
校核实验

$$Q = C_0 A_0 \sqrt{\frac{2\Delta p}{\rho}} = C_0 A_0 \sqrt{2} \sqrt{\frac{\Delta p}{\rho}} = k \sqrt{\frac{\Delta p}{\rho}} \tag{4-11}$$

式中　Q——流体流量，m^3/h；

A_0——文丘里流量计喉径处截面积，m^2；

C_0——流量计的流量系数；

Δp——文丘里流量计压差读数，Pa；

k——常数，本实验可取 0.631；

ρ——流体密度，kg/m^3。

2. 流量系数 C_0 与雷诺数 Re 关系测定

流体在管内的流量和被测流量计的压差 Δp 存在如下的关系。

$$Q=C_0 \frac{\pi}{4} d_0^2 \sqrt{\frac{2\Delta p}{\rho}} \tag{4-12}$$

于是文丘里流量计的流量系数

$$C_0 = \frac{4Q}{\pi d_0^2 \sqrt{\frac{2\Delta p}{\rho}}} \tag{4-12a}$$

式中　Q——流体流量，m^3/h；

d_0——文丘里流量计的孔径，本实验中孔径 d=0.011939m；

C_0——文丘里流量计的流量系数。

雷诺数 $Re = \frac{du\rho}{\mu}$ 和 $u = \frac{4Q}{\pi d^2}$ 中的管径为 0.018m，根据实验所测到的 Δp 和 Q 值，即可算出一系列的 $C_0 \sim Re$，将这些计算结果分别标绘在单对数坐标纸上（Re 取对数坐标），便可得到 $C_0 \sim Re$ 关系曲线。

（四）实验操作与步骤

1. 准备工作

关闭阀 F10，将储水箱加水至约 2/3 处。打开阀 F1、F2、F3、F4、F5、F6、F7、F8、F9，其余阀门闭合；连接电源，启动电控箱上的控制电源。

2. 实验系统排气

（1）启动触摸屏，在触摸屏的界面上找到进入实验按钮，点击此按钮，进入实验选择界面；在实验选择界面中，点击【文丘里流量计校核实验】按钮，进入文丘里流量计校核实验界面。点击【FV102 开】按钮，点击【水泵 P101 启动】，水泵 P101 运行。水泵运行 2 ～ 3min，给待测实验管路排气，排出管路中的空气。

（2）测压系统管路排气　实验管路排气完成后，点击【排气开】按钮，给测压系统管路排气，待测压系统管路中无气泡排出，排气结束，点击【排气关】按钮。

注意：①如果实验中测压管路中所连的管路及测压管中有气泡存在时，需重新排气，方法如上。

②如果实验中准备工作已做过，可直接进行本次实验。

3. 实验步骤

（1）确认 FV102 开度调节为 100%；确认阀 F1、F2 和 F9 全开，阀 F3、F4、F5、F6 和 F7 关闭，其余阀门闭合，点击【取压开】按钮，待管中流量稳定后，读取 PI103 的压力读数、FI102 的流量读数及 TI101 的温度读数，并记录实验数据到表 4-5 中。

（2）设置 FV102 调节的开度，使流量的改变减小 $0.5m^3/h$ 左右。待管中流量稳定后，读取 PI103 的压力值读数、FI102 的流量读数及系统 TI101 的温度读数，并记录实验数据到表 4-5 中。

（3）调节 FV102 的开度，重复步骤（2）4 ～ 6 次。

（4）实验结束后，点击【水泵 P101】停止，水泵 P101 停止运行，点击【取压关】按钮，点击【FV102 关】按钮。在文丘里流量计校核实验界面下，点击【返回实验选择】按钮；返回到实验选择界面（如果还需进行其他实验，可在实验选择界面中选择需要的实验项目进行实验操作)。在实验选择界面中，点击【退出】按钮，退出软件。

(5) 断开电源，整理实验台，若长时间不使用时，请将各容器内的物料放干净。

(五) 实验数据记录

专业班级__________ 姓　名__________ 学　号__________

日　期__________ 地　点__________ 装置号__________

同组同学______________________________

表 4-5　文丘里实验数据表

序号	TI101/℃	FI102/ (m^3/h)	PI103/kPa
1			
2			
3			
4			
5			
6			
7			
8			
9			
10			

(六) 实验报告

1. 列出任意一组文丘里测速数据的完整的计算示例。
2. 在对数坐标纸上绘制流量系数 C_0 与雷诺数 Re 的关系曲线。

(七) 思考题

1. 文丘里流量计测出的实际流量与理论流量为什么会有差别？这种差别是由哪些因素造成的？
2. 文丘里流量计有何优点？
3. 文丘里流量计和孔板流量计有何不同？

五、孔板流量计校核实验

(一) 实验目的

1. 掌握流量计性能测试的一般实验方法；

2. 验证孔板流量计的流量系数 C_0 与雷诺数 Re 的关系曲线。

（二）实验流程

孔板流量计校核实验流程如图 4-11 所示。

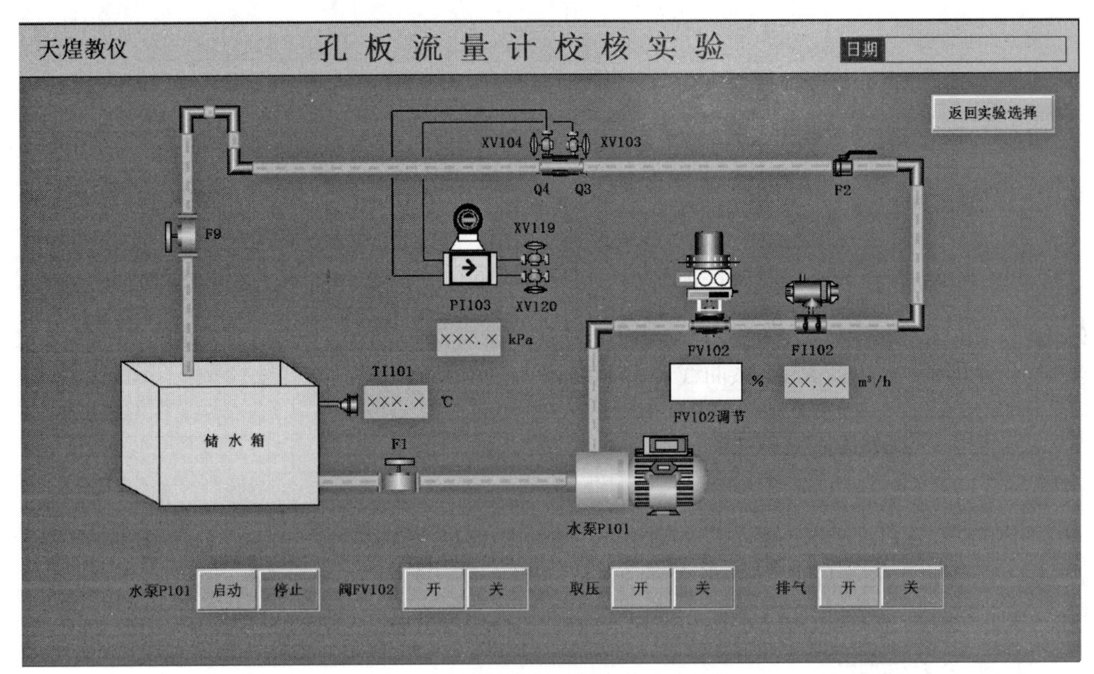

图 4-11　孔板流量计校核实验流程图

（三）实验原理

流体流过孔板流量计时，都会产生一定的压差，而这个压差与流体流过的流速存在着一定的关系。

1. 孔板流量的标定

流体在管内的流量和被测流量计的压差 Δp 存在如下关系：

$$Q = C_0 A_0 \sqrt{\frac{2\Delta p}{\rho}} = C_0 A_0 \sqrt{2} \sqrt{\frac{\Delta p}{\rho}} = k\sqrt{\frac{\Delta p}{\rho}} \tag{4-13}$$

式中　Q——流体流量，m^3/h；

A_0——孔板流量计孔口处截面积，m^2；

C_0——流量计的流量系数；

Δp——孔板流量计压差读数，Pa；

k——常数，本实验可取 0.516；

ρ——流体密度，kg/m^3。

2. 流量系数 C_0 与雷诺数 Re 关系测定

流体在管内的流量和被测流量计的压差 Δp 存在如下的关系。

$$Q = C_0 \frac{\pi}{4} d_0^2 \sqrt{\frac{2\Delta p}{\rho}} \tag{4-14}$$

则孔板流量计的流量系数

$$C_0 = \frac{4Q}{\pi d_0^2 \sqrt{\frac{2\Delta p}{\rho}}} \tag{4-14a}$$

式中　Q——流体流量，m^3/h；

d_0——孔板流量计的孔径，本实验中孔板孔径 d=0.013152m；

C_0——孔板流量计的流量系数。

雷诺数 $Re = \frac{du\rho}{\mu}$ 和管内流体流速 $u = \frac{4Q}{\pi d^2}$ 中的管径为 0.018m，根据实验所测到的 Δp 和 Q 值，即可算出一系列的 $C_0 \sim Re$，将这些计算结果分别标绘在单对数坐标纸上（Re 取对数坐标），便可得到 $C_0 \sim Re$ 关系曲线。

（四）实验操作与步骤

1. 准备工作

关闭阀 F10，将储水箱加水至约 2/3 处。打开阀 F1、F2、F3、F4、F5、F6、F7、F8、F9，其余阀门闭合；连接电源，启动电控箱上的控制电源。

2. 实验系统排气

（1）启动触摸屏，在触摸屏的界面上找到进入实验按钮，点击此按钮，进入实验选择界面；在实验选择界面中，点击【孔板流量计校核实验】按钮，进入孔板流量计校核实验界面。点击【FV102 开】按钮，点击【水泵 P101 启动】，水泵 P101 运行，水泵运行 2 ～ 3min，给待测实验管路排气，排出管路中的空气。

（2）测压系统管路排气　实验管路排气完成后，点击【排气开】按钮，给测压系统管路排气。待测压系统管路中无气泡排出，排气结束后，点击【排气关】按钮。

注意：①如果实验中测压管路中所连的管路及测压管中有气泡存在时，需重新排气，方法如上。

②如果实验中准备工作已做过，可直接进行本次实验。

3. 实验步骤

（1）确认 FV102 开度调节为 100%；确认阀 F1、F2 和 F9 全开，阀 F3、F4、F5、F6 和 F7 关闭，其余阀门闭合，点击【取压开】按钮，待管中流量稳定后，读取 PI103 的压力读数、FI102 的流量读数及 TI101 的温度读数，并记录实验数据到表 4-6 中。

（2）调节 FV102 开度，使流量的改变减小 $0.5m^3/h$ 左右。待管中流量稳定后，读取 PI103 的压力值读数、FI102 的流量读数及系统 TI101 的温度读数，并记录实验数据到表 4-6 中。

（3）调节 FV102 的开度，重复步骤（2）4 ～ 6 次。

（4）实验结束后，点击【水泵 P101 停止】，水泵 P101 停止运行，点击【取压关】按钮，点击【FV102 关】按钮。在孔板流量计校核实验界面下，点击【返回实验选择】按钮；返回到实验选择界面（如果还需进行其他实验，可在实验选择界面中选择需要的实验项目进行实验操作）。在实验选择界面中，点击【退出】按钮，退出软件。

（5）断开电源，整理实验台，若长时间不使用时，请将各容器内的物料放干净。

（五）实验数据记录

专业班级________________ 姓　　名____________________ 学　号_____________

日　　期________________ 地　　点____________________ 装置号_____________

同组同学____

表 4-6　孔板实验数据表

序号	TI101/℃	FI102/（m^3/h）	PI103/kPa
1			
2			
3			
4			

（六）实验报告

1. 列出任意一组孔板测速数据的完整的计算示例。
2. 在对数坐标纸上绘制流量系数 C_0 与雷诺数 Re 的关系曲线。

（七）思考题

1. 孔板流量计前后测得的差压，是否代表流体通过流量计的永久阻力损失？为什么？
2. 文丘里流量计和孔板流量计相比有何不同？

六、阀门局部阻力测定实验

流体阻力及计算

阀门局部阻力测定实验

（一）实验目的

1. 掌握测定流体流动阻力的一般实验方法；
2. 测定阀门全开时的局部阻力和局部阻力系数 ζ。

（二）实验流程

阀门局部阻力测定实验流程如图 4-12 所示。

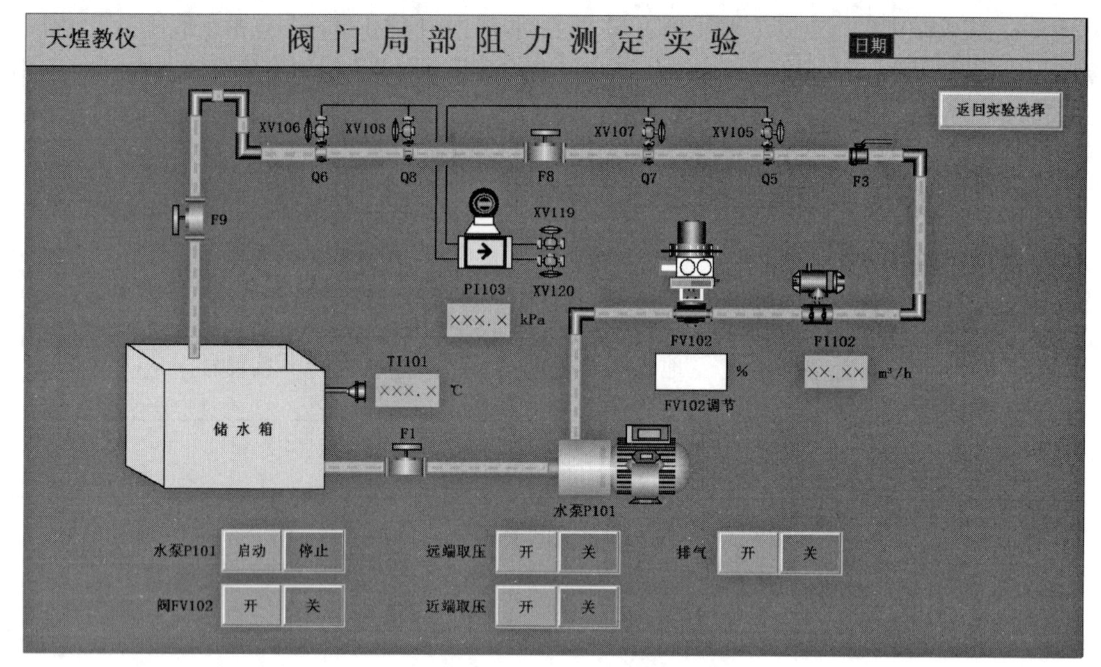

图 4-12 阀门局部阻力测定实验流程图

（三）实验原理

流体在流过局部阻力装置时出现速度的重新分布和漩涡运动，这是产生局部阻力的基本原因。

局部阻力实验原理：如图 4-13 所示，在局部阻力装置前后的均匀流段选取四个过流断面取压即测压点 $Q5$、$Q6$、$Q7$、$Q8$，对 $Q5$、$Q6$ 和 $Q7$、$Q8$ 断面间的流体分别应用伯努利方程，总水头损失由两段管道流段的直管水头损失和阀门局部水头损失组成。由流量计测得管路的流量，即可求得管中的平均流速。由于管道在相同流速下直管阻力水头损失可通过与管长的比例求得。据此，即可通过伯努利方程求得局部装置的局部阻力系数 ζ。

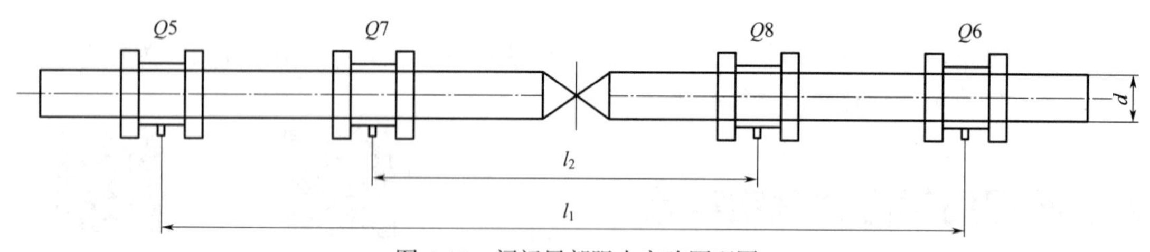

图 4-13 阀门局部阻力实验原理图

局部阻力的一般计算公式为

$$h_{局} = \zeta \frac{u^2}{2g} \tag{4-15}$$

式中 $h_{局}$——局部阻力装置水头损失，mH_2O；

ζ——局部阻力系数，绝大部分通过实验确定，它是一个无量纲数；

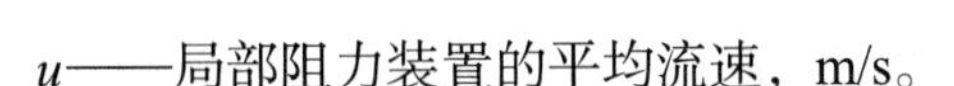

u——局部阻力装置的平均流速，m/s。

如图 4-13 所示，列出 $Q5$、$Q6$ 和 $Q7$、$Q8$ 两个过流断面间流体的伯努利方程

$$z_5+\frac{p_5}{\rho g}+\frac{u_5^2}{2g}=z_6+\frac{p_6}{\rho g}+\frac{u_6^2}{2g}+\Sigma h_{\mathrm{f}5\text{-}6} \tag{4-16}$$

$$z_7+\frac{p_7}{\rho g}+\frac{u_7^2}{2g}=z_8+\frac{p_8}{\rho g}+\frac{u_8^2}{2g}+\Sigma h_{\mathrm{f}7\text{-}8} \tag{4-17}$$

上式中，$z_5=z_6=z_7=z_8$；$u_5=u_6=u_7=u_8$，由此可得

$$\sum h_{\mathrm{f}5\text{-}6}=\frac{p_5}{\rho g}-\frac{p_6}{\rho g}=\frac{\Delta p_{i5\text{-}6}}{\rho g} \tag{4-18}$$

$$\sum h_{\mathrm{f}7\text{-}8}=\frac{p_7}{\rho g}-\frac{p_8}{\rho g}=\frac{\Delta p_{i7\text{-}8}}{\rho g} \tag{4-19}$$

式中，Δp_l 为两测压点的差压。

根据范宁公式

$$h_{\mathrm{f}}=\lambda\frac{l}{d}\frac{u^2}{2g} \tag{4-20}$$

又已知相同速度下阀门局部阻力段直管长 $l_1=2\times l_2$，管径 d=0.018m，则阀门的局部阻力水头损失为

$$h_{局}=h_{\mathrm{f}}=2\times\sum h_{\mathrm{f}7\text{-}8}-\sum h_{\mathrm{f}5\text{-}6}=\frac{2\Delta p_{i7\text{-}8}-\Delta p_{i5\text{-}6}}{\rho g} \tag{4-21}$$

于是联立式（4-15）、式（4-21）可得闸阀的局部阻力系数。

$$\zeta=\frac{\dfrac{2\Delta p_{i7\text{-}8}-\Delta p_{i5\text{-}6}}{\rho g}}{\dfrac{u^2}{2g}} \tag{4-22}$$

（四）实验方法与步骤

1. 准备工作

关闭阀 F10，将储水箱加水至约 2/3 处。打开阀 F1、F2、F3、F4、F5、F6、F7、F8、F9，其余阀门闭合；连接电源，启动电控箱上的控制电源。

2. 实验系统排气

（1）启动触摸屏，在触摸屏的界面上找到进入实验按钮，点击此按钮，进入实验选择界面；在实验选择界面中，点击【阀门局部阻力测定实验】按钮，进入阀门局部阻力测定实验界面。点击【FV102 开】按钮，点击【水泵 P101 启动】，水泵 P101 运行，水泵运行 2 ～ 3min，给待测实验管路排气，排出管路中的空气。

（2）测压系统管路排气　实验管路排气完成后，点击【排气开】按钮，给测压系统管路排气。待测压系统管路中无气泡排出，排气结束后，点击【排气关】按钮。

注意：① 如果实验中测压管路中所连的管路及测压管中有气泡存在时，需重新排气，方法如上。

② 如果实验中准备工作已做过，可直接进行本次实验。

3. 实验步骤

（1）确认 FV102 开度调节为 100%；确认阀 F1、F3 和 F9 全开，阀 F2、F4、F5、F6 和 F7 关闭，其余阀门闭合，点击【远端取压开】按钮，待管中流量稳定后，读取远端 PI103 的压力读数、FI102 的流量读数及 TI101 的温度读数；点击【远端取压关】按钮，点击【近端取压开】按钮，待管中流量稳定后，读取近端 PI103 的压力读数，并记录实验数据到表 4-7 中。

（2）调节 FV102 开度，使流量的改变减小 $0.5m^3/h$ 左右。点击【近端取压关】按钮，点击【远端取压开】按钮，待管中流量稳定后，读取远端 PI103 的压力读数、FI102 的流量读数及 TI101 的温度读数；点击【远端取压关】按钮，点击【近端取压开】按钮，待管中流量稳定后，读取近端 PI103 的压力读数，并记录实验数据到表 4-7 中。

（3）调节 FV102 的开度，重复步骤（2）3 ～ 5 次。

（4）实验结束后，点击【水泵 P101 停止】，水泵 P101 停止运行，点击【取压关】按钮，点击【FV102 关】按钮。在阀门局部阻力测定实验界面下，点击【返回实验选择】按钮；返回到实验选择界面（如果还需进行其他实验，可在实验选择界面中选择需要的实验项目进行实验操作）。在实验选择界面中，点击【退出】按钮，退出软件。

（5）断开电源，整理实验台，若长时间不使用时，请将各容器内的物料放干净。

（五）实验数据记录

专　　业________________　姓　　名________________　学　号________________

日　　期________________　地　　点________________　装置号________________

同组同学____

表 4-7　阀门局部阻力实验记录表

序号	TI101/℃	FI102/（m^3/h）	远端 PI103/kPa	近端 PI103/kPa
1				
2				
3				
4				
5				

（六）思考题

1. 阀门 F8 处于不同开度时，如把流量调至相等，ζ 值是否相等？

2. 影响该实验结果的因素有哪些？
3. 简述阀门局部阻力测定方法特点。

突扩与突缩
阻力测定实验

七、突扩与突缩阻力测定实验

（一）实验目的

1. 了解突扩与突缩的实验流程、实验原理及突扩突缩过程中阻力损失的变化；
2. 加深对局部阻力损失的理解。

（二）实验流程

突扩与突缩阻力测定实验流程如图 4-14 所示。

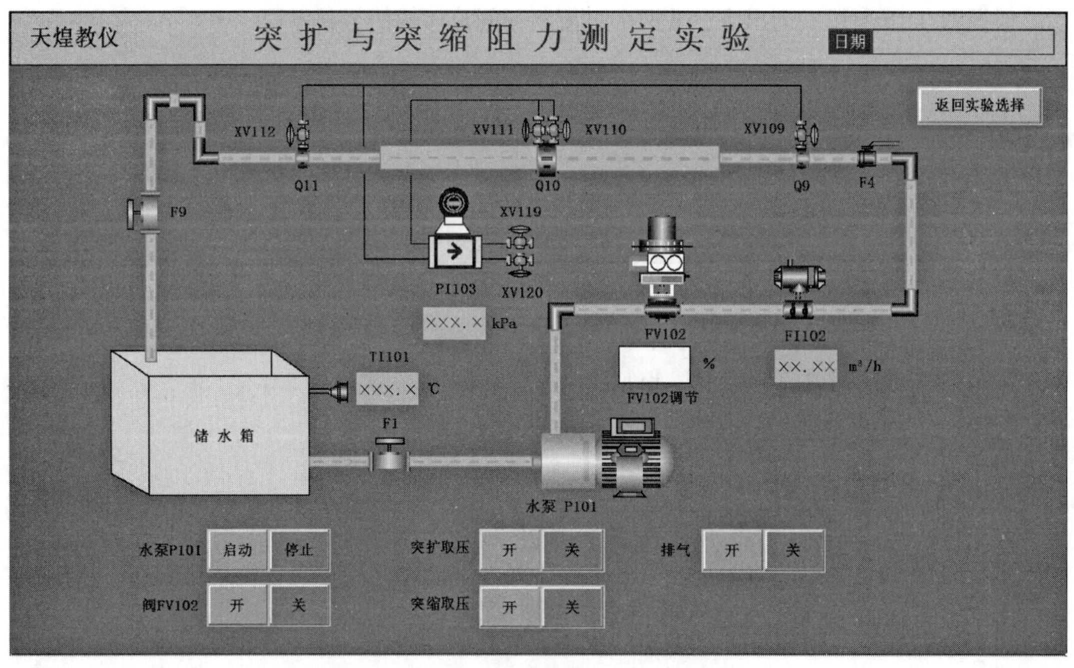

图 4-14　突扩与突缩阻力测定实验流程图

（三）实验原理

流体在流过局部阻力装置时由于流道的急剧变化出现速度的重新分布和漩涡运动，这是产生局部阻力的基本原因。突然扩大与突然缩小也属于局部阻力装置。

1. 局部阻力一般计算方法

局部阻力实验的基本实验原理：如图 4-15 所示，在局部阻力装置前后的均匀流段选取两个过流断面取压即测压点Ⅰ（阀门 XV109 处对应Ⅰ号过流断面）、测压点Ⅱ（阀门 XV110、XV111 处对应Ⅱ号过流断面）、测压点Ⅲ（阀门 XV112 处对应Ⅲ号过流断面）。对这两个断面间的流体应用伯努利方程，总水头损失即两测压管的液位差由两段管道流段的沿程水头损失和弯头局部水头损失组成。由流量计测得管路的流量，即可求得管中的平均流速；由于管道在相同流速下沿程阻力水头损失可求得，于是两段管路的沿程水头损失可由范宁公式计算出来，局部阻力用式（4-15）计算，据此，即可通过伯努利方程求得局部装置的局部阻力系数 ζ。

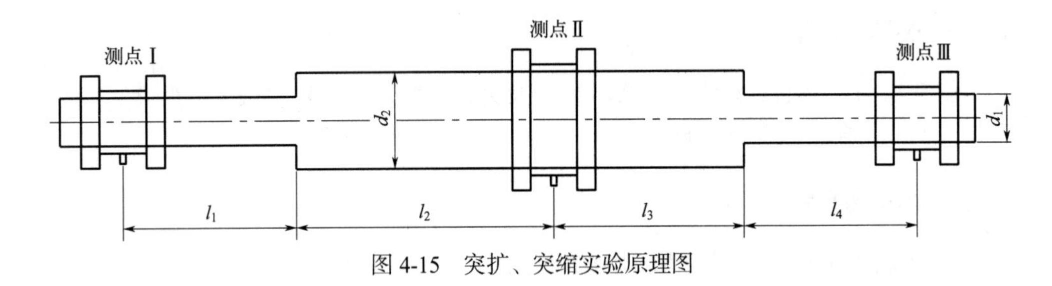

图 4-15　突扩、突缩实验原理图

根据图 4-15 所示，列出Ⅰ、Ⅱ两个过流断面间流体的伯努利方程

$$z_1+\frac{p_1}{\rho g}+\frac{u_1^2}{2g}=z_2+\frac{p_2}{\rho g}+\frac{u_2^2}{2g}+h_{\mathrm{f}} \tag{4-23}$$

上式中，$z_1=z_2$，由此可得

$$h_{\mathrm{f}}=\frac{p_1}{\rho g}-\frac{p_2}{\rho g}+\frac{u_1^2}{2g}-\frac{u_2^2}{2g}=\frac{\Delta p_i}{\rho g}+\frac{u_1^2-u_2^2}{2g} \tag{4-24}$$

式中　Δp_i——两测压点的差压，Pa；

u_1——测点Ⅰ的平均流速，m/s；

u_2——测点Ⅱ的平均流速，m/s。

根据范宁公式

$$h_{\mathrm{f}}=\lambda\frac{l}{d}\frac{u^2}{2g} \tag{4-25}$$

对于光滑管式（4-25）中的 λ 利用布拉修斯（Blasius）提出的关联式即式（4-26）计算。

$$\lambda=\frac{0.3164}{Re^{0.25}} \tag{4-26}$$

局部阻力段直管长 l_1、l_2，则局部阻力水头损失为

$$h_{局}=h_{\mathrm{f}}-\frac{0.3164}{Re^{0.25}}\frac{l_1}{d_1}\frac{u_1^2}{2g}-\frac{0.3164}{Re^{0.25}}\frac{l_2}{d_2}\frac{u_2^2}{2g} \tag{4-27}$$

于是联立式（4-15）、式（4-27）可得局部阻力系数

$$\zeta=\frac{h_{\mathrm{f}}-\dfrac{0.3164}{Re^{0.25}}\dfrac{l_1}{d_1}\dfrac{u_1^2}{2g}-\dfrac{0.3164}{Re^{0.25}}\dfrac{l_2}{d_2}\dfrac{u_2^2}{2g}}{\dfrac{u^2}{2g}} \tag{4-28}$$

式中　d_1——直管长 l_1 对应的流道管径，m；本装置中管内径 d_1=0.018m；

d_2——直管长 l_2 对应的流道管径，m；本装置中管内径 d_2=0.0238m。

l_1= 0.25m；l_2= 0.45m；l_3= 0.15m；l_4= 0.35m。

同理，也可列出Ⅱ、Ⅲ测点的计算式。

2. 突然扩大

流体流过突然扩大管路时，由于流道突然扩大，流速减小，压力相应增大，流体在这种逆压流动过程中极易发生边界层分离，产生漩涡。由边界层分离所造成的机械能损失要远大于此过程中流体与壁面间的摩擦损失。通过理论分析可以证明，突然扩大时局部阻力系数为

$$\xi=\left(1-\frac{A_1}{A_2}\right)^2 \tag{4-28a}$$

式中　A_1，A_2——小管、大管的横截面积，m^2。

3. 突然缩小

当流体由大管流入小管时，流股突然缩小，此后，由于流动惯性，流股将继续缩小，直到流股截面缩小到最小，此处称为缩脉。经过缩脉后，流股开始扩大，直到重新充满整个管截面。流体在缩脉之前是顺压流动的，而在缩脉之后，则和突然扩大情形类似，为逆压流动，因而在缩脉之后会产生边界层分离和涡流，突然缩小的局部阻力系数为

$$\xi=0.5\left(1-\frac{A_2}{A_1}\right)^2 \tag{4-29}$$

式中　A_1，A_2——小管、大管的横截面积，m^2。

实验小管内径 d_1=0.018（m），大管内径 d_2=0.0238（m）。

当流体由管路流入截面较大的容器或气体从管路排放到大气中，$\frac{A_1}{A_2}\approx 0$，式（4-28a）中 $\xi=1$。

流体自容器进入小管的入口 $\frac{A_2}{A_1}\approx 0$，式（4-29）中 $\xi=0.5$。

（四）实验操作与步骤

1. 准备工作

关闭阀 F10，将储水箱加水至约 2/3 处。打开阀 F1、F2、F3、F4、F5、F6、F7、F8、F9，其余阀门闭合；连接电源，启动电控箱上的控制电源。

2. 实验系统排气

（1）启动触摸屏，在触摸屏的界面上找到进入实验按钮，点击此按钮，进入实验选择界面；在实验选择界面中，点击【突扩与突缩阻力测定实验】按钮，进入突扩与突缩阻力测定实验界面。点击【FV102 开】按钮，点击【水泵 P101 启动】，水泵 P101 运行，水泵运行

2～3min，给待测实验管路排气，排出管路中的空气。

（2）测压系统管路排气　实验管路排气完成后，点击【排气开】按钮，给测压系统管路排气。待测压系统管路中无气泡排出，排气结束后，点击【排气关】按钮。

注意：① 如果实验中测压管路中所连的管路及测压管中有气泡存在时，需重新排气，方法如上。

② 如果实验中准备工作已做过，可直接进行本次实验。

3. 实验步骤

（1）确认 FV102 开度调节为 100%；确认阀 F1、F4 和 F9 全开，阀 F2、F3、F5、F6 和 F7 关闭，其余阀门闭合，点击【突扩取压开】按钮，待管中流量稳定后，读取远端 PI103 的压力读数、FI102 的流量读数及 TI101 的温度读数；点击【突扩取压关】按钮，点击【突缩取压开】按钮，待管中流量稳定后，读取近端 PI103 的压力读数，并记录实验数据到表 4-8 中。

（2）调节 FV102 开度，使流量的改变减小 0.5m^3/h 左右。点击【突缩取压关】按钮，点击【突扩取压开】按钮，待管中流量稳定后，读取远端 PI103 的压力读数、FI102 的流量读数及 TI101 的温度读数；点击【突扩取压关】按钮，点击【突缩取压开】按钮，待管中流量稳定后，读取近端 PI103 的压力读数，并记录实验数据到表 4-8 中。

（3）调节 FV102 的开度，重复步骤（2）3～5 次。

（4）实验结束后，点击【水泵 P101 停止】，水泵 P101 停止运行，点击【取压关】按钮，点击【FV102 关】按钮。在突扩与突缩阻力测定实验界面下，点击【返回实验选择】按钮；返回到实验选择界面（如果还需进行其他实验，可在实验选择界面中选择需要的实验项目进行实验操作）。在实验选择界面中，点击【退出】按钮，退出软件。

（5）断开电源，整理实验台，若长时间不使用时，请将各容器内的物料放干净。

（五）实验数据记录

专　　业________________　姓　　名________________　学　号______________

日　　期________________　地　　点________________　装置号______________

同组同学____

表 4-8　突扩突缩实验记录表

序号	TI101/℃	FI102/（m^3/h）	突扩 PI103/kPa	突缩 PI103/kPa
1				
2				
3				
4				
5				

（六）思考题

1. 对实验现象进行分析讨论。
2. 突缩、突扩时，哪个差值较大？为什么？

粗糙管沿程阻力测定实验

八、粗糙管沿程阻力测定实验

实际液体在流动时有沿程阻力损失，流体平均流速不同（此时 Re 的值也相应变化），其沿程阻力损失值也不同。本实验可测定流体在粗糙圆管中流动时不同流态的沿程阻力系数 λ 值（λ 一般与 Re 和 $\frac{\varepsilon}{d}$ 有关），并求出 λ 与 Re 间的关系，以便与莫迪图进行对照验证。

（一）实验目的

1. 深入了解流体沿程阻力损失概念；
2. 掌握粗糙管的沿程阻力和沿程摩擦系数的测定原理和方法；
3. 了解圆管湍流的沿程阻力损失随平均流速变化的规律及之间的关系。

（二）实验流程

粗糙管沿程阻力测定实验流程如图 4-16 所示。

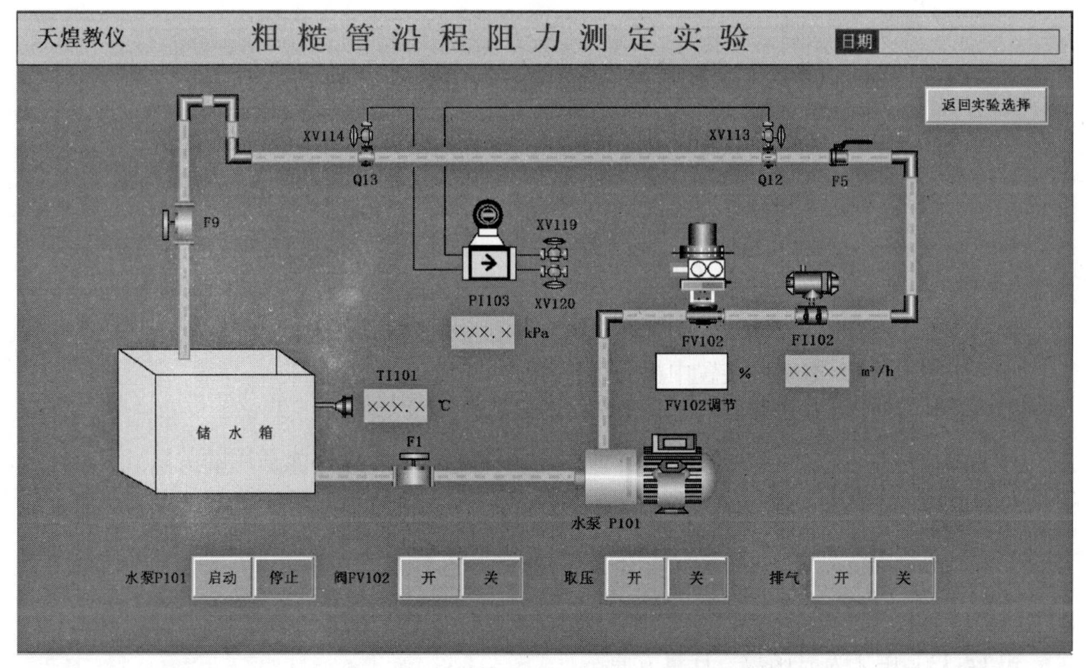

图 4-16　粗糙管沿程阻力测定实验流程图

（三）实验原理

沿程阻力实验原理如图 4-17 所示。

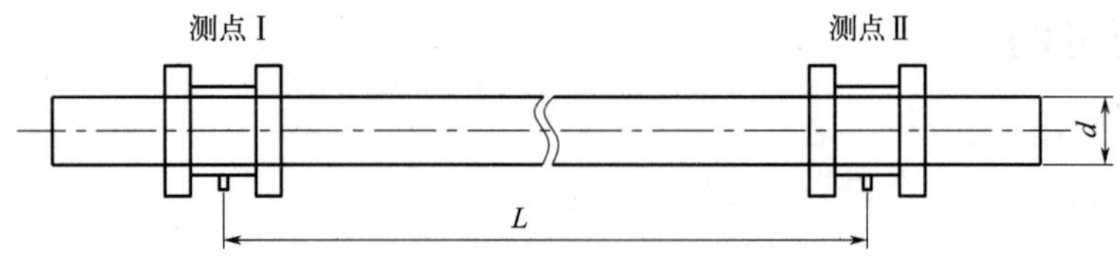

图 4-17 沿程阻力实验原理图

圆管流动沿程水头阻力损失计算过程如下：

根据达西公式

$$h_{\mathrm{f}}=\lambda\frac{L}{d}\frac{u^{2}}{2g} \tag{4-30}$$

如图 4-17 所示，根据水平等径圆管在被测点Ⅰ、Ⅱ两个过流断面间（阀门 XV113 处对应Ⅰ号过流断面；阀门 XV114 处对应Ⅱ号过流断面）的伯努利方程得

$$\frac{p_{\mathrm{I}}}{\rho g}=\frac{p_{\mathrm{II}}}{\rho g}+h_{\mathrm{f\,I-II}} \tag{4-31}$$

$$h_{\mathrm{f\,I-II}}=\frac{p_{\mathrm{I}}}{\rho g}-\frac{p_{\mathrm{II}}}{\rho g}=\Delta H \tag{4-31a}$$

此处 $h_{\mathrm{f\,I-II}}$即为达西公式中沿 L 长度上液流的水头损失 h_{f}，即联立式（4-30）和式（4-31a），得

$$\lambda\frac{L}{d}\frac{u^{2}}{2g}=\frac{p_{\mathrm{I}}}{\rho g}-\frac{p_{\mathrm{II}}}{\rho g}=\Delta H \tag{4-32}$$

整理得

$$\lambda=\frac{2gd\Delta H}{Lu^{2}} \tag{4-32a}$$

式中 ΔH——Ⅰ、Ⅱ两个过流断面间测点的压差读数，m；

L——测点的管流轴线间的长度，m，本实验中 L=1.2m；

d——管径，本实验装置中粗糙管管径 d=0.018m；

u——圆管中过流断面的平均流速，m/s。

对于湍流区的粗糙管、光滑管，直到完全湍流区的 λ 计算都能适用的关联式是哈兰德（Haaland）提出的关联式为

$$\frac{1}{\sqrt{\lambda}}=-1.8\lg\left[\left(\frac{\varepsilon/d}{3.7}\right)^{1.11}+\frac{6.9}{Re}\right] \tag{4-33}$$

式（4-33）中 λ 为显函数，计算方便。

（四）实验方法与步骤

1. 准备工作

关闭阀 F10，将储水箱加水至约 2/3 处。打开阀 F1、F2、F3、F4、F5、F6、F7、F8、

F9，其余阀门闭合；连接电源，启动电控箱上的控制电源。

2. 实验系统排气

（1）启动触摸屏，在触摸屏的界面上找到进入实验按钮，点击此按钮，进入实验选择界面；在实验选择界面中，点击【粗糙管沿程阻力测定实验】按钮，进入粗糙管沿程阻力测定实验界面。点击【FV102 开】按钮，点击【水泵 P101 启动】，水泵 P101 运行，水泵运行 2 ～ 3min，给待测实验管路排气，排出管路中的空气。

（2）测压系统管路排气　实验管路排气完成后，点击【排气开】按钮，给测压系统管路排气。待测压系统管路中无气泡排出，排气结束后，点击【排气关】按钮。

注意：① 如果实验中测压管路中所连的管路及测压管中有气泡存在时，需重新排气，方法如上。

② 如果实验中准备工作已做过，可直接进行本次实验。

3. 实验步骤

（1）确认 FV102 开度调节为 100%；确认阀 F1、F5 和 F9 全开，阀 F2、F3、F4、F6 和 F7 关闭，其余阀门闭合，点击【取压开】按钮，待管中流量稳定后，读取 PI103 的压力读数、FI102 的流量读数及 TI101 的温度读数，并记录实验数据到表 4-9 中。

（2）设置 FV102 开度调节的开度，使流量的改变减小 $0.5m^3/h$ 左右。待管中流量稳定后，读取 PI103 的压力值读数、FI102 的流量读数及系统 TI101 的温度读数，并记录实验数据到表 4-9 中。

（3）调节 FV102 的开度，重复步骤（2）5 ～ 8 次。

（4）实验结束后，点击【水泵 P101 停止】，水泵 P101 停止运行，点击【取压关】按钮，点击【FV102 关】按钮。在粗糙管沿程阻力测定实验界面下，点击【返回实验选择】按钮；返回到实验选择界面（如果还需进行其他实验，可在实验选择界面中选择需要的实验项目进行实验操作）。在实验选择界面中，点击【退出】按钮，退出软件。

（5）断开电源，整理实验台，若长时间不使用时，请将各容器内的物料放干净。

（五）实验数据记录

专业班级＿＿＿＿＿＿＿＿　姓　　名＿＿＿＿＿＿＿＿　学　号＿＿＿＿＿＿＿

日　　期＿＿＿＿＿＿＿＿　地　　点＿＿＿＿＿＿＿＿　装置号＿＿＿＿＿＿＿

同组同学＿＿＿＿＿＿＿＿＿＿＿＿＿＿＿＿＿＿＿＿＿＿＿＿＿＿＿＿＿＿

表 4-9　粗糙管沿程阻力实验数据表

序号	TI101/℃	FI102/（m^3/h）	PI103/kPa
1			
2			
3			
4			
5			

（六）实验报告

在同一双对数坐标纸上分别绘制出 $\lambda \sim Re$ 二条曲线。

（七）思考题

1. 影响该实验结果的因素有哪些？
2. 实验中阻力的大小用什么参数体现？

光滑管湍流时沿程阻力测定实验

九、光滑管湍流时沿程阻力测定实验

实际液体在流动时有沿程损失，流体平均流速不同（此时 Re 的值也相应变化），其沿程损失值也不同。本实验可测定流体在光滑圆管湍流时的沿程阻力系数 λ 值（λ 一般与 Re 和 $\frac{\varepsilon}{d}$ 有关），并求出 λ 与 Re 间的关系，以便与莫迪图进行对照验证。

（一）实验目的

1. 深入了解流体沿程阻力损失概念；
2. 掌握光滑管的沿程阻力和沿程摩擦系数的测定原理和方法；
3. 了解圆管湍流的沿程阻力损失随平均流速变化的规律，测定 $\lambda \sim Re$ 间的关系。

（二）实验流程

光滑管沿程阻力测定实验流程如图 4-18 所示。

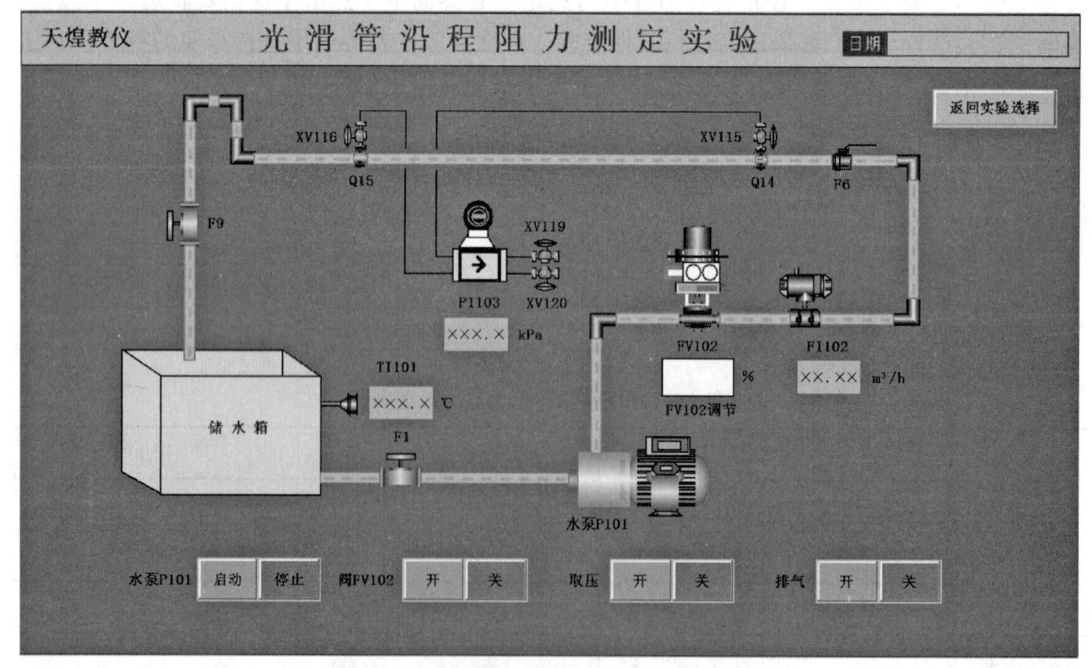

图 4-18　光滑管沿程阻力测定实验流程图

（三）实验原理

沿程阻力实验原理如图 4-19 所示。

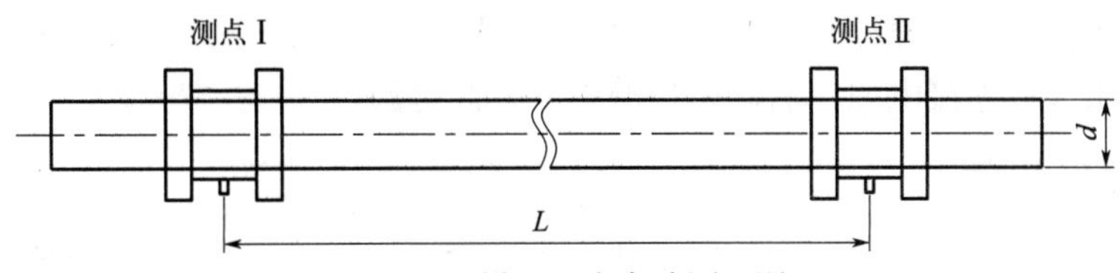

图 4-19　沿程阻力实验原理图

光滑圆管湍流时沿程水头阻力损失计算过程如下：

根据达西公式

$$h_{\mathrm{f}}=\lambda_{实验}\frac{L}{d}\frac{u^2}{2g} \tag{4-34}$$

如图 4-19 所示，根据水平等径圆管在被测点Ⅰ、Ⅱ两个过流断面间（阀门 XV115 处对应Ⅰ号过流断面；阀门 XV116 处对应Ⅱ号过流断面）的伯努利方程得

$$\frac{p_{\mathrm{I}}}{\rho g}=\frac{p_{\mathrm{II}}}{\rho g}+h_{\mathrm{f\,I-II}} \tag{4-35}$$

整理得

$$h_{\mathrm{f\,I-II}}=\frac{p_{\mathrm{I}}}{\rho g}-\frac{p_{\mathrm{II}}}{\rho g}=\Delta H \tag{4-35a}$$

此处 $h_{\mathrm{f\,I-II}}$ 即为达西公式中，沿 L 长度上液流的水头损失 h_{f}。联立式（4-34）和式（4-35a），得

$$\lambda_{实验}\frac{L}{d}\frac{u^2}{2g}=\frac{p_{\mathrm{I}}}{\rho g}-\frac{p_{\mathrm{II}}}{\rho g}=\Delta H \tag{4-36}$$

整理得

$$\lambda_{实验}=\frac{2gd\Delta H}{Lu^2} \tag{4-36a}$$

式中　ΔH——Ⅰ、Ⅱ两个过流断面处测点的压差读数，$\mathrm{mH_2O}$；

L——两测点间距离，m，本实验中 L=1.2m；

d——管径，本实验装置中光滑管管径 $d_{光}$=0.018m；

u——圆管中过流断面的平均流速，m/s。

在湍流区内，$\lambda=f(Re,\varepsilon/d)$，对于光滑管大量实验证明，当 Re 在 $2.5\times10^3\sim2.5\times10^5$ 的范围内，λ 与 Re 的关系遵循布拉修斯（Blasius）提出的关联式，即

$$\lambda_{理论}=\frac{0.3163}{Re^{0.25}} \tag{4-37}$$

（四）实验方法与步骤

1. 准备工作

关闭阀 F10，将储水箱加水至约 2/3 处。打开阀 F1、F2、F3、F4、F5、F6、F7、F8、F9，其余阀门闭合；连接电源，启动电控箱上的控制电源。

2. 实验系统排气

（1）启动触摸屏，在触摸屏的界面上找到进入实验选择按钮，点击此按钮，进入实验选择界面；在实验选择界面中，点击【光滑管沿程阻力测定实验】按钮，进入光滑管沿程阻力测定实验界面。点击【FV102 开】按钮，点击【水泵 P101 启动】，水泵 P101 运行，水泵运行 2 ～ 3min，给待测实验管路排气，排出管路中的空气。

（2）测压系统管路排气　实验管路排气完成后，点击【排气开】按钮，给测压系统管路排气。待测压系统管路中无气泡排出，排气结束后，点击【排气关】按钮。

注意：①如果实验中测压管路中所连的管路及测压管中有气泡存在时，需重新排气，方法如上。

②如果实验中准备工作已做过，可直接进行本次实验。

3. 实验步骤

（1）确认 FV102 开度调节为 100%；确认阀 F1、F6 和 F9 全开，阀 F2、F3、F4、F5 和 F7 关闭，其余阀门闭合，点击【取压开】按钮，待管中流量稳定后，读取 PI103 的压力读数、FI102 的流量读数及 TI101 的温度读数，并记录实验数据到表 4-10 中。

（2）设置 FV102 开度调节的开度，使流量的改变减小 $0.5m^3/h$ 左右。待管中流量稳定后，读取 PI103 的压力值读数、FI102 的流量读数及系统 TI101 的温度读数，并记录实验数据到表 4-10 中。

（3）调节 FV102 的开度，重复步骤（2）5 ～ 8 次。

（4）实验结束后，点击【水泵 P101 停止】，水泵 P101 停止运行，点击【取压关】按钮，点击【FV102 关】按钮。在光滑管沿程阻力测定实验界面下，点击【返回实验选择】按钮；返回到实验选择界面（如果还需进行其他实验，可在实验选择界面中选择需要的实验项目进行实验操作）。在实验选择界面中，点击【退出】按钮，退出软件。

（5）断开电源，整理实验台，若长时间不使用时，请将各容器内的物料放干净。

（五）实验数据记录

专业班级＿＿＿＿＿＿＿　姓　　名＿＿＿＿＿＿＿　学　号＿＿＿＿＿＿＿

日　　期＿＿＿＿＿＿＿　地　　点＿＿＿＿＿＿＿　装置号＿＿＿＿＿＿＿

同组同学＿＿＿＿＿＿＿＿＿＿＿＿＿＿＿＿＿＿＿＿＿＿＿＿＿＿＿＿

表 4-10　光滑管沿程阻力测定实验数据表

序号	TI101/℃	FI102/（m^3/h）	PI103/kPa
1			

续表

序号	TI101/℃	FI102/（m^3/h）	PI103/kPa
2			
3			
4			
5			

（六）实验报告

1. 列出任意一组测量点数据的完整计算示例；
2. 在双对数坐标纸上分别绘制出 $\lambda \sim Re$ 曲线。

（七）思考题

1. 影响该实验结果的因素有哪些？
2. 粗糙管和光滑管比较，哪个管路产生的阻力大？

光滑管层流时沿程阻力测定实验

十、光滑管层流时沿程阻力测定实验

实际液体在流动时有沿程阻力损失，流体平均流速不同（此时 Re 的值也相应变化），其沿程阻力损失值也不同。本实验可测定流体在光滑圆管中层流流动时的 λ 值（λ 一般与 Re 和 $\frac{\varepsilon}{d}$ 有关），并求出 λ 与 Re 间的关系，以便与莫迪图进行对照验证。

（一）实验目的

1. 了解流体沿程阻力损失概念；
2. 掌握光滑管的沿程阻力和沿程摩擦系数的测定原理和方法；
3. 了解光滑圆管层流时的沿程阻力损失随平均流速变化的规律，测定 $\lambda \sim Re$ 间的关系。

（二）实验流程

光滑管层流沿程阻力测定实验流程如图 4-20 所示。

（三）实验原理

光滑圆管流动的沿程阻力水头损失计算过程如下：

根据式（4-34），在图 4-21 的水平等径光滑圆管的测点Ⅰ、Ⅱ两个过流断面间（阀门 XV117 处对应Ⅰ号过流断面；阀门 XV118 处对应Ⅱ号过流断面）列伯努利方程

$$\frac{p_{\mathrm{I}}}{\rho g} = \frac{p_{\mathrm{II}}}{\rho g} + h_{\mathrm{f\,I-II}} \tag{4-38}$$

整理得

$$h_{f\,\text{I-II}} = \frac{p_{\text{I}}}{\rho g} - \frac{p_{\text{II}}}{\rho g} = \Delta H \tag{4-38a}$$

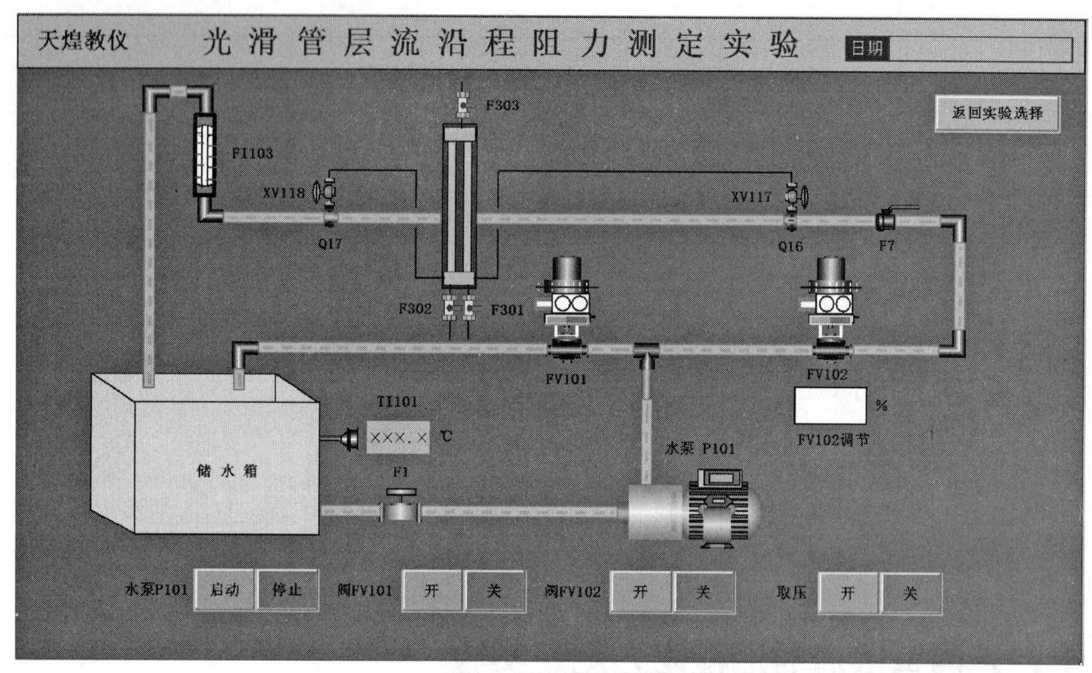

图 4-20　光滑管层流沿程阻力测定实验流程图

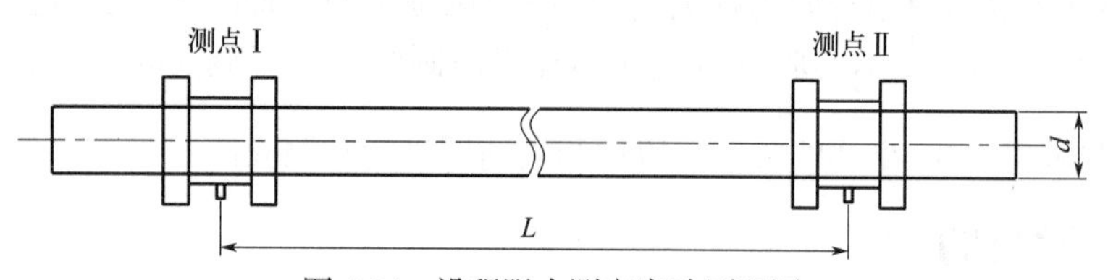

图 4-21　沿程阻力测定实验原理图

联立式（4-34）和式（4-38a）

$$\lambda_{实验}\frac{L}{d}\frac{u^2}{2g} = \frac{p_{\text{I}}}{\rho g} - \frac{p_{\text{II}}}{\rho g} = \Delta H \tag{4-39}$$

整理得

$$\lambda_{实验} = \frac{2gd\Delta H}{Lu^2} \tag{4-40}$$

式中　$h_{f\,\text{I-II}}$——Ⅰ、Ⅱ两个过流断面处测点的压差读数，mH_2O；

ΔH——Ⅰ、Ⅱ处测压点所连通的测压管的液位差，m；

L——测点的管流轴线间的长度，此处为 1.1m；

d——管道内径，此处为 0.006m；

u——圆管中过流断面的平均流速，m/s。

对于每一流量，都可求出相应的直管沿程阻力系数 λ，并可根据 Re 的值，判断管内流体的流态，从而选用不同的 λ 计算式，验证实验结果。

流体在湍流区 $Re \leqslant 2000$ 区域内，其理论摩擦系数为

$$\lambda = \frac{64}{Re} \tag{4-41}$$

（四）实验方法与步骤

1. 准备工作

关闭阀 F10，将储水箱加水至约 2/3 处。打开阀 F1、F2、F3、F4、F5、F6、F7、F8、F9，其余阀门闭合；连接电源，启动电控箱上的控制电源。

2. 实验系统排气

（1）启动触摸屏，在触摸屏的界面上找到进入实验按钮，点击此按钮，进入实验选择界面；在实验选择界面中，点击【光滑管层流沿程阻力测定实验】按钮，进入光滑管层流沿程阻力测定实验界面。点击【FV102 开】按钮，点击【水泵 P101 启动】，水泵 P101 运行，水泵运行 2 ～ 3min，给待测实验管路排气，排出管路中的空气。

（2）测压系统管路排气　实验管路排气完成后，点击【FV101 开】按钮，打开阀 F303，点击【取压开】按钮，给测压系统管路排气。待测压系统管路中无气泡排出，排气结束。

注意：①如果实验中测压管路中所连的管路及测压管中有气泡存在时，需重新排气，方法如上。

②如果实验中准备工作已做过，可直接进行本次实验。

3. 实验步骤

（1）确认阀 F1、F7 和 F9 全开，阀 F2、F3、F4、F5 和 F6 关闭，其余阀门闭合，待管中流量稳定后，点击【取压关】按钮，打开阀 F301、F302，排出倒 U 形压差计中的水，当两侧玻璃管中液位降至 10cm 左右时，关闭阀 F301、F302（两侧玻璃管中需保留一定的可见液位高度）。关闭阀 F303，调节转子流量计 FI103 的开度，使流量的读数为最大读数，点击【取压开】按钮，当倒 U 形压差计 PI104 的读数稳定后，读取倒 U 形压差计 PI104 的读数、FI103 的流量读数及 TI101 的温度读数，并记录实验数据到表 4-11 中。

（2）调节转子流量计 FI103 的开度，使流量的改变减小 50mL/min 左右。待管中流量稳定后，读取倒 U 形压差计 PI104 的读数、FI103 的流量读数及 TI101 的温度读数，并记录实验数据到表 4-11 中。

（3）调节转子流量计 FI103 的开度，重复步骤（2）4 ～ 6 次。

（4）实验结束后，点击【水泵 P101 停止】，水泵 P101 停止运行，点击【取压关】按钮，点击【FV101 关】按钮，点击【FV102 关】按钮。在光滑管层流沿程阻力测定实验界面下，点击【返回实验选择】按钮；返回到实验选择界面（如果还需进行其他实验，可在实验选择界面中选择需要的实验项目进行实验操作）。在实验选择界面中，点击【退出】按钮，退出软件。

（5）断开电源，整理实验台，若长时间不使用时，请将各容器内的物料放干净。

（五）实验数据记录

专　　业________________　姓　　名______________　学　号____________
日　　期________________　地　　点______________　装置号____________
同组同学____

表 4-11　光滑管层流沿程阻力测定实验数据表

序号	TI101/℃	FI103 /（mL/min）	差压 PI104/mH_2O
1			
2			
3			
4			
5			

（六）实验报告

1. 列出一组完整的计算示例；
2. 在同一双对数坐标纸上分别绘制出 $\lambda \sim Re$ 的理论曲线和测量曲线。

（七）思考题

1. 影响该实验结果的因素有哪些？
2. 同样是光滑管流体在管内做层流和湍流，λ 有何不同？
3. 分析光滑管湍流和层流时阻力的大小？

离心泵特性曲线测定实验

十一、离心泵特性曲线测定实验

（一）实验目的

1. 了解离心泵的工作原理和结构特性，掌握离心泵的操作方法；
2. 测定离心泵在恒定转速下的特性曲线。

（二）实验流程

离心泵特性曲线测定实验流程如图 4-22 所示。

（三）实验原理

在转速 n 固定不变的情况下，离心泵的实际扬程 H、轴功率 P 及总效率 η 与泵送液能力（即流量）Q 之间的关系以曲线表示，称为离心泵的特性曲线，它能反映出泵的运行性能，可作为选择离心泵的依据。

离心泵的特性曲线可用下列三个函数关系表示为

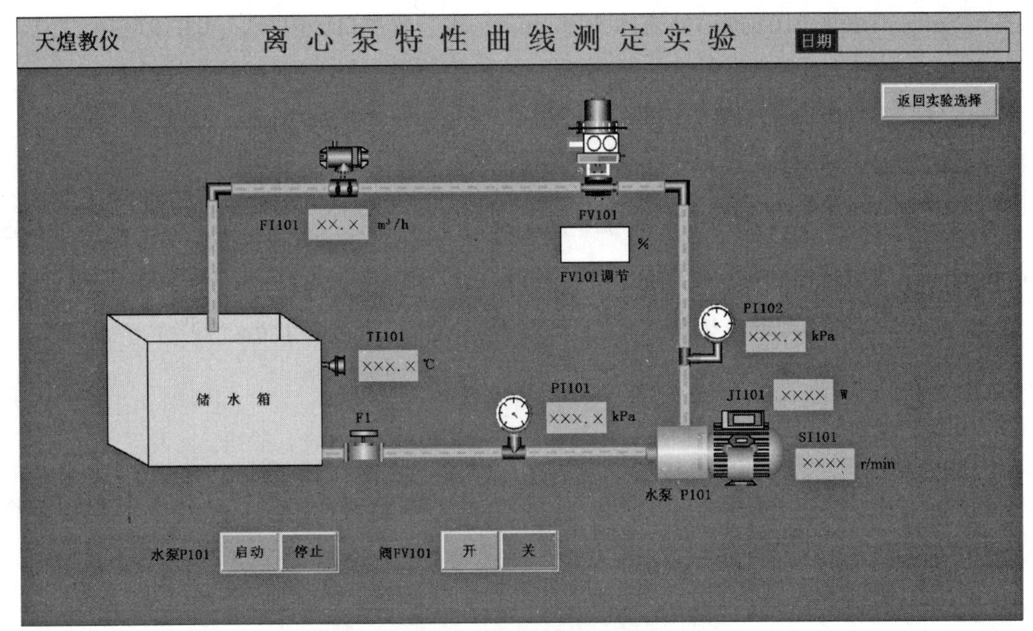

图 4-22　离心泵特性曲线测定实验流程图

$$H = f_1(Q) \qquad P = f_2(Q) \qquad \eta = f_3(Q)$$

这些函数关系均可由实验测得，其测定方法如下。

1. 流量 Q（m^3/h）

流体在管内的流量 FI101 由涡轮流量计检测，并在触摸屏上显示。

2. 实际扬程 H（mH_2O）

在泵进、出口处列伯努利方程可得

$$z_1 + \frac{p_1}{\rho g} + \frac{u_1^2}{2g} + H = z_2 + \frac{p_2}{\rho g} + \frac{u_2^2}{2g} + \Sigma H_f \tag{4-42}$$

因两截面间的管长很短，通常可忽略阻力损失项 ΣH_f，则

$$H = (z_2 - z_1) + \frac{p_2 - p_1}{\rho g} + \frac{u_2^2 - u_1^2}{2g} \tag{4-42a}$$

$$u_1 = \frac{4Q}{\pi d_1^2} \tag{4-43}$$

$$u_2 = \frac{4Q}{\pi d_2^2} \tag{4-44}$$

式中　z_2-z_1——指 PI101、PI102 接口间的垂直距离，本装置中为 0.15m；

p_1——水泵 P101 进口压力，PI101 可由负压传感器测得，读数为负数，kPa；

p_2——水泵 P101 出口压力，PI102 可由压力传感器测得，kPa；

ρ——水的密度，可近似取 ρ=1000 kg/m³，或者根据水温查水的物性数据表而得到；

g——重力加速度，$g = 9.807 m/s^2$；

u_1——水泵 P101 进口处流体流速，m/s，本装置进口处内径 d_1=0.031.6m；

u_2——水泵 P101 出口处流体流速，m/s，本装置出口处内径 d_2=0.0266m；

Q——管道流体流量，FI101 由涡轮流量计测得，m³/h。

3. 轴功率 P（W）

$$P = P_{电}\eta_{电}\eta_{传} \tag{4-45}$$

式中 $P_{电}$——电机的输入功率，由功率表测得，W；

$\eta_{电}$——与电机的输入功率 $N_{电}$相对应的电机效率，本实验中 $\eta_{电}$=95%；

$\eta_{传}$——传动效率，本装置为联轴节传动，故 $\eta_{传}$=1。

4. 有效功率 Pe（W）

$$Pe = \frac{HQ\rho g}{3600} \tag{4-46}$$

5. 总效率 η

$$\eta = \frac{Pe}{p} \times 100\% \tag{4-47}$$

（四）实验操作与步骤

1. 准备工作

关闭阀 F10，将储水箱加水至约 2/3 处。打开阀 F1，其余阀门闭合；连接电源，启动电控箱上的控制电源。

2. 实验系统排气

启动触摸屏，在触摸屏的界面上找到进入实验按钮，点击此按钮，进入实验选择界面；在实验选择界面中，点击【离心泵特性曲线测定实验】按钮，进入离心泵特性曲线测定实验界面。点击【FV101 开】按钮，点击【水泵 P101 启动】按钮，水泵 P101 运行，水泵运行 2 ～ 3min，给待测实验管路排气。排出管路中的空气。

3. 实验步骤

（1）确认 FV101 开度调节为 100%；待管中流量稳定后，读取水温 TI101、进口压力 PI101、出口压力 PI102、流量 FI101、转速 SI101 及功率 JI101 的读数，并记录到表 4-12 中。

（2）设置 FV101 调节的开度，使流量的改变减小 1.0m³/h 左右。待管中流量稳定后，读取水温 TI101、进口压力 PI101、出口压力 PI102、流量 FI101、转速 SI101 及功率 JI101 的读数，并记录到表 4-12 中。

（3）调节 FV101 的开度，重复步骤（2）6 ～ 10 次。

（4）实验结束后，点击【水泵P101停止】按钮，水泵P101停止运行；点击【FV101关】按钮。在离心泵特性曲线测定实验界面下，点击【返回实验选择】按钮；返回到实验选择界面（如果还需进行其他实验，可在实验选择系统中选择需要的实验项目进行实验操作）。在实验选择界面中，点击【退出】按钮，退出软件。

（5）断开电源，整理实验台，长时间不使用时，请将各容器内的物料放干净。

（五）实验数据记录

专业班级________________ 姓　　名__________________ 学　号_______________
日　　期________________ 地　　点__________________ 装置号_______________
同组同学____

表 4-12　离心泵特性曲线测定实验记录表

序号	TI101/℃	PI101/kPa	PI102/kPa	FI101/（m^3/h）	JI101/W	SI101/（r/min）
1						
2						
3						
4						
5						

（六）实验报告

1. 列出一组完整的计算示例；
2. 绘制出离心泵的 $H \sim Q$、$P \sim Q$、$\eta \sim Q$ 三条曲线；
3. 根据上述曲线，归纳离心泵的特性。

（七）思考题

1. 采取哪些措施可改变泵的特性曲线？
2. 泵流量越大，泵进口处的真空度也越大，为什么？
3. 泵的特性曲线为何要标明转速？
4. 离心泵启动要注意什么？

比例定律
测定实验

十二、比例定律测定实验

（一）实验目的

1. 了解通过变频器改变泵转速的方法；
2. 验证泵在不同转速下 Q、H、P 的比例关系。

（二）实验流程

比例定律测定实验流程如图 4-23 所示。

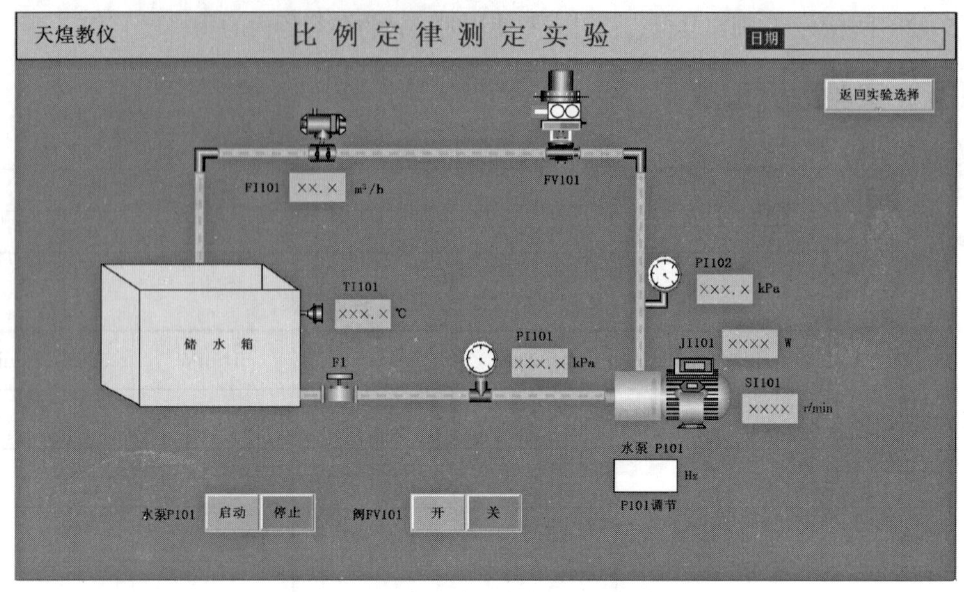

图 4-23 比例定律测定实验流程示意图

（三）实验原理

对于同一台离心泵，若仅改变转速，其特性曲线也将发生改变，在转速改变不大于 20% 时，也可近似认为叶轮出口的速度三角形、泵的效率等基本不变。故可得

$$\frac{Q_1}{Q_2}=\frac{n_1}{n_2} \tag{4-48}$$

$$\frac{H_1}{H_2}=\frac{n_1^2}{n_2^2} \tag{4-49}$$

$$\frac{P_1}{P_2}=\frac{n_1^3}{n_2^3} \tag{4-50}$$

式中 Q_1——实验转速 n_1 下的流量，m^3/h；

H_1——实验转速 n_1 下的实际扬程，mH_2O；

P_1——实验转速 n_1 下的轴功率，W；

Q_2——实验转速 n_2 下的流量，m^3/h；

H_2——实验转速 n_2 下的实际扬程，mH_2O；

P_2——实验转速 n_2 下的轴功率，W；

n_1——实验转速，r/min；

n_2——实验转速，r/min。

Q、H、P、n 的测量与计算方法同离心泵特性曲线的测定。

（四）实验操作与步骤

1. 准备工作

关闭阀 F10，将储水箱加水至约 2/3 处。打开阀 F1，其余阀门闭合；连接电源，启动电控箱上的控制电源。

2. 实验系统排气

启动触摸屏，在触摸屏的界面上找到进入实验按钮，点击此按钮，进入实验选择界面；在实验选择界面中，点击【比例定律测定实验】按钮，进入比例定律测定实验界面。点击【FV101 开】按钮，点击【水泵 P101 启动】按钮，水泵 P101 运行，水泵运行 2 ～ 3min，给待测实验管路排气，排出管路中的空气。

3. 实验步骤

（1）确认 FV101 调节开度为 100%；待管中流量稳定后，读取水温 TI101、进口压力 PI101、出口压力 PI102、流量 FI101、转速 SI101 及功率 JI101 的读数，并记录到表 4-13 中。

（2）设置 P101 调节的频率（注意：P101 调节的频率不要低于 35Hz），使转速改变 10% 左右。待管中流量稳定后，读取水温 TI101、进口压力 PI101、出口压力 PI102、流量 FI101、转速 SI101 及功率 JI101 的读数，并记录到表 4-13 中。

（3）设置 P101 调节的频率，重复步骤（2）2 ～ 5 次。

（4）实验结束后，点击【水泵 P101 停止】按钮，水泵 P101 停止运行，点击【FV101 关】按钮。在比例定律测定实验界面下，点击【返回实验选择】按钮；返回到实验选择界面（如果还需进行其他实验，可在实验选择系统中选择需要的实验项目进行实验操作）。在实验选择界面中，点击【退出】按钮，退出软件。

（5）断开电源，整理实验台，若长时间不使用时，请将各容器内的物料放干净。

（五）实验数据记录

专业班级________________　姓　　名__________________　学　号________________
日　　期________________　地　　点__________________　装置号________________
同组同学____

表 4-13　比例定律测定实验数据表

序号	TI101 /℃	PI101/kPa	PI102/kPa	FI101/（m^3/h）	JI101/W	SI101/（r/min）
1						
2						
3						
4						
5						

（六）实验报告

1. 根据实验数据，计算在不同转速下的 Q、H、P 的比值与转速比值；

2. 列出一组完整的计算示例；

3. 观察不同转速下 Q、H、P 的比值与相应转速比值的关系。

（七）思考题

1. 转速改变时，泵进出口压力的变化如何？
2. 转速改变后，泵的特性曲线如何变化？

管路特性曲线测定实验

十三、管路特性曲线测定实验

（一）实验目的

掌握管路特性曲线的测定方法。

（二）实验流程

管路特性曲线测定实验流程如图 4-24 所示。

（三）实验原理

管路特性曲线表示流体通过某一特定管路所需要的压头与流量的关系。由 1# 泵将水罐中的水经管路再次抽回到水罐中，在这个过程中列伯努利方程，则流体流过管路所需要的压头（泵提供的压头）为

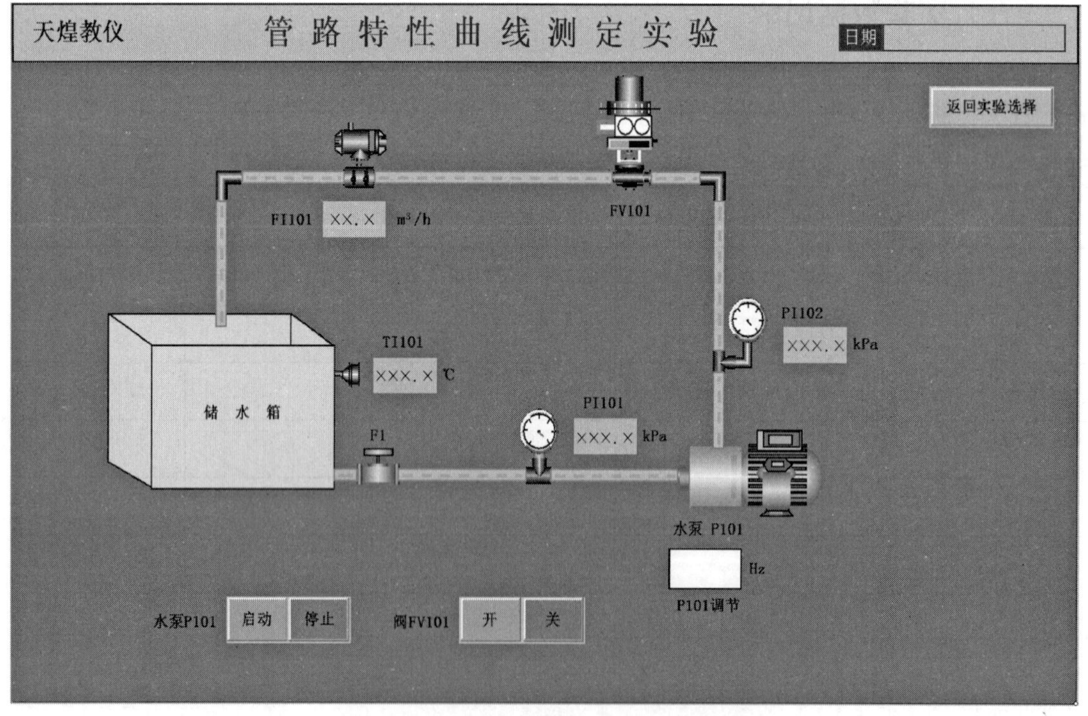

图 4-24　管路特性曲线测定实验流程图

$$He = \Delta Z + \frac{\Delta p}{\rho g} + h_f \tag{4-51}$$

$$h_f = \lambda\left(\frac{l+\sum l_e}{d}\right)\left(\frac{u^2}{2g}\right) = \left(\frac{8\lambda}{\pi^2 g}\right)\left(\frac{l+\sum l_e}{d^5}\right)Q^2 = BQ^2 \tag{4-52}$$

$$B = \left(\frac{8\lambda}{\pi^2 g}\right)\left(\frac{l+\sum l_e}{d^5}\right) \tag{4-53}$$

式中，$\sum l_e$ 表示管路中所有局部阻力的当量长度之和。

令 $A = \Delta Z + \frac{\Delta p}{\rho g}$，则式（4-51）可写成

$$He = A + BQ^2 \tag{4-54}$$

式（4-54）就是管路特性曲线方程，对于特定管路，式（4-54）中 A 是固定不变的，当阀门的开度一定且流动为完全湍流时，B 也可看作常数。

离心泵在管路中正常运行时，泵提供的流量和压头与管路系统所要求的数值一致。此时离心泵的工作特性曲线与管路特性曲线相交，交点即离心泵的工作点，在此点

$$He=H \qquad Qe=Q \tag{4-55}$$

于是通过改变泵的转速来改变管路中的流量，即可得到其管路的特性曲线。

（四）实验操作与步骤

1. 准备工作

关闭阀 F10，将储水箱加水至约 2/3 处。打开阀 F1，其余阀门闭合；连接电源，启动电控箱上的控制电源。

2. 实验系统排气

启动触摸屏，在触摸屏的界面上找到进入实验按钮，点击此按钮，进入实验选择界面；在实验选择界面中，点击【管路特性曲线测定实验】按钮，进入管路特性曲线测定实验界面。点击【FV101】的开按钮，点击【水泵 P101 启动】按钮，水泵 P101 运行，水泵运行 2 ～ 3min，给待测实验管路排气，排出管路中的空气。

3. 实验步骤

（1）确认 FV101 开度调节为 100%；待管中流量稳定后，读取水温 TI101、进口压力 PI101、出口压力 PI102、流量 FI101 的读数，并记录到表 4-14 中。

（2）设置 P101 调节的频率，使转速改变 10% 左右。待管中流量稳定后，读取水温 TI101、进口压力 PI101、出口压力 PI102、流量 FI101 的读数，并记录到表 4-14 中。

（3）设置 P101 调节的频率（注意：P101 调节的频率不要低于 35Hz），重复步骤（2）3 ～ 5 次。

（4）实验结束后，点击【水泵 P101 停止】按钮，水泵 P101 停止运行，点击【FV101 关】

按钮。在管路特性曲线测定实验界面下，点击【返回实验选择】按钮；返回到实验选择界面（如果还需进行其他实验，可在实验选择系统中选择需要的实验项目进行实验操作）。在实验选择界面中，点击【退出】按钮，退出软件。

（5）断开电源，整理实验台，若长时间不使用时，请将各容器内的物料放干净。

（五）实验数据记录

专业班级__________ 姓　名__________ 学　号__________
日　期__________ 地　点__________ 装置号__________
同组同学______________________________

表 4-14　管路特性曲线测定实验数据表

序号	TI101 /℃	PI101/kPa	PI102/kPa	FI101/（m^3/h）
1				
2				
3				
4				
5				

（六）实验报告

1. 根据实验数据，计算在不同转速下的 He；
2. 列出一组完整的计算示例；
3. 根据计算结果作出管路特性曲线 $He \sim Q$。

（七）思考题

1. 为什么要保持管路上阀门开度不变？
2. 阀门开度若是改变，其管路特性曲线变化如何？

第五章

离心泵性能综合实验

第一节

概述

离心泵的结构及工作原理

一、实验内容

本实验以 THXLX-2 型离心泵性能综合实验装置为例，介绍本实验装置可完成的实验任务包括离心泵特性曲线测定实验、比例定律测定实验、离心泵串联特性曲线测定实验、离心泵并联特性曲线测定实验和离心泵汽蚀演示实验。

二、实验装置组成

实验装置主要由储水箱、离心泵、实验管路、阀门及温度、压力、流量等测量系统组成，如图 5-1 所示。

三、实验主要器件说明

1. 智能仪表的使用说明

第一～十通道分别显示离心泵 1 的进口真空度 PT1（kPa）与出口压力 PT2（kPa）、离心泵 2 的进口真空度 PT3（kPa）与出口压力 PT4（kPa）、流体温度 TT1（℃）、管路流量 FT1（m^3/h）、离心泵 1 电机的输入功率 GL1（W）、离心泵 2 电机的输入功率 GL2（W）、离心泵 2 的转速 ST1（r/min），具有使用请参考说明书。

2. 变频器的使用说明

将“离心泵2”开关调至“开”时，变频器电源接通，按下【RUN】键，离心泵2启动，旋转变频器上的【M】旋钮，可改变离心泵2的转速。

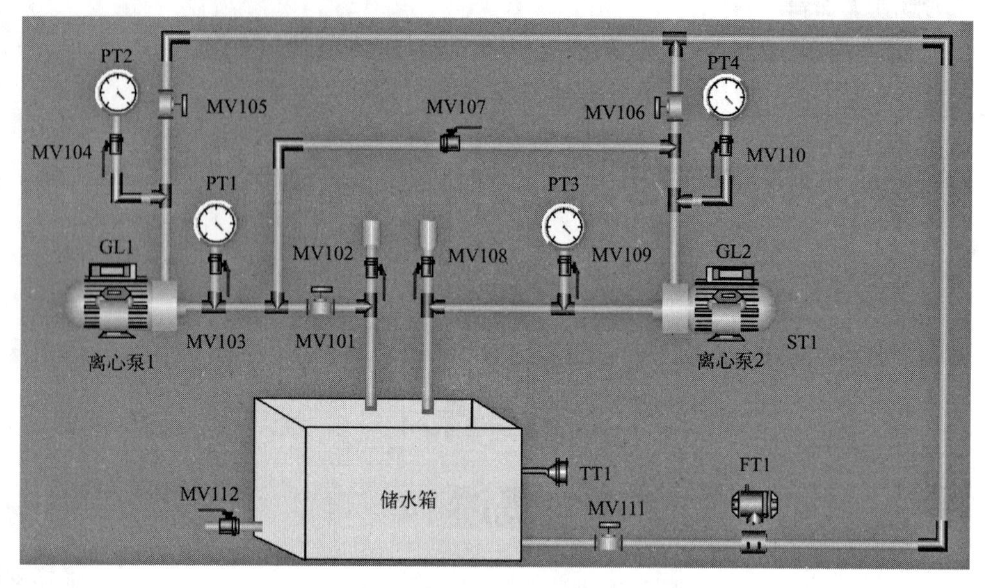

图 5-1　离心泵性能综合实验装置结构示意图

PT1—离心泵 1 进口真空表（负压传感器）；PT2—离心泵 1 出口压力表（压力传感器）；
PT3—离心泵 2 进口真空表；PT4—离心泵 2 出口压力表；TT1—热电阻；FT1—涡轮流量计；
ST1—离心泵 2 的转速；GL1—测量离心泵 1 电机的输入功率；GL2—测量离心泵 2 电机的输入功率

第二节

离心泵性能综合实验操作

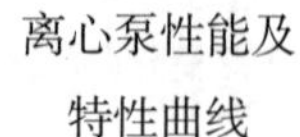

离心泵性能及特性曲线

离心泵特性曲线测定

一、离心泵特性曲线测定实验

（一）实验目的

1. 了解离心泵的工作原理和结构特性，掌握离心泵的操作方法；
2. 了解智能仪表、压力及流量等传感器的使用方法；
3. 测定离心泵在恒定转速下的特性曲线。

（二）实验装置与流程

实验装置与流程如图 5-2 所示，选用离心泵 2 和实验管完成实验。

（三）实验原理

在转速 n 固定不变的情况下，离心泵的实际扬程 H、轴功率 P 及总效率 η 与泵送液能力（即流量）Q 之间的关系以曲线表示，称为离心泵的特性曲线，它能反映出泵的运行性能，可作为选择离心泵的依据。

离心泵的特性曲线可用下列三个函数关系表示：

$$H = f_1(Q) \qquad P = f_2(Q) \qquad \eta = f_3(Q) \tag{5-1}$$

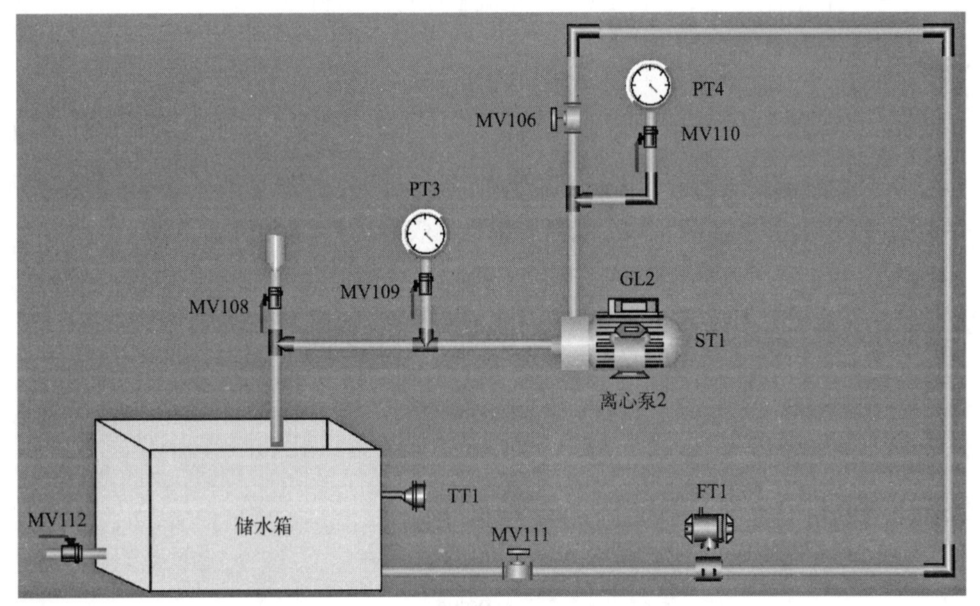

图 5-2　离心泵特性曲线测定实验流程图

这些函数关系均可由实验测得，其测定方法如下。

1. 流量 Q（m^3/h）

流体在管内的流量由涡轮流量计检测，并在智能仪表上显示（FT1）。

2. 实际扬程 H（mH_2O）

在泵进、出口真空表及压力表处列伯努利方程可得

$$z_1 + \frac{p_1}{\rho g} + \frac{u_1^2}{2g} + H = z_2 + \frac{p_2}{\rho g} + \frac{u_2^2}{2g} + \Sigma H_f \tag{5-2}$$

因两截面间的管长很短，通常可忽略阻力损失项 H_f，则

$$H = (z_2 - z_1) + \frac{p_2 - p_1}{\rho g} + \frac{u_2^2 - u_1^2}{2g} \tag{5-3}$$

$$u_1 = \frac{4Q}{\pi d_1^2} \tag{5-4}$$

$$u_2 = \frac{4Q}{\pi d_2^2} \tag{5-5}$$

式中 z_2-z_1——指 PT3、PT4 接口间的垂直距离，本装置中为 0.15m；

p_1——离心泵 2 进口压力，PT3 可由负压传感器或真空表测得，读数为负数，Pa；

p_2——离心泵 2 出口压力，PT4 可由压力传感器或压力表测得，Pa；

ρ——水的密度，可近似取 ρ=1000kg/m^3，或者根据水温查水的物性数据表而得到；

g——重力加速度，$g = 9.807\text{m/s}^2$；

u_1——离心泵 2 进口处流体流速，m/s，本装置进口处内径 d_1=0.033m；

u_2——离心泵 2 出口处流体流速，m/s，本装置出口处内径 d_2=0.0238m；

Q——管道流体流量，FT1（由涡轮流量计测得），m^3/h。

3. 轴功率 P（W）

$$P = P_{电}\eta_{电}\eta_{传} \tag{5-6}$$

式中 $P_{电}$——电机的输入功率，由功率表测得，W；

$\eta_{电}$——与电机的输入功率 $P_{电}$ 相对应的电机效率，本实验中 $\eta_{电}$=75%；

$\eta_{传}$——传动效率，本装置为联轴节传动，故 $\eta_{传}$=1。

4. 有效功率 Pe（W）

$$Pe = \frac{HQ\rho g}{3600} \tag{5-7}$$

5. 总效率 η

$$\eta = \frac{Pe}{p} \times 100\% \tag{5-8}$$

6. 泵转速改变时的换算

考虑到泵特性曲线要求在恒定转速下测定，但是实际上感应电动机在负载转矩改变时，其转速也会有变化，这样当实验点的流量发生变化时，其相应的转速也会有所改变。为了绘制出恒定转速下泵的特性曲线，可应用泵的比例定律，将实验的实测数据换算成某一定转速 n_2 下的数据（通常取 n_2 为离心泵的额定转速）。

（1）比例定律的应用条件

① $\frac{\Delta n}{n} \leqslant 20\%$；

② 在转速改变前后，η 基本保持不变。

（2）比例定律

$$\frac{Q_1}{Q_2} = \frac{n_1}{n_2} \tag{5-9}$$

$$\frac{H_1}{H_2} = \frac{n_1^2}{n_2^2} \tag{5-10}$$

$$\frac{P_1}{P_2}=\frac{n_1^3}{n_2^3} \tag{5-11}$$

式中　Q_1——实验转速 n_1 下的流量，m^3/h；
H_1——实验转速 n_1 下的实际扬程，mH_2O；
P_1——实验转速 n_1 下的轴功率，W；
Q_2——泵额定转速 n_2 下的流量，m^3/h；
H_2——泵额定转速 n_2 下的实际扬程，mH_2O；
P_2——泵额定转速 n_2 下的轴功率，W；
n_1——实验转速，r/min；
n_2——泵的额定转速，r/min。

（四）实验操作步骤和注意事项

1. 准备工作

（1）全关阀 MV112，其余阀门关闭，向储水箱中加自来水至 2/3 处。全开阀 MV106、MV109、MV110、MV111，打开阀 MV108，给离心泵 2 引水，直到漏斗内的水位不下降或者水位只有少许下降为止，关闭阀 MV106、MV108。

（2）依次闭合“电源总开关”开关、“智能仪表”开关，闭合“离心泵 2”开关，将变频器频率调至“50Hz”，按下变频器“RUN”键，启动离心泵 2 后迅速关闭，查看电机风扇应与泵上机壳标识旋转方向相同，否则，请调整该电机的相序（注意：在拆下电机接线盒或拆卸泵前，必须确保电源已被切断）。

2. 操作步骤

（1）闭合“离心泵 2”开关，将变频器频率调至“50Hz”，按下变频器“RUN”键，启动离心泵 2，将阀 MV106 开至最大，排出管路中的空气。

（2）待系统运行稳定后，读取并记录当前的温度、流量、泵进出口压力、功率及转速于表 5-1 中。

（3）调节阀 MV106 的开度，流量每次改变 $0.5m^3/h$ 左右，进行下一组实验。待系统运行稳定后，方可记录实验数据，一般系统运行稳定约 5min。

（4）重复步骤（2）、（3），测定 6 ～ 7 组数据。

（5）实验完毕，关闭阀 MV106，断开“离心泵 2”开关，关闭阀 MV106、MV110、MV111。

（6）断开“智能仪表”开关、“电源总开关”开关及总电源，清理实验场地。

3. 注意事项

（1）严禁泵空转或反转。

（2）长时间不使用时，请将储水箱内的水放干。

（五）实验数据记录

专　业________________　姓　名________________　学　号____________

日　　期＿＿＿＿＿＿＿＿　地　　点＿＿＿＿＿＿＿　装置号＿＿＿＿＿＿
同组同学＿＿＿＿＿＿＿＿＿＿＿＿＿＿＿＿＿＿＿＿＿＿＿＿＿＿＿

表 5-1　原始数据记录表

序号	TT1/℃	FT1/（m^3/h）	PT3 /kPa	PT4 /kPa	GL2/W	ST1/（r/min）
1						
2						
3						
4						
5						

（六）实验报告

1. 根据实验数据记录表，用列表法列出本次实验在额定转速下 Q、H、P、η 的各值；列出一组完整的计算示例；
2. 绘制出离心泵的 $H \sim Q$、$P \sim Q$、$\eta \sim Q$ 三条曲线（应注明转速）；
3. 根据上述曲线，归纳离心泵的特性。

（七）思考题

1. 采取哪些措施可改变泵的特性曲线？
2. 泵流量越大，泵进口处的真空度也越大，为什么？
3. 泵的特性曲线为何要标明转速？
4. 离心泵启动要注意什么？

离心泵性能
综合测定实验

二、比例定律测定实验

（一）实验目的

1. 了解通过变频器改变泵转速的方法；
2. 验证泵在不同转速下 Q、H、P 的比例关系。

（二）实验装置与流程

实验装置与流程如图 5-2 所示，选用离心泵 2 和实验管完成实验。

（三）实验原理

对于同一台离心泵，若仅改变转速，其特性曲线也将发生改变，在转速改变不大于 20% 时，也可近似认为叶轮出口的速度三角形、泵的效率等基本不变。不同转速下 Q、H、P 的比例关系如式（5-9）、式（5-10）和式（5-11）。Q、H、P、n 的测量与计算方法同离心泵特性曲线的测定。

（四）实验操作步骤和注意事项

1. 准备工作

（1）全关阀 MV112，其余阀门关闭，向储水箱中加自来水至 2/3 处。全开阀 MV106、MV109、MV110、MV111，打开阀 MV108，给离心泵 2 引水，直到漏斗内的水位不下降或者水位只有少许下降为止，关闭阀 MV106、MV108。

（2）依次闭合“电源总开关”开关、“智能仪表”开关，闭合“离心泵 2”开关，将变频器频率调至“50Hz”，按下变频器“RUN”键，启动离心泵 1 后迅速关闭，查看电机风扇应与泵上机壳标识旋转方向相同，否则，请调整该电机的相序（注意：在拆下电机接线盒或拆卸泵前，必须确保电源已被切断）。

2. 操作步骤

（1）将变频器频率调至“50Hz”，按下变频器“RUN”键，启动离心泵 2，将阀 MV106 开至最大，排出管路中的空气。

（2）待系统运行稳定后，读取并记录当前的温度、流量、泵进出口压力、功率及转速到表 5-2 中。

（3）调节变频器的频率，每次改变频率 2 ～ 5Hz，进行下一组实验。待系统运行稳定后，方可记录实验数据，一般系统运行稳定约 5min。

（4）重复步骤（2）、（3），测定 4 ～ 5 组数据。

（5）实验完毕，关闭阀 MV106，断开“离心泵 2”开关，关闭阀 MV109、MV110、MV111。

（6）断开“智能仪表”开关、“电源总开关”开关及总电源，清理实验场地。

3. 注意事项

（1）严禁泵空转或反转。

（2）长时间不使用时，请将储水箱内的水放干。

（3）泵的频率不要低于 30Hz，以免泵损坏。

（五）实验数据记录

专　　业＿＿＿＿＿＿＿＿　姓　　名＿＿＿＿＿＿＿　学　号＿＿＿＿＿＿＿

日　　期＿＿＿＿＿＿＿＿　地　　点＿＿＿＿＿＿＿　装置号＿＿＿＿＿＿＿

同组同学＿＿＿＿＿＿＿＿＿＿＿＿＿＿＿＿＿＿＿＿＿＿＿＿＿＿＿＿＿＿＿＿

表 5-2　原始数据记录表

序号	TT1/℃	FT1/（m^3/h）	PT3/ kPa	PT4 /kPa	GL2 /W	ST1/（r/min）
1						
2						

续表

序号	TT1/℃	FT1/（m^3/h）	PT3/ kPa	PT4 /kPa	GL2 /W	ST1/（r/min）
3						
4						
5						

（六）实验报告

1. 根据实验数据，计算在不同转速下的 Q、H、P 的比值与转速比值；
2. 列出一组完整的计算示例；
3. 观察不同转速下 Q、H、P 的比值与相应转速比值的关系。

（七）思考题

1. 转速改变时，泵进出口压力的变化如何?
2. 转速改变后，泵的特性曲线如何变化?

离心泵串联特性曲线测定实验

三、离心泵串联特性曲线测定实验

若一台离心泵工作时，泵的出口压力达不到要求或者根本吸不上液体，可采用数台规格和转速相同的离心泵串联使用，以满足工作的需要。本装置以两台泵为例，测出泵串联后，特性曲线的变化情况。

（一）实验目的

1. 了解离心泵串联的工作原理和特点；
2. 掌握离心泵串联后，特性曲线的测定方法。

（二）实验装置与流程

实验装置如图 5-3 所示，选用离心泵 1、离心泵 2 和实验管完成实验。

（三）实验原理

两泵串联时，每台泵的流量相同，两泵的总扬程是每台泵的扬程之和。

1. 流量 Q（m^3/h）

流体在管内的流量由涡轮流量计检测，并在智能仪表上显示（FT1）。

2. 二泵串联的总扬程 H（mH_2O）

在离心泵 2 进口处的真空表 PT3 及离心泵 1 出口处的压力表 PT2 间列伯努利方程可得

$$H=(z_2-z_1)+\frac{p_2-p_1}{\rho g}+\frac{u_2^2-u_1^2}{2g} \tag{5-12}$$

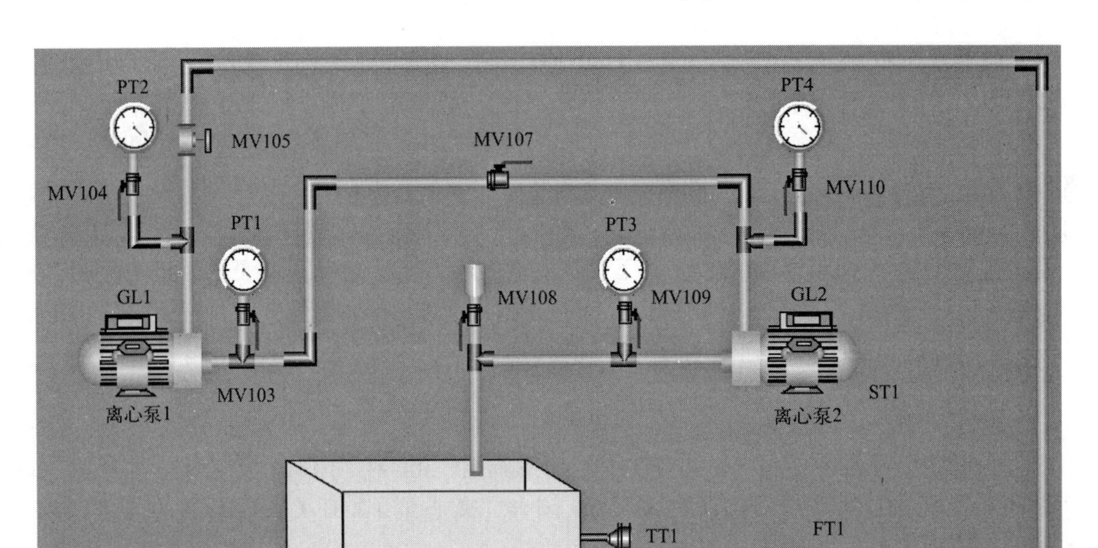

图 5-3　离心泵串联特性曲线测定实验流程图

$$u_1 = \frac{4Q}{\pi d_1^2} \tag{5-13}$$

$$u_2 = \frac{4Q}{\pi d_2^2} \tag{5-14}$$

式中　z_2-z_1——指 PT2、PT3 接口间的垂直距离，本装置中为 0.15m；

p_1——离心泵 2 进口压力，PT3 可由负压传感器或真空表测得，读数为负数，Pa；

p_2——离心泵 1 出口压力，PT2 可由压力传感器或压力表测得，Pa；

ρ——水的密度，可近似取 ρ=1000kg/m³，或者根据水温查水的物性数据表而得到；

g——重力加速度，$g = 9.807\text{m/s}^2$；

u_1——离心泵 2 进口处流体流速，m/s，本装置进口处内径 d_1=0.033m；

u_2——离心泵 1 出口处流体流速，m/s，本装置出口处内径 d_2=0.0238m。

3. 单泵的 H（mH_2O）

根据离心泵特性曲线的测定中做出的离心泵 2 的 $H \sim Q$ 曲线，求出方程得到

$$H = -0.3835Q^2 + 1.4848Q + 24.516 \tag{5-15}$$

（四）实验操作步骤和注意事项

1. 准备工作

（1）全关阀 MV112，其余阀门关闭，向储水箱中加自来水至 2/3 处。全开阀 MV104、MV105、MV107、MV109、MV111，打开阀 MV108，给离心泵 2 引水，直到漏斗内的水位

不下降或者水位只有少许下降为止，关闭阀 MV108。打开阀 MV102，给离心泵 1 引水，直到漏斗内的水位不下降或者水位只有少许下降为止，关闭阀 MV102、MV105。

（2）依次闭合“电源总开关”开关、“智能仪表”开关，闭合“离心泵 1”开关，启动离心泵 1 后迅速关闭，查看电机风扇应与泵上机壳标识旋转方向相同，否则，请调整该电机的相序（注意：在拆下电机接线盒或拆卸泵前，必须确保电源已被切断）。闭合“离心泵 2”开关，将变频器频率调至“50Hz”，按下变频器“RUN”键，启动离心泵 2 后迅速关闭，查看电机风扇应与泵上机壳标识旋转方向相同，否则，请调整该电机的相序（注意：在拆下电机接线盒或拆卸泵前，必须确保电源已被切断）。

2. 操作步骤

（1）闭合“离心泵 2”开关，将变频器频率调至“50Hz”，闭合“离心泵 2”开关，同时按下变频器“RUN”键，启动离心泵 2，闭合“离心泵 1”开关，启动离心泵 1，将阀 MV105 开至最大，排出管路中的空气。

（2）待系统运行稳定后，读取并记录当前的温度、流量及泵进、出口压力，并记录实验数据到表 5-3 中。

（3）调节阀 MV105 进行下一组实验。待系统运行稳定后，方可记录实验数据，一般系统运行稳定约 5min。

（4）重复步骤（2）、（3），测定 6 ～ 7 组数据。

（5）实验完毕，关闭阀 MV105，断开“离心泵 1”开关，关闭阀 MV107，断开“离心泵 2”开关，关闭阀 MV104、MV109、MV111。

（6）断开“智能仪表”开关、“电源总开关”开关及总电源，清理实验场地。

3. 注意事项

（1）严禁泵空转或反转。

（2）长时间不使用时，请将储水箱内的水放干。

（3）离心泵 1、离心泵 2 应同时启动。

（五）实验数据记录

专　　业________　姓　　名________　学　号________

日　　期________　地　　点________　装置号________

同组同学________________

表 5-3　原始数据记录表

序号	TT1/℃	FT1 /（m^3/h）	PT3 /kPa	PT2/kPa
1				
2				
3				
4				
5				

（六）实验报告

1. 根据实验数据记录表，计算在不同流量下二泵串联后的扬程 H；
2. 列出一组完整的计算示例；
3. 根据实验数据分别作出二泵串联后和单泵的 $H \sim Q$ 曲线。

（七）思考题

1. 二泵串联工作的意义是什么？
2. 为什么二泵串联后的扬程小于两台单泵的扬程之和？

离心泵并联特性曲线测定实验

四、离心泵并联特性曲线测定实验

若一台离心泵工作时，泵的流量不能满足需要，可以采用数台规格和转速相同的离心泵并联操作，以满足工作的需要。本实验装置以两台泵为例，测出泵并联后，特性曲线的变化情况。

（一）实验目的

1. 了解离心泵并联工作原理和特点；
2. 掌握离心泵并联的特性曲线测定方法。

（二）实验装置与流程

实验装置如图 5-4 所示，选用离心泵 1、离心泵 2 和实验管完成实验。

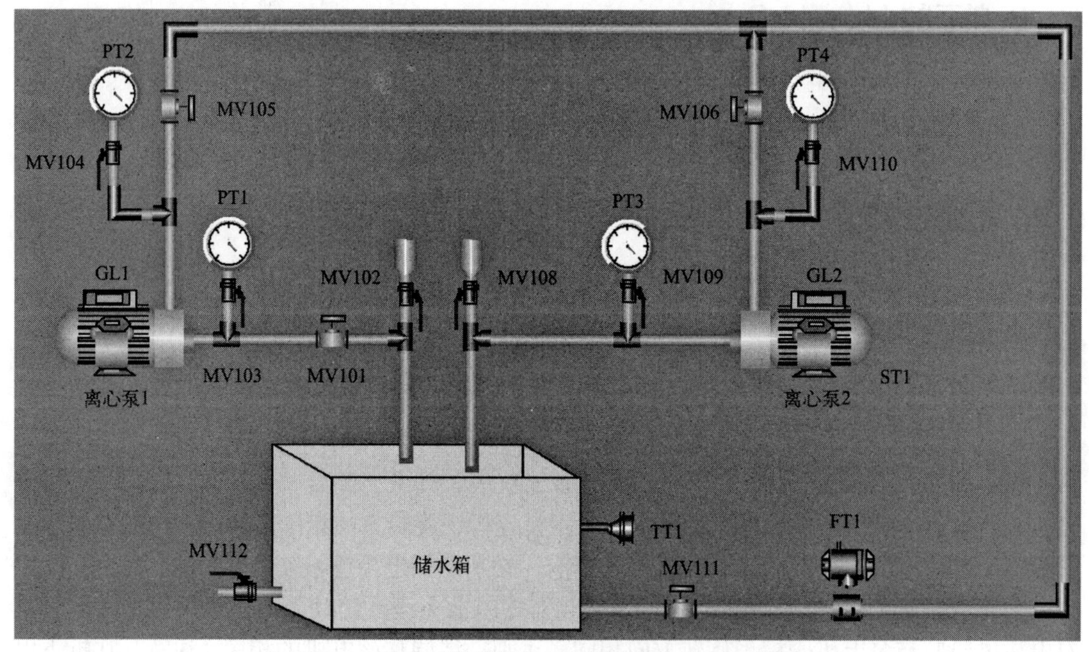

图 5-4　离心泵并联特性曲线测定实验流程示意图

（三）实验原理

二泵并联时，两台泵的操作情况一样，二者的流量相同，扬程相同。

1. 流量 Q（m^3/h）

流体在管内的流量由涡轮流量计检测，并在智能仪表上显示（FT1）。

2. 二泵并联的总扬程 H（mH_2O）

在离心泵 2 进口处的真空表 PT3 及出口处的压力表 PT4 间列伯努利方程可得

$$H=(z_2-z_1)+\frac{p_2-p_1}{\rho g}+\frac{u_2^2-u_1^2}{2g} \tag{5-16}$$

$$u_1=\frac{4Q}{\pi d_1^2} \tag{5-17}$$

$$u_2=\frac{4Q}{\pi d_2^2} \tag{5-18}$$

式中　z_2-z_1——指 PT3、PT4 接口间的垂直距离，本装置中为 0.15m；

p_1——离心泵 2 进口压力，PT3 可由负压传感器或真空表测得，读数为负数，Pa；

p_2——离心泵 2 出口压力，PT4 可由压力传感器或压力表测得，Pa；

ρ——水的密度，可近似取 ρ=1000kg/m³，或者根据水温查水的物性数据表而得到；

g——重力加速度，$g=9.807m/s^2$；

u_1——离心泵 2 进口处流体流速，m/s，本装置进口处内径 d_1=0.033m；

u_2——离心泵 2 出口处流体流速，m/s，本装置出口处内径 d_2=0.0238m。

3. 单泵的 H（mH_2O）

根据离心泵特性曲线的测定中做出的离心泵 2 的 $H\sim Q$ 曲线，求出的方程为式（5-15）。

（四）实验操作步骤和注意事项

1. 准备工作

（1）全关阀 MV112，其余阀门关闭，向储水箱中加自来水至 2/3 处。全开阀 MV101、MV103、MV104、MV105、MV106、MV109、MV110、MV111，打开阀 MV108，给离心泵 2 引水，直到漏斗内的水位不下降或者水位只有少许下降为止，关闭阀 MV108。打开阀 MV102，给离心泵 1 引水，直到漏斗内的水位不下降或者水位只有少许下降为止，关闭阀 MV102、MV105、MV106。

（2）依次闭合“电源总开关”开关、“智能仪表”开关，闭合“离心泵 1”开关，启动离心泵 2 后迅速关闭，查看电机风扇应与泵上机壳标识旋转方向相同，否则，请调整该电机的相序（注意：在拆下电机接线盒或拆卸泵前，必须确保电源已被切断）。闭合“离心泵 2”开关，将变频器频率调至“50Hz”，按下变频器【RUN】键，启动离心泵 2 后迅速关闭，查看电机风扇应与泵上机壳标识旋转方向相同，否则，请调整该电机的相序（注意：在拆下电机接线盒或拆卸泵前，必须确保电源已被切断）。

2. 操作步骤

（1）将变频器频率调至“50Hz”，按下变频器【RUN】键，启动离心泵 2，闭合“离心泵 1”开关，将阀 MV105、MV106 开至最大，排出管路中的空气。

（2）待系统运行稳定后，读取并记录当前的温度、流量、泵进出口压力、功率及转速到表 5-4 中。

（3）调节阀 MV111 进行下一组实验。待系统运行稳定后，方可记录实验数据，一般系统运行稳定约 5min。

（4）重复步骤（2)、(3)，测定 6 ～ 7 组数据。

（5）实验完毕，关闭阀 MV105 断开“离心泵 1”开关；关闭阀 MV106 断开“离心泵 2”开关；关闭阀 MV101、MV103、MV104、MV109、MV110、MV111。

（6）断开“智能仪表”开关、“电源总开关”开关及总电源，清理实验场地。

3. 注意事项

（1）严禁泵空转或反转。

（2）长时间不使用时，请将储水箱、气水分离器内的水放干。

（3）泵的频率不要低于 30Hz，以免泵损坏。

（五）实验数据记录

专　业＿＿＿＿＿＿＿＿　姓　名＿＿＿＿＿＿＿＿　学　号＿＿＿＿＿＿＿＿

日　期＿＿＿＿＿＿＿＿　地　点＿＿＿＿＿＿＿＿　装置号＿＿＿＿＿＿＿＿

同组同学＿＿＿＿＿＿＿＿＿＿＿＿＿＿＿＿＿＿＿＿＿＿＿＿＿＿＿＿

表 5-4　原始数据记录表

序号	TT1/℃	FT1/（m^3/h）	PT3 /kPa	PT4 /kPa
1				
2				
3				
4				
5				

（六）实验报告

1. 根据实验数据记录表，计算在不同流量下二泵并联后的扬程 H；
2. 列出一组完整的计算示例；
3. 根据实验数据分别作出二泵并联后和单泵的 $H \sim Q$ 的曲线。

（七）思考题

1. 二泵并联工作的意义是什么？

2. 二泵并联的进出口压力与单泵的进出口压力为何不相等?
3. 为什么二泵并联后的流量小于两台单泵的流量之和?

离心泵的汽蚀实验

五、离心泵汽蚀演示实验

（一）实验目的

1. 演示离心泵汽蚀现象，了解汽蚀过程中流量的变化；
2. 了解离心泵的安装高度或者泵进口真空度对离心泵性能的影响。

（二）实验装置与流程

装置如图 5-5 所示，选用离心泵 1 来完成本实验。

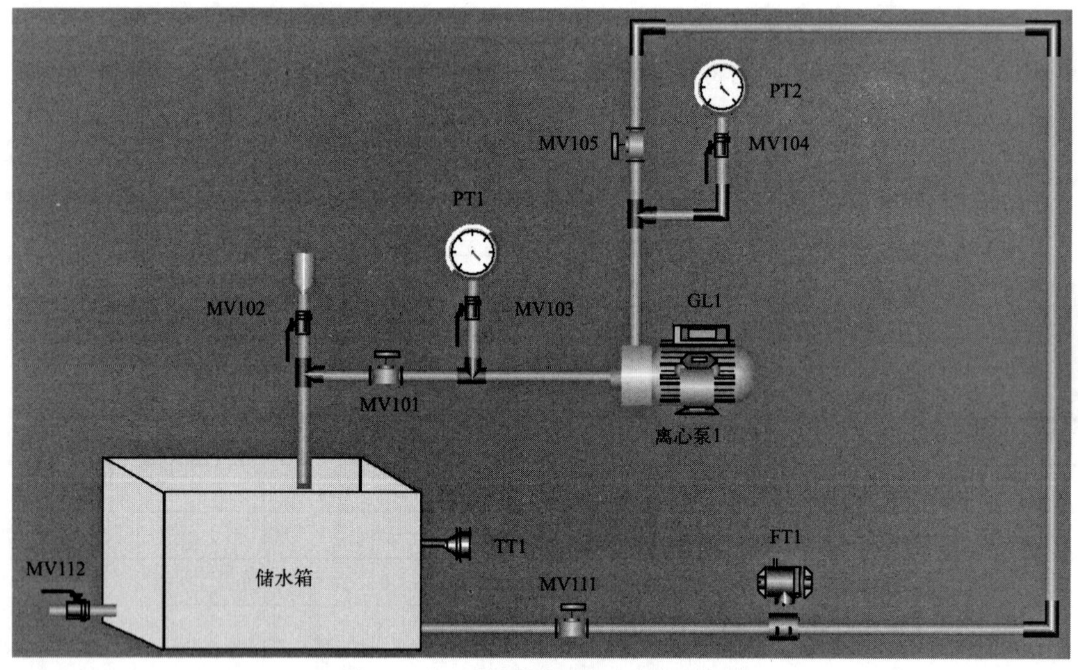

图 5-5　离心泵汽蚀演示实验流程示意图

（三）实验原理

1. 离心泵的汽蚀现象

离心泵工作时，在叶轮中心区域产生真空形成低压而将液体吸上。如果形成的低压越低，则离心泵的吸上能力越强，表现为吸上高度越高。但是，真空区压强太低，以致低于流体的饱和蒸汽压，被吸上的液体在真空区发生大量汽化产生气泡。含气泡的液体挤入高压区后急剧凝结或破裂。因气泡的消失产生局部真空，周围的液体就以极高的速度流向气泡中心，瞬间产生了极大的局部冲击力，造成对叶轮和泵壳的冲击，使材料受到破坏。把泵内气泡的形成和破裂而使叶轮材料受到破坏的过程，称为汽蚀现象。

2. 造成汽蚀的主要原因

（1）进口管路阻力过大或者管路过细；
（2）输送介质温度过高；
（3）安装高度过高，影响泵的吸液量。

3. 解决措施

（1）清理进口管路的异物使进口畅通，或者增加管径的大小；
（2）降低输送介质的温度；
（3）降低安装高度。

（四）实验操作步骤和注意事项

1. 准备工作

（1）全关阀 MV112，其余阀门关闭，向储水箱中加自来水至 2/3 处。全开阀 MV101、MV103、MV104、MV105、MV111，打开阀 MV102，给离心泵 1 引水，直到漏斗内的水位不下降或者水位只有少许下降为止，关闭阀 MV102、MV105。

（2）依次闭合“电源总开关”开关、“智能仪表”开关，闭合“离心泵 1”开关，启动离心泵 1 后迅速关闭，查看电机风扇应与泵上机壳标识旋转方向相同，否则，请调整该电机的相序（注意：在拆下电机接线盒或拆卸泵前，必须确保电源已被切断）。

2. 操作步骤

（1）启动离心泵 1，将阀 MV105 开至最大，排出管路中的空气。

（2）待泵运行稳定后，缓慢关闭阀 MV101，当离心泵振动声变大或指针压力表波动变大时，停止实验。

（3）实验完毕，全开阀 MV101、关闭阀 MV105，断开“离心泵 1”开关，关闭阀 MV101、MV103、MV104、MV111。

（4）断开“智能仪表”开关、“电源总开关”开关及总电源，清理实验场地。

3. 注意事项

（1）严禁泵空转或反转。
（2）长时间不使用时，请将储水箱内的水放干。
（3）汽蚀实验为损坏性实验，在保持实验有效性的同时尽量减少实验次数。

（五）实验报告

对实验现象进行分析讨论。

（六）思考题

1. 什么是离心泵汽蚀？产生汽蚀的原因有哪些？
2. 离心泵产生汽蚀现象的危害及解决的措施是什么？

第六章

离心通风机性能测定实验

第一节

概述

本实验以 THPLXJ-2 型离心通风机性能测定实验装置为例介绍相关内容。实验装置可以测量风道中的风量、电机轴功率、全风压、静风压、电机转速等物理量，系统设置有变频器来改变电机的转速，从而改变风机的风量。通过实验，使学生了解离心通风机的结构与特点，明确各性能参数对风机性能的影响，掌握风机性能的测量方法及风机性能曲线的绘制。

一、实验装置组成

实验主要由离心通风机、风道、毕托管流量计、风压计、压力传感器、U 形差压计、温度传感器及电气控制系统组成，如图 6-1 所示。

图 6-1　实验装置结构图

二、实验装置工艺流程

实验装置工艺流程如图 6-2 所示。

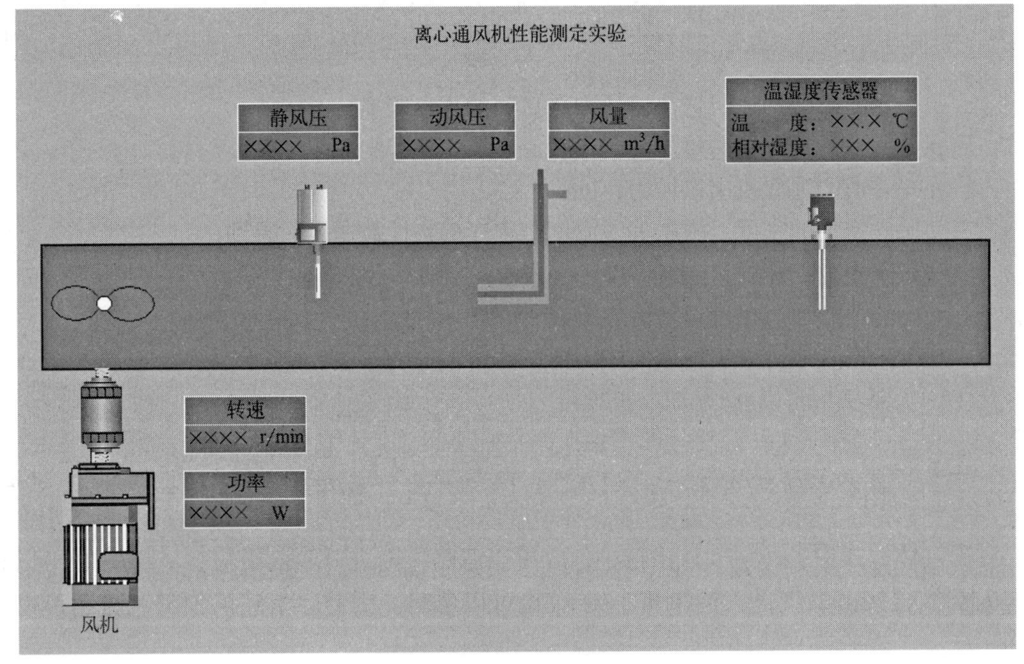

图 6-2　实验装置工艺流程图

第二节
离心通风机性能测定实验操作

一、实验目的

1. 了解风机的构造，掌握风机操作和调节方法；
2. 掌握有关测量仪器的使用方法；
3. 掌握毕托管流量计的测量原理，并通过测定压差计算气体流量；
4. 测定离心通风机在一定转速情况下的性能曲线并确定该风机最佳工作范围。

二、实验原理

1. 全风压

风机的全风压是指单位体积的气体流过风机时获得的能量，以 p_t 表示，单位为 Pa，由

于 p_t 的单位与压力的单位相同，所以称为全风压。

用下标 1，2 分别表示进口与出口的状态。在离心通风机的进口与出口之间，列伯努利方程

$$z_1+\frac{p_1}{\rho g}+\frac{u_1^2}{2g}+H=z_2+\frac{p_2}{\rho g}+\frac{u_2^2}{2g}+\Sigma H_f \tag{6-1}$$

式中 z_2-z_1——指离心通风机进出口压力接口间的垂直距离，m；

p_1——离心通风机进口压力，Pa；

p_2——离心通风机出口压力，Pa；

ρ——空气的密度，根据大气温度查空气的物性数据表而得到；

g——重力加速度，$g=9.807\text{m/s}^2$；

u_1——离心通风机进口处流体流速，m/s；

u_2——离心通风机出口处流体流速，m/s。

式（6-1）各项均乘以 ρg 并加以整理得

$$\rho gH=\rho g(z_2-z_1)+(p_2-p_1)+\frac{\rho(u_2^2-u_1^2)}{2}+\rho g\Sigma H_f \tag{6-2}$$

对于气体，式中 $\rho g(z_2-z_1)$ 比较小，故可以忽略，因进口管段很短，$\rho g\Sigma H_f$ 也可以忽略。因空气直接由大气进入通风机，则 u_1^2 也可以忽略。因此，上述的伯努利方程可以简化成

$$p_t=\rho gH=(p_2-p_1)+\frac{\rho u_2^2}{2} \tag{6-3}$$

式（6-3）中（p_2-p_1）称为静风压，以 p_{st} 表示；$\frac{\rho u_2^2}{2}$ 称为动风压，用 p_d 表示。

离心通风机出口处气体流速比较大，因此动风压不能忽略。风机的全风压为静风压和动风压之和。

2. 风量

离心通风机的风量是指单位时间内从风机出口排出的气体的体积，用 Q 表示，单位为 m^3/h。

在风道的稳定管段安装有毕托管。用毕托管测得的动风压为 p_d，测量中，动风压常用水柱高度 h_d 表示

$$p_d=\rho_{水}gh_d \tag{6-4}$$

则有

$$p_d=\rho_{水}gh_d=\frac{\rho u_2^2}{2} \tag{6-5}$$

所以

$$u_2=\sqrt{\frac{2p_d}{\rho}}=\sqrt{\frac{2\rho_{水}gh_d}{\rho}} \tag{6-6}$$

式中，$\rho_{水}$可近似取 ρ=1000kg/m^3，或者根据水温查水的物性数据表而得到。

已知测量位置的管径 D=0.26m，则有

$$Q=\frac{\pi D^2}{4}\sqrt{\frac{2\rho_{水}gh_{d}}{\rho}}\times 3600 \tag{6-7}$$

3. 离心通风机的有效功率和轴功率

由于离心通风机在运转过程中存在种种能量损失，使得离心通风机的实际全风压比理论全风压值要低，而输入风机的功率要比理论值高，所以离心通风机的总效率可以表示为

$$\eta=\frac{N_{e}}{N_{轴}} \tag{6-8}$$

其中，N_e 为离心通风机的有效功率

$$N_{e}=\frac{Qp_{t}}{3600} \tag{6-9}$$

$N_{轴}$为电机输入风机的功率

$$N_{轴}=N_{电}\eta_{电}\eta_{传} \tag{6-10}$$

式中　Q——风量，m^3/h；

p_t——全风压，Pa；

$N_{电}$——电机的输入功率，W；

$\eta_{电}$——电机效率；

$\eta_{传}$——传动装置的传动效率，本装置为联轴节传动，故 $\eta_{传}$=1。

4. 非标准状态与标准状态的性能参数变换

在离心通风机性能参数中全风压是标准状况下的数值。标准状况是指压力 101.3kPa，温度 20℃的大气状态。离心通风机的工作环境一般不是标准状态，而是任一非标准状态，两种状态下的空气物性参数是不同的。空气密度的变化将使标准状况下的离心通风机全风压也随之变化，在非标准状况下应用风机性能曲线时，必须进行参数变换。

若非标准进气状态时的离心通风机全风压为 p，空气密度为 ρ；标准状态下的风机全风压为 p_0，空气密度为 ρ_0，则有关系式

$$\frac{p_0}{\rho_0}=\frac{p}{\rho} \tag{6-11}$$

一般离心通风机的进气状态就是当地的大气状态，根据理想气体状态方程 $PV=nRT$ 推导得

$$\rho=\rho_0\frac{T_0}{T}\frac{p}{p_0} \tag{6-12}$$

式中　p_0——标准大气压，101325Pa；

p——当前大气压，Pa；

T——当前温度，K；

T_0——标准温度，293K。

5. 离心通风机的性能曲线

离心通风机的性能曲线一般有 p_t-Q、p_{st}-Q、N-Q 和 η-Q 四条曲线，这四条曲线常画在同一图上，统称为离心通风机的特性曲线。

三、实验操作步骤

1. 准备工作

（1）向 U 形差压计中加水至 1/2 液位处。

（2）启动触摸屏，在触摸屏的界面上找到【进入实验】按钮，点击此按钮，进入风机性能测定实验界面。全开风门，点击【风机启动】按钮，风机运行，稳定运行 10min。

2. 操作步骤

（1）待风道中流动稳定后，读取温度 T、动风压 p_d、静风压 p_{st}、流量 Q、转速及功率的读数，并记录到表 6-1 中。

（2）调节风门的开度，使全风压增大 100Pa 左右。待管中流量稳定后，读取温度 T、动风压 p_d、静风压 p_{st}、流量 Q、转速及功率的读数，并记录到表 6-1 中。

（3）调节风门的开度，重复步骤（2）8 ～ 12 次。

（4）实验结束后，点击【风机停止】按钮，风机停止运行；点击【返回实验】按钮，退出实验界面。

（5）断开电源，整理实验台。

四、实验数据记录

专　　业＿＿＿＿＿＿＿＿　姓　　名＿＿＿＿＿＿＿＿　学　号＿＿＿＿＿＿＿＿

日　　期＿＿＿＿＿＿＿＿　地　　点＿＿＿＿＿＿＿＿　装置号＿＿＿＿＿＿＿＿

同组同学＿＿＿＿＿＿＿＿＿＿＿＿＿＿＿＿＿＿＿＿＿＿＿＿＿＿＿＿

表 6-1　原始数据记录表

大气压力：　　　　　　　　　　　　　　　　　　　　空气湿度：

序号	转速 /（r/min）	功率 /W	静风压 /Pa	动风压 /Pa	风量 /（m^3/h）	温度 /℃
1						
2						
3						
4						
5						
6						
7						

续表

序号	转速 /（r/min）	功率 /W	静风压 /Pa	动风压 /Pa	风量 /（m^3/h）	温度 /℃
8						
9						
10						

五、实验报告

1. 绘制被测离心通风机的性能曲线。
2. 根据上述曲线，归纳离心通风机的特性。

六、思考题

1. 离心通风机的性能曲线为何要标明转速？
2. 根据实验结果指出该离心通风机的额定工况和最佳工作区。

第七章

对流传热系数测定实验

第一节

概述

本实验以 THXHR-1 型对流传热系数测定实验装置为例介绍实验的相关内容。

对流传热
过程分析

一、实验装置组成

实验装置如图 7-1 所示，由蒸汽发生器、风机、套管换热器、流量调节阀及不锈钢进、出口管道、温度测量和流量测量装置等组成。

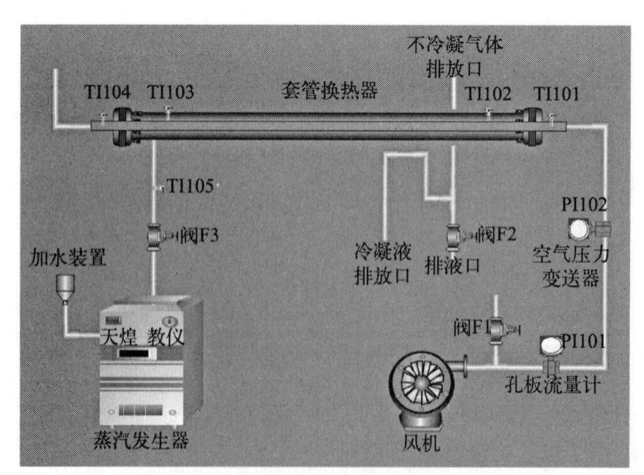

图 7-1　空气 - 水蒸气传热实验装置示意图

PI101—孔板压差；PI102—管道风压；TI101—冷空气进口温度；TI102—冷空气进口侧的管壁温度；TI103—空气出口侧的管壁温度；TI104—空气出口温度；TI105—蒸汽温度

二、实验装置工艺流程

如图 7-2 所示，空气从漩涡风机吸入，经孔板流量计计量后进入套管换热器的内管（紫铜管），来自蒸汽发生器的饱和水蒸气进入套管换热器环隙，二者进行间壁式换热。被空气冷凝下来的冷凝水经冷凝液排放口排出。进入套管换热器内管的空气进、出口温度 TI101、TI104 分别由铜 - 康铜热电偶测出。换热管两端管壁温度 TI102、TI103 同样也分别由埋在内管（紫铜管）外壁上的铜 - 康铜热电偶测出。蒸汽温度 TI105 由铜 - 康铜热电偶测出。空气流量通过旁路阀 F1 调节来改变，由孔板流量计测量，并通过压力变送器测出空气的压力。套管换热器内管（紫铜管）的规格为：ϕ25mm×3mm，换热管有效长度为 1200mm。

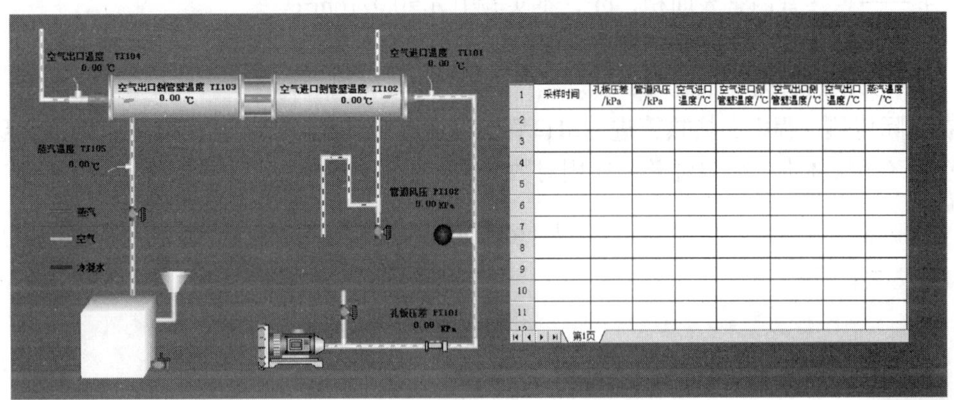

图 7-2　对流传热系数测定实验流程

对流传热系数测定实验

第二节

对流传热系数测定实验操作

一、实验目的

1. 测定空气在传热管内的对流传热系数，并掌握测定方法；

2. 把测得的实验数据整理成 $Nu=BRe^n$ 形式的准数方程式，并与教材中相应公式进行比较；

3. 通过实验提高对准数方程式的理解，了解影响传热系数的因素和强化传热的途径。

二、实验原理和方法

间壁式换热过程计算

在工业生产过程中，一般情况下，均采用间壁式换热方式进行换热。所谓间壁式换热，就是冷、热两种流体分别在固体壁面的两侧流动，两流体不直接接触，通过固体壁面进行传热。

（一）测定空气传热系数 α_1

本实验是水蒸气 - 空气在套管换热器中进行强制对流的传热过程。

根据牛顿冷却定律

$$Q = \alpha_1 A_1 (T_W - t) \tag{7-1}$$

式中　Q——传热速率，W（瓦）；

α_1——空气对流传热系数，W/（m²·℃）；

A_1——换热管内管表面积，m²，本实验中 A_1=0.0716m²；

T_W——套管换热器内管的管壁温度，℃；

t——换热管内空气温度，℃。

在实际传热过程中，换热管进、出口管壁温度和进、出口空气温度都是变化的，因此传热推动力（即气体进、出口温差）应用对数平均温差来表示。

$$Q = \alpha_1 A_1 \Delta t_m \tag{7-2}$$

即

$$\alpha_1 = \frac{Q}{A_1 \Delta t_m} \tag{7-3}$$

式中　Δt_m——换热管两端的对数平均温差，℃。

1. 传热速率 Q 的计算

$$Q = WC_p (t_2 - t_1) \tag{7-4}$$

式中　W——空气质量流量，kg/s；

C_p——定性温度下空气的定压比热容，kJ/（kg·℃）。本实验中，空气的定性温度等于空气进、出口温度的算术平均值；

t_1，t_2——换热管内空气的进、出口温度，℃。

2. 空气质量流量 W 的计算

$$W = q_V \rho \tag{7-5}$$

式中　q_V——空气的体积流量，m³/h；

ρ——孔板处空气密度，kg/m³。

其中

$$q_V = C_0 A_0 \sqrt{\frac{2\Delta p}{\rho}} = C_0 A_0 \sqrt{2} \sqrt{\frac{\Delta p}{\rho}} = k \sqrt{\frac{\Delta p}{\rho}} \tag{7-6}$$

式中　A_0——孔板流量计孔口处截面积，m²；

C_0——流量计的流量系数；

k——常数，本实验取 0.7456；

Δp ——孔板两侧差压变送器的读数，Pa。

本实验中，ρ 可根据空气的温度和压力，应用理想气体状态方程来进行计算，即

$$\rho = \frac{M_A(p_0 + p)}{RT} \tag{7-7}$$

式中　M_A——空气的摩尔质量，kg/kmol。本实验中，M_A =29.0kg/kmol；

p_0——大气压，kPa。本实验中，p_0=101.3 kPa；

p——压力变送器读数：管道风压，kPa；

R——通用气体常数，kJ/（kmol・K），本实验中，R=8.314 kJ/（kmol・K）；

T——孔板处空气温度，K，本实验中，T=273.15+ t_1。

3. 对数平均温差 Δt_m 的计算

$$\Delta t_m = \frac{\Delta t_1 - \Delta t_2}{\ln \frac{\Delta t_1}{\Delta t_2}} \tag{7-8}$$

其中空气和水蒸气逆流流动，即

$$T_{W1} \longrightarrow T_{W2}$$

$$t_2 \longleftarrow t_1$$

$$\Delta t_1 = T_{W2} - t_1 \quad \Delta t_2 = T_{W1} - t_2$$

式中　T_{W1}，T_{W2}——空气出口和进口侧的管壁温度，℃。T_{W1} 为 TI103，T_{W2} 为 TI102。

（二）确定准数方程式 $Nu=BRe^n$

空气在圆形直管内作强制对流时，Nu 与 Re 之间存在如下关系

$$Nu = 0.023Re^{0.8}Pr^n \tag{7-9}$$

当空气被加热时 n=0.4，当空气被冷却时 n=0.3，本实验中空气被加热，n=0.4。

对于空气等对称双原子气体，在实验温度范围附近，普兰特准数 $Pr \approx 0.7$，代入式（7-9）可得如下简化关系式

$$Nu = 0.02Re^{0.8} \tag{7-10}$$

因此，当空气在管内作强制对流传热时，其准数方程式可表示成

$$Nu = BRe^n \tag{7-11}$$

其中

$$Re = \frac{du\rho}{\mu} = \frac{d}{\mu}\frac{\rho q_V}{A_1} = \frac{dW}{A_1\mu} \tag{7-12}$$

$$Nu = \frac{\alpha_1 d}{\lambda} \tag{7-13}$$

式中 Nu——努塞尔特准数；

Re——雷诺数；

u——换热器内空气的流速，m/s；

d——换热器内管的内径，m；

A_1——换热器内管的内截面积，m^2；

μ——定性温度下空气的黏度，Pa·s；

λ——定性温度下空气的热导率，W/（m·℃）。

将测得的 $\alpha_1 \sim W$ 数据，根据式（7-12）和式（7-13），算出相应的 $Nu \sim Re$ 值，然后将算得的 Nu、Re 值，标绘在以 Re 为横坐标轴、以 Nu 为纵坐标轴的双对数坐标上，绘成直线，根据求出的该直线的斜率和截距，从而可确定准数方程式中的指数 n 和系数 B。

三、实验操作步骤和注意事项

（一）实验操作步骤

1. 全关风机出口的旁路阀、蒸汽发生器上面的排污阀、放气阀，全开放空阀、空气流量调节阀、蒸汽流量调节阀和蒸汽发生器上面的进水阀。

2. 开启仪表柜上的电源总开关、智能仪表电源开关，接通蒸汽发生器电源，再开启蒸汽发生器上的电源开关，此时蒸汽发生器将进入自动工作状态。

3. 当蒸汽发生器有蒸汽产生时（此时可看到在实验装置的放空口处有蒸汽流出），开启仪表柜上的风机开关。

4. 在第一个空气流量下，应使实验装置持续稳定运行 7min 以上才可认为其传热已达到稳定，此时，可把该空气流量下的所有实验数据（分别是孔板两侧的压差、管内空气的压力、蒸汽温度、空气进出口温度和换热管两端的管壁温度）记录到表 7-1 中。

5. 慢慢开大旁路阀 F1 的开度，此时空气流量相应减小。空气流量可根据孔板两侧的压差来反映，一般孔板两侧的压差以每次减小 0.5kPa 左右为宜。从第二个空气流量开始，传热稳定就比较快，一般只要稳定运行 5 ～ 10min 即可认为传热已达稳定。因压差读数过大或过小，其相对误差均会较大，从而影响实验精度。

6. 每次实验，要求测定 4 ～ 8 组不同空气流量下的实验数据。

7. 实验结束后，断开蒸汽发生器上的电源，全关旁路阀 F1，让实验装置尽快冷却。当智能仪表上的蒸汽温度下降到 80℃以下时，方可关闭仪表柜上的风机开关和智能仪表电源开关，再关闭仪表柜上电源总开关。

（二）注意事项

1. 实验中应及时向加水装置中加水，保证实验过程中加水装置内始终都维持有一定的水位，否则有可能烧坏蒸汽发生器，进而引发事故。

2. 为了延长蒸汽发生器的使用寿命，应严格按所附蒸汽发生器的相关使用说明进行操作。

3. 蒸汽发生器内的压力控制器已调整到合适的位置，严禁私自打开重新调节，以防压力过高，出现意外情况。

4. 实验中，不能打开蒸汽发生器上面的放气阀和排污阀，不能关闭进水阀，不能调节放空阀和蒸汽流量调节阀。

5. 实验过程中，不要改变智能代表等仪表的设置。

6. 由于本实验对测量元件的精度和稳定性及系统的稳定性均要求极高，因此为了尽量减少或消除各种外界因素的干扰，在各测量信号的传输线路和软件数据处理上都对信号采取了一定的滤波措施。考虑到滤波后数据结果显示有一定的滞后性，因此在实验装置连续运行，并再次打开运行传热实验工程时，应先等候约 1min，待各路信号稳定后，才可以对实验数据进行记录。

四、实验数据记录

专　　业______________　姓　　名______________　学　号________
日　　期______________　地　　点______________　装置号________
同组同学____________________________________

表 7-1　实验记录表

换热管内径 D：　　　　换热管有效长度 L：

序号	孔板压差 Δp/kPa	管道风压 p/kPa	空气进口温度 t_1/℃	出口侧壁温 T_{W2}/℃	进口侧壁温 T_{W1}/℃	空气出口温度 t_2/℃	蒸汽温度 T/℃
1							
2							
3							
4							
5							

五、实验报告

1. 根据实验数据记录表，用列表法列出本次实验的 α_1、Nu 和 Re 的各计算值。

2. 列出一组完整的计算示例。

3. 根据实验结果，在双对数坐标纸上绘制出 $Nu \sim Re$ 曲线，并得出 $Nu \sim Re$ 准数方程式。

4. 对得到的实验结果进行分析讨论。

六、思考题

1. 为什么要把实验结果关联成 $Nu \sim Re$ 准数方程式，而不用 $\alpha_1 \sim W$ 来关联？

2. 试估算空气侧热阻占总热阻的百分比。

3. 在计算冷流体质量流量时所用到的密度值与求雷诺数时的密度值是否一致？它们分别表示什么位置的密度？应在什么条件下进行计算？

第八章

蒸发实验

第一节

概述

本实验以 THXZF-2 型单管升膜蒸发实验装置为例介绍实验装置的相关内容。单管升膜蒸发实验主要用于观察和研究流体在升膜蒸发器内流动状态以及测量在不同流型下的对流传热系数和蒸汽干度。

一、实验装置组成

蒸发实验装置主要由预热釜、蒸汽发生器、单管升膜蒸发器、气液分离器、液体冷却器、蒸汽冷凝器、进料转子流量计、水泵、真空泵、原料箱及电气系统组成，如图 8-1 所示。

二、实验装置工艺流程

在操作时，液体通过进料转子流量计进入预热釜进行预热，然后经过加热段加热后进入单管升膜蒸发器。在蒸发器内，液体在管壁上形成薄膜并被蒸汽加热蒸发。玻璃观测段可以观察到流体在升膜蒸发器内的四种流动状态，如图 8-2 所示。同时，测量段可以用于测量在不同流型下的对流传热系数。液体冷却器和蒸汽冷凝器则用于冷却蒸发后的液体和冷凝产生的蒸汽。

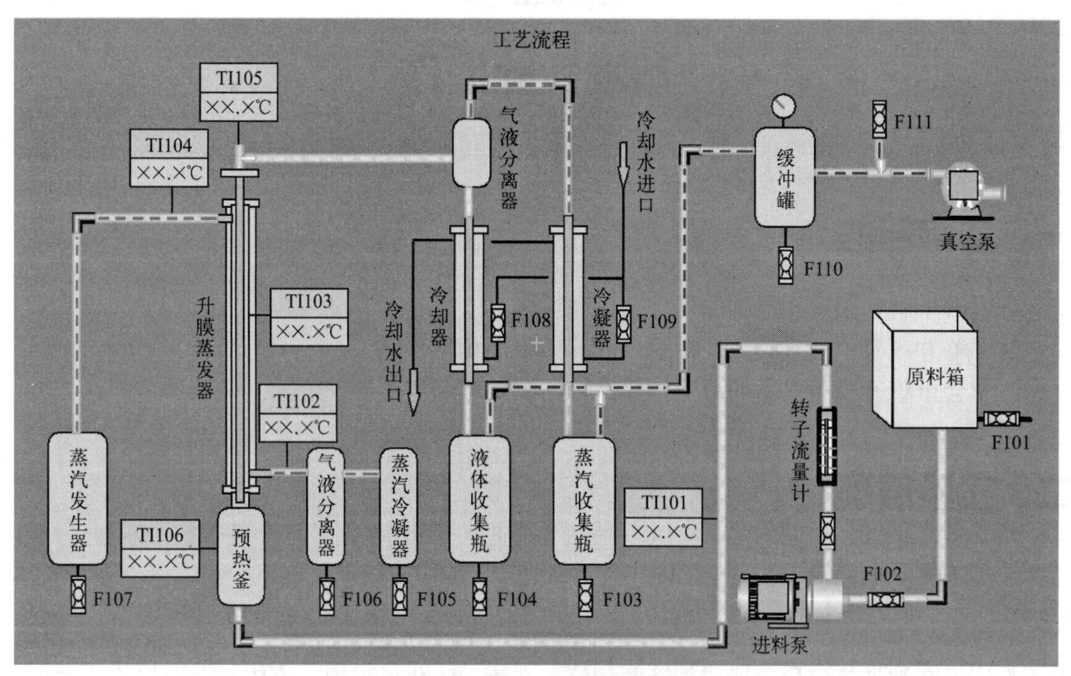

图 8-1 单管升膜蒸发实验装置原理流程示意图

TI101—原料液温度；TI102—蒸汽出口温度；TI103—管内壁温度；
TI104—蒸汽入口温度；TI105—管内流体主体温度；TI106—预热釜温度

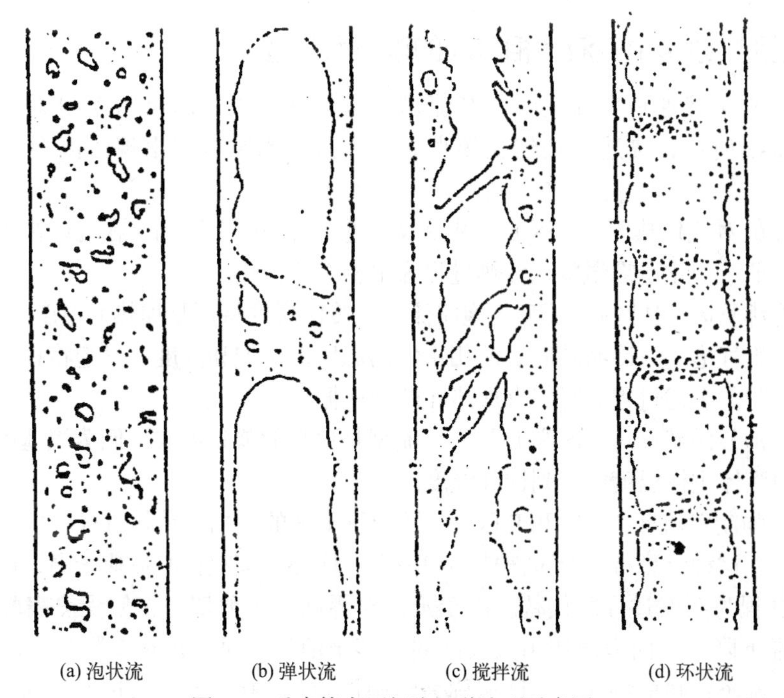

(a) 泡状流　(b) 弹状流　(c) 搅拌流　(d) 环状流

图 8-2 垂直管内两相流四种流型示意图

第二节

蒸发实验操作

一、实验目的

1. 了解单管升膜蒸发器的原理、结构和操作；
2. 了解并观察单管升膜蒸发器中出现的四种两相流型；
3. 学会单管升膜蒸发器的对流传热系数的测定和确定蒸汽干度。

二、实验原理

1. 升膜蒸发器

升膜蒸发器的基本组成部分是一根外表面受热的直立圆管，料液在管内从下往上流动，由于料液不断被加热汽化，形成气液两相流。在流动汽化过程中，流体动力学与传热过程是密切关联的。当对两相流动的流体进行加热时，会引起两相数量分布的变化，形成不同的流型。流型为环状流时，其特征是含有液滴的连续气相沿管中心运动，液相则以波浪液膜形式沿壁面向上爬行，故此种蒸发器名为升膜蒸发器。

2. 直立受热通道中气液两相流动的观察和描述

液体在直立受热通道中流动时，其流型可分为两大类，即重力控制流型和剪力控制流型，如图 8-3 所示，描述了均匀受热直立管内流动沸腾可能出现的流型及其相应的传热区域。

（1）流体的对流传热区（A 区）　过冷液体进入管底向上流动，在逐渐被加热到饱和温度前，壁温仍低于泡化所需温度，传热过程为单相对流传热。

（2）过冷沸腾区（B 区）　流型为泡状流。过冷沸腾的特征是加热面温度高于饱和温度，泡化核心处产生气泡。过冷沸腾时、液相主体的温度低于饱和温度。气泡将在加热面以外的过冷液体中冷凝。上述过程有时伴有加热面的噪声振动。

（3）饱和泡核沸腾区（C 区和 D 区）　流型是典型的弹状流或以低蒸汽速度流动的环状流。在此区内液体主体温度已达到饱和温度。

（4）两相强制对流区（E 区和 F 区）　随蒸汽干度的增加，传热方式将发生转变，流型转变为环状流。这种流型有一个蒸汽核心和一个液体环。蒸汽核心流速很高，汽液界面湍动强烈，沸腾过程为蒸发过程所代替。由于蒸汽对界面产生剪切力，使受热表面上液膜的热阻变小，壁温下降，因而泡化作用大大削弱，甚至消失。对流传热系数受流动状况的影响较大，具有非沸腾传热的特征。此区域称为两相强制对流区（或称通过液膜的强制对流蒸发区）。在稳定的饱和泡核、沸腾区和两相强制对流区之间有一个转变区。在该区中，强制对流过程和泡态、沸腾过程都不容忽视。很多资料中，将弹状流向环状流的过渡区称为搅拌流区，此区正是上述的转变区。

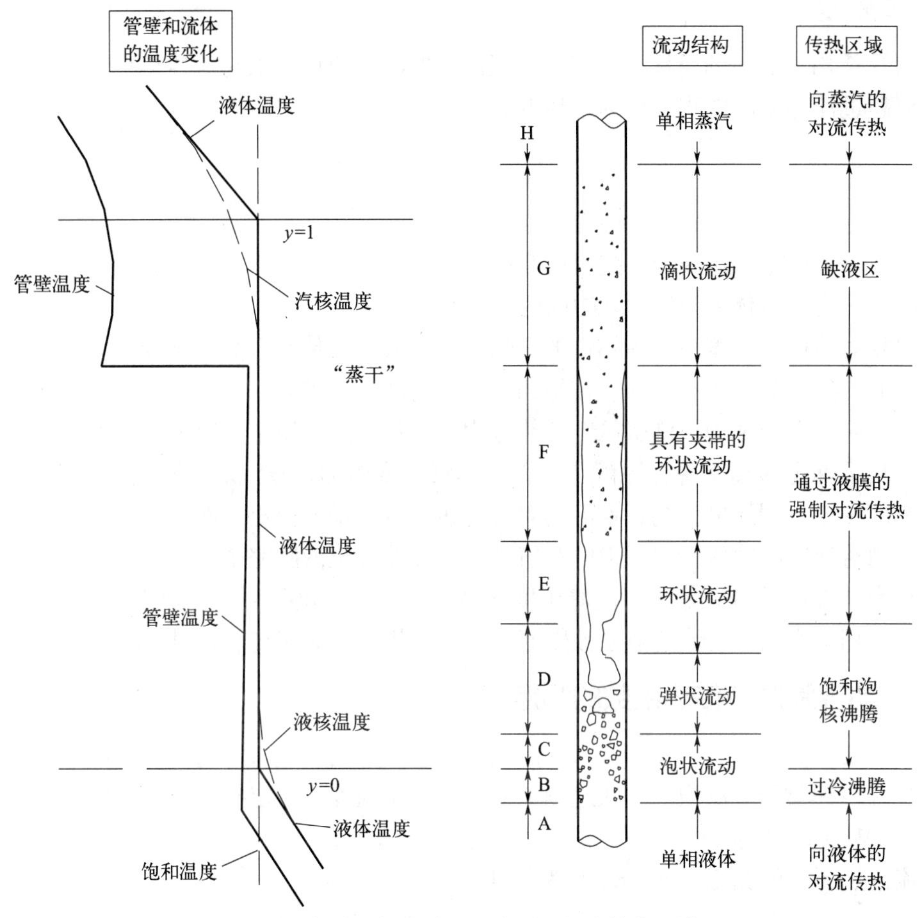

图 8-3　气液两相流动过程流型及相应传热区域

（5）缺液区（G 区）　对应的流型为雾状流（滴状流），在此区中，壁面上液膜已"蒸干"，仅在汽核中存有液滴，这些液滴有时会碰撞到壁面上，与两相强制对流区相比，此区的对流传热系数下降，壁温上升，汽核处于过热状态。

（6）蒸汽的对流传热区（H 区）　此区的流型为单相蒸汽流。

通过以上分析，升膜蒸发的最佳操作流型为环状流型。

3. 蒸汽干度

蒸汽干度是指每千克湿蒸汽中含有干饱和蒸汽的质量分数，也可以理解为湿蒸汽中气相质量与湿蒸汽总质量（气相 + 液相）的比值。它是衡量蒸汽质量的重要指标。

$$y=\frac{W_g}{W_g+W_l}=\frac{W_v}{W} \tag{8-1}$$

式中　y——蒸汽干度；

W_g——蒸汽的质量流量，kg/s；

W_l——液体的质量流量，kg/s；

W_v——管顶流出蒸汽流量，kg/s；

W——进入预热釜的冷水流量，kg/s。

4. 过热度

在沿管长均匀加热的条件下，壁温与流体温度的差值可反映对流传热系数的变化。习惯上将壁温超过流体温度的程度称为过热度。

$$\Delta t_{wf} = t_w - t_f \tag{8-2}$$

式中　t_{wf}——过热度，℃；

t_w——管内壁温由 TI103 测得，℃；

t_f——管内流体的温度由 TI105 测得，℃。

在单相对流区，温度对液体物性的影响不大，故对流传热系数变化较小。在过冷泡核沸腾区，对流传热系数沿管长增加。在饱和泡核沸腾区，温差 Δt_{wf} 不变，表示对流传热系数不变。实验证明，在饱和泡核沸腾区，传热过程与蒸汽干度 y 质量、速度均无关。在两相对流区，壁温自下而上缓慢下降，原因是沿管长蒸汽干度增加，蒸汽对液膜表面剪切力的作用，使液膜厚度减小，湍流度提高，本区的对流传热系数将随 y 值提高而增大。在蒸干点上，因为两相强制对流区的对流传热系数的数值很高，突然降至液膜完全蒸发后的较低数值，故壁温突然增高，在缺液区开始处，随着干度的增加，蒸汽速度和对流传热系数的也相应加大。最后，在单相蒸汽区，对流传热系数数值达到与单相蒸汽对流传热相对应的低水平值。

5. 流动沸腾对流传热系数的测定

在一定的热负荷下，调节冷水入口流量可直接观察到垂直管内的泡状流、弹状流、搅拌流和环状流四种两相流流型。并通过测量壁温和主流温度，确定搅拌和环状流型下的对流传热系数 a［W/（m^2•℃）］。

对流传热系数的测定以式（8-3）为基础

$$a = \frac{Q}{S_1(t_w - t_f)} = \frac{Q}{S_1 \times \Delta t_{wf}} \tag{8-3}$$

式中　a——对流传热系数，W/（m^2•℃）；

Q——传热量，W；

Δt_{wf}——过热度，℃；

S_1——传热面积，m^2，$S_1 = \pi dL$（d 为测量段管内径；L 为测量段管长）。

测定对流传热系数 a 需要进行传热量 Q 及温度差 Δt_{wf} 的测定。通过电加热消耗的功率（功率表）可得到 Q，管壁温度 t_w 及管内流体的温度 t_f 可用温度传感器直接测出。

三、实验操作步骤和注意事项

1. 准备工作

（1）全关原料箱底部排液阀，向原料箱中加清洁自来水至 2/3 处。

（2）用软管将冷却器、冷凝器外接上冷却水。

（3）向预热釜中加蒸馏水至 3/4 液位处。

2. 操作步骤

（1）开启回流阀及转子流量计的调节阀，启动水泵，向蒸发管内加入物料，待蒸发管内充满物料后，关闭转子流量计的调节阀。

（2）开启预热器加热开关，在预热器温度智能仪表上调节加热比例为某一开度，预热釜开始加热。

（3）当有蒸汽产生时，通过玻璃观测段观察管内流体的流型，并调节转子流量计上调节阀使进料量稳定在30L/h。

（4）稳定操作30min后，记录观察到的流型、进料流量、管内壁温度、预热釜温度、管内流体主体温度、蒸汽进口温度、蒸汽出口温度、加热比例，记录冷凝器出口测取的蒸汽冷凝液量和冷却器出口的液体冷却液量至表8-1中。

（5）实验完成后，开启真空泵，调节系统的真空度为10kPa，待操作稳定后重复步骤（4）的操作。

（6）实验结束后，关闭预热器加热开关，继续向蒸发管内加入物料，待管内流体主体温度降低至80℃以下，关闭水泵。

（7）断开电源，整理实验台，长时间不使用时，请将各容器内的物料放干净。

3. 注意事项

（1）蒸发管、预热釜外壁温度较高，小心高温烫伤，操作时严禁接触。

（2）实验开始先启动泵后通电加热，实验结束时，切断加热再停泵。

四、实验数据记录

专　　业________________　姓　　名________________　学　号________

日　　期________________　地　　点________________　装置号________

同组同学____

表8-1　原始数据记录表

序号	1	2
加热电压/%		
流型状态		
进料流量 F/（L/h）		
预热釜温度 t_y/℃		
管内流体主体温度 t_f/℃		
管内壁温度 t_w/℃		
蒸汽入口温度 t_r/℃		
蒸汽出口温度 t_c/℃		
蒸汽冷凝液量 V_1/mL		
液体冷却液量 V_2/mL		
真空度 p/kPa		

五、实验报告

1. 根据实验数据记录表，计算出环状流和搅拌流型下的对流传热系数 a 及确定其蒸汽干度；列出一组完整的计算示例。

2. 对实验中观测到的现象及出现的问题进行讨论。

六、思考题

1. 影响汽液两相流型的因素有哪些？

2. 本实验的关键部分是什么？为什么？

第九章

精馏实验

第一节

概述

本装置以 THXMR-1 型高级多功能精馏实验平台为例介绍精馏实验，如图 9-1 所示。根据石油、化工、化肥、制药、环境保护等行业中精馏技术的特点，采用工程对象系统设计的实验装置，该实验装置包含水冷系统、抽真空系统、板式塔、填料塔、换热器、可编程控制、人机界面等，并采用开放式、模块化设计，强化学生对精馏系统、水冷系统的设备安装、电气接线、编程控制、运行与调试、故障诊断与维护等工程应用能力的培养，且可供教师等研究开发新型高效传质元件、开发新型节能精馏技术，适合化学工程与工艺、制药工程、生物工程、资源循环科学与工程、能源与环境系统工程、环境工程、过程装备与控制工程、电气工程及其自动化、自动化等相关专业类的实验和实训教学。

图 9-1　THXMR-1 型高级多功能精馏实验平台装置

一、实验装置组成

1. 实验装置结构组成

根据化工等工厂装置特点进行设计，采用工艺对象和监控柜组成，整体呈一字形排列。工艺对象分为两个框架，底框采用槽钢，顶部铺设扁豆形花纹钢板，表面喷涂深蓝色油漆，底部安装有福马轮，既可固定支撑，也可移动；固定架采用304不锈钢方管焊接，框架间设计有活动连接块，拆装方便，通过连接块实现一体化。工艺对象上装有水冷系统、抽真空系统、筛板精馏系统和填料精馏系统。

（1）水冷系统安装有低温冷却水循环器、冷却水供水泵、涡轮流量计等器件，其中供水泵使用变频器自动控制。

（2）抽真空系统安装有真空泵、气液分离器、真空度传感器、电动调节阀等器件。

（3）筛板精馏系统安装有筛板塔、原料罐、塔釜、原料预热器、塔顶冷凝器、回流罐、产品罐、残液罐、物料泵、不锈钢管路、阀门及温度、液位、压力测量仪表等器件。

（4）填料精馏系统安装有填料塔、原料罐、再沸器、原料预热器、塔顶冷凝器、回流罐、产品罐、残液罐、不锈钢管路、阀门及温度、液位、压力测量仪表等器件，塔板间连接设计为快装结构，方便更换塔板。

2. 工业控制系统

监控柜采用标准工业控制柜，前门设有玻璃视窗，既可观察到监控柜内部器件，又可防灰。内部布置有PLC、变频器、电量监测仪、塑壳断路器、接触器等器件，前门板上装有触摸屏、急停按钮等器件，通过编程组态，可完成对装置的控制。接线采用导线插拔连接，连接安全方便。

信号转接线箱安装有接线端子，物料泵及温度、液位、压力测量仪表通过工业航空插头插座与接线箱相连。

连续精馏装置

二、实验装置工艺流程

精馏是化工分离工程中最基本最重要的分离操作单元之一。精馏的主要设备是精馏塔，包括填料塔和板式塔两大类，其工艺流程如图9-2（a）和图9-2（b）所示，控制系统如图9-2（c）～（f）所示。

在板式精馏塔中，混合液的蒸汽逐板上升，回流液逐板下降，汽液两相在塔板上充分接触，实现传质、传热过程而达到分离目的。

填料塔又称为微分接触传质设备，填料为填料塔的最主要构件，在填料塔设计中，常常需要所用填料的等板高度的数据，填料的等板高度取决于填料的种类、形状、尺寸、气液两相的物性、流速等，填料的等板高度越小，表示该填料的传质分离效果越好。

精馏操作可分为全回流和部分回流两种。全回流精馏时既不进料也不出料，只在开车时和特定要求条件下才使用。连续精馏也叫部分回流精馏，是在精馏塔的中部连续加入原料液，而在塔顶和塔釜分别不断得到较纯的易挥发组分和较纯的难挥发组分，操作稳定的标志是塔内各塔板上温度、浓度均不随时间而变，这是一种最常用的操作方式。

物料由进料系统进入精馏塔系统中，经加热后蒸汽上升，在塔顶冷凝器冷凝后部分回流到塔内在塔中形成稳定的汽液接触过程，部分冷凝液作为产品导出到产品罐，回流比由电磁计量泵控制，较纯的难挥发组分导出到残液罐。

填料塔结构

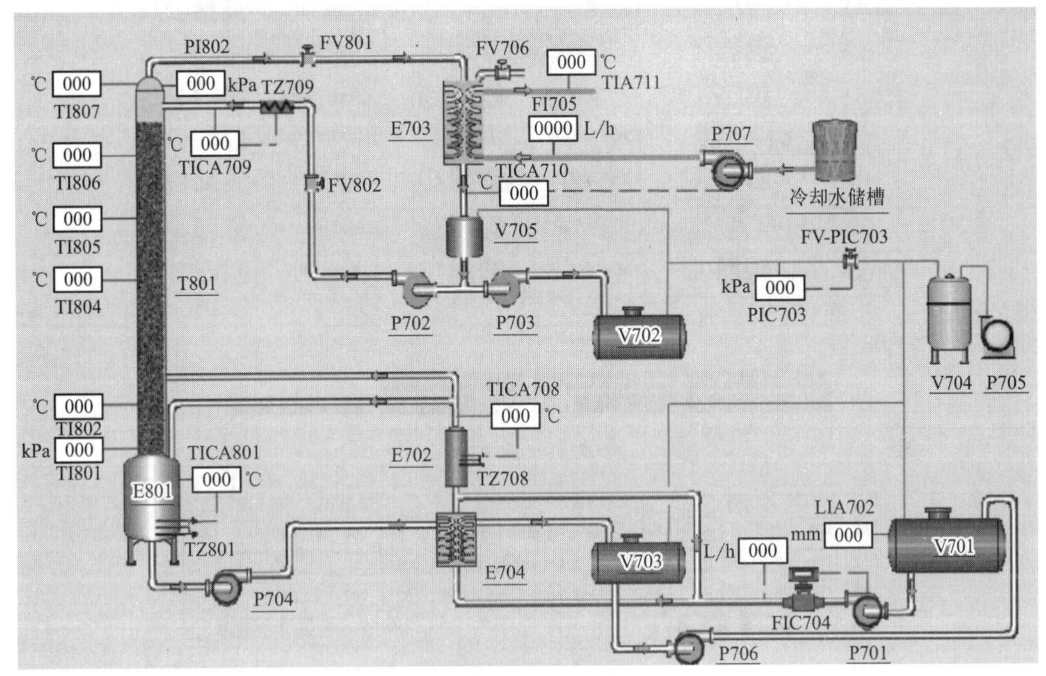

(a) 填料塔精馏系统工艺流程图

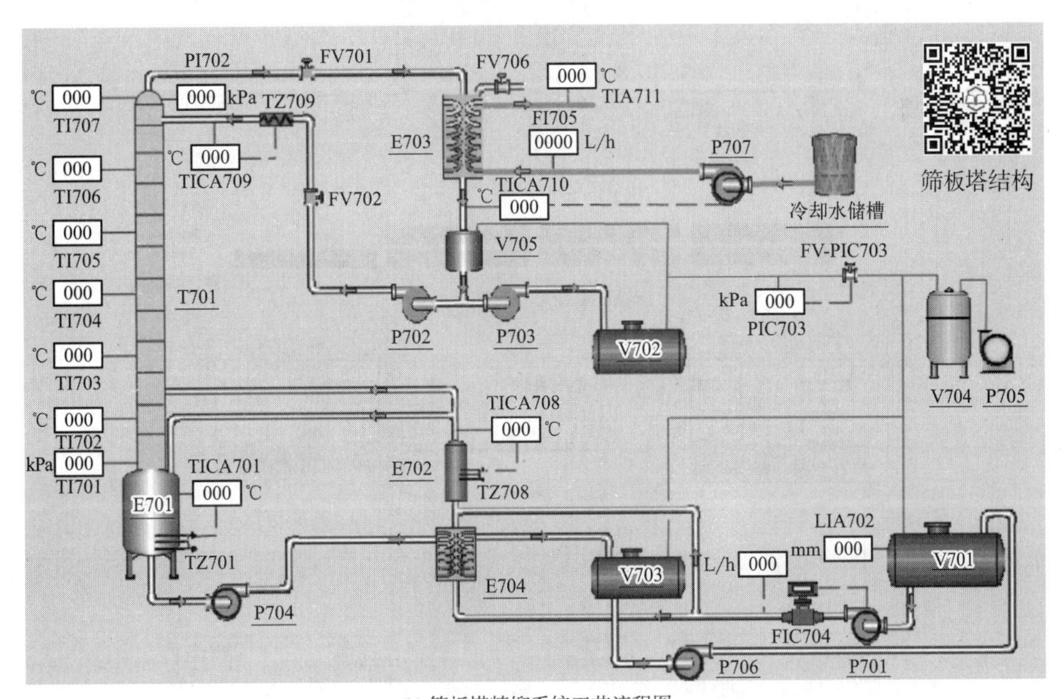

(b) 筛板塔精馏系统工艺流程图

图 9-2

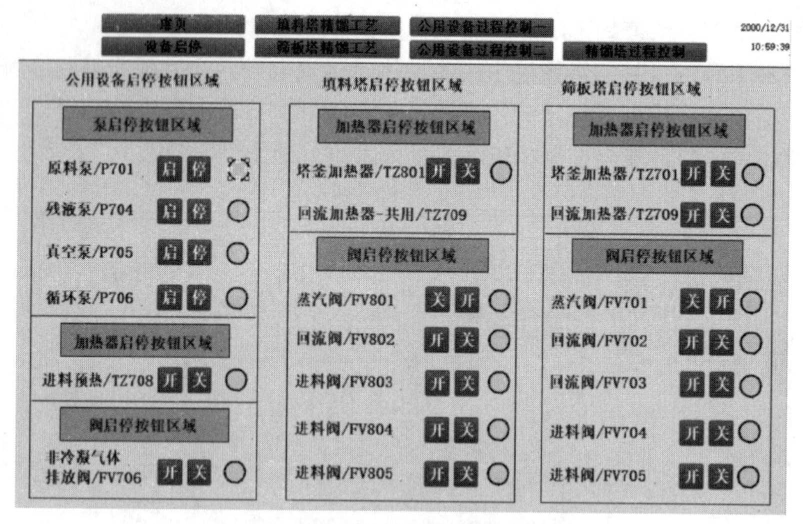

(c) 精馏开关控制

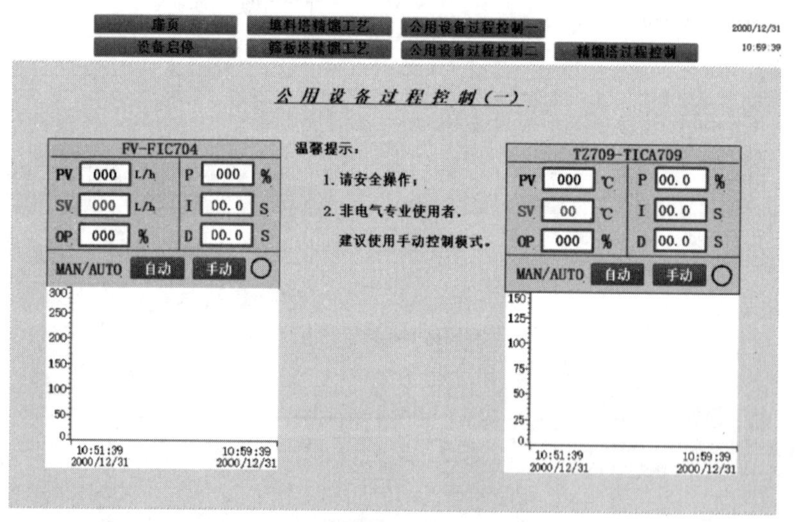

(d) 公用设备过程控制（一）

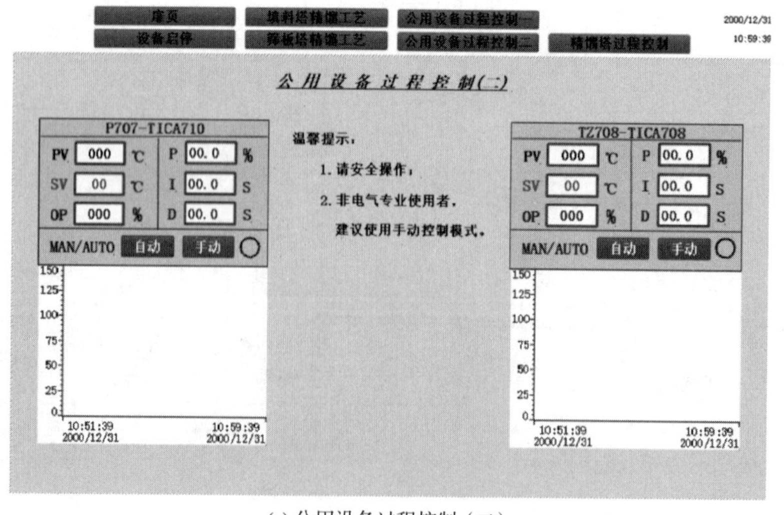

(e) 公用设备过程控制（二）

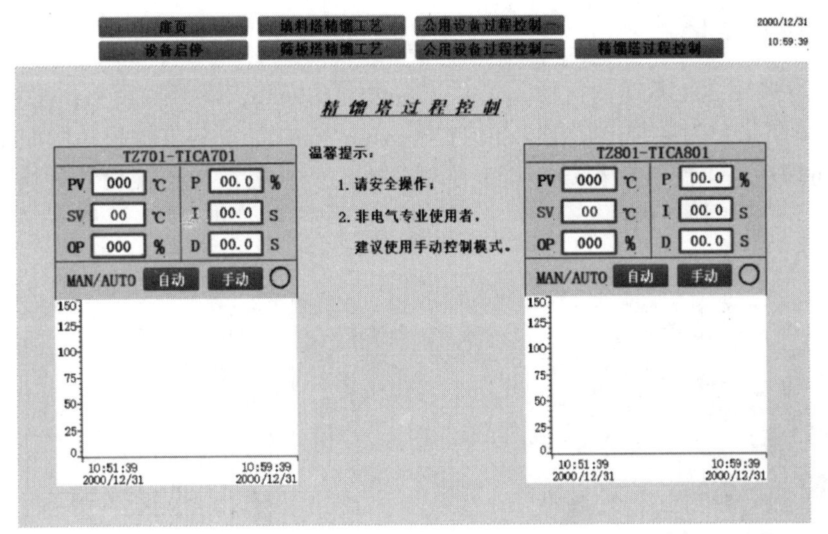

(f) 精馏塔过程控制

图 9-2　精馏系统工艺流程图

三、主要设备和仪表

精馏系统主要由原料罐、原料预热器、冷凝液罐、产品罐、残液罐、筛板塔、填料塔、塔釜、塔顶冷凝器、物料泵、回流比控制器及温度、液位、流量、压力测量仪表、调节阀等组成。

（一）筛板塔

筛板塔尺寸为 ϕ76mm×1600mm，11 块塔板，配玻璃视镜，设有不锈钢保温壳，塔内径 70mm，塔板数 11 块，板间距 150mm。加料板位置可自由选定。降液管采用圆形，堰长 60mm，堰高 12mm。降液管底隙 10mm。筛孔直径 1.5mm，正三角形排列，孔间距 5mm，开孔数为 79 个。筛板结构如图 9-3 所示。

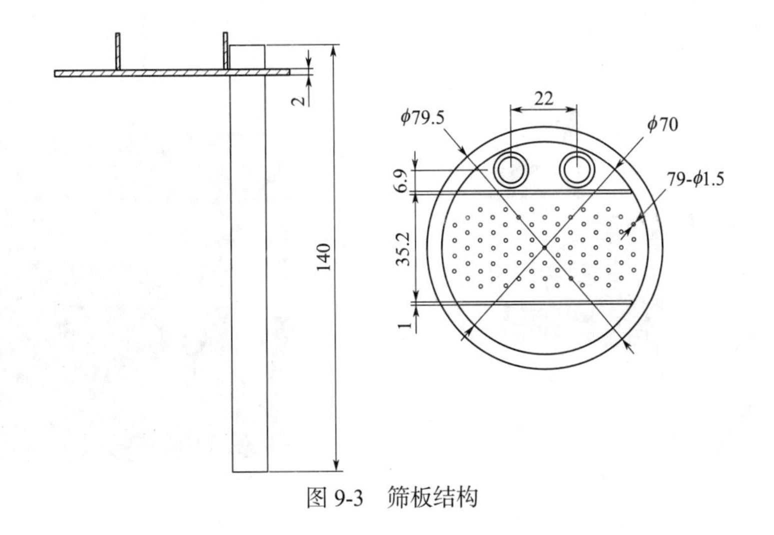

图 9-3　筛板结构

（二）快装式塔

快装式塔采用304不锈钢材质，尺寸 ϕ76mm×1600mm，既可放填料，也可安装塔板。填料如图9-4所示，为散装不锈钢θ环填料，ϕ6mm×6mm，填料支撑板结构如图9-5所示，筛板规格同筛板塔。配玻璃视镜，设有不锈钢保温壳，塔段间连接设计为快装结构，如图9-6所示，方便更换塔内件。

图9-4 不锈钢θ环填料

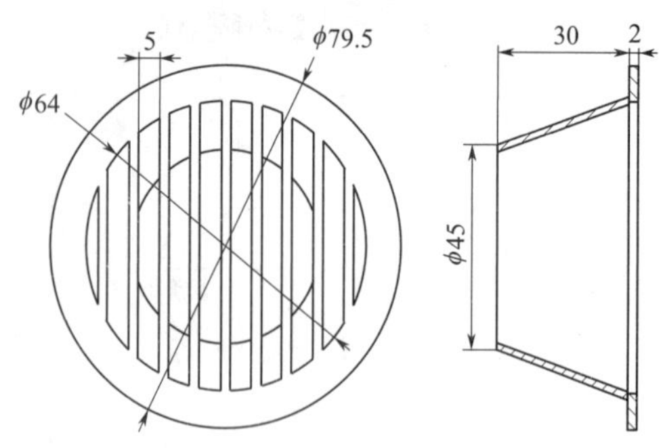

图9-5 填料支撑板结构

图9-6 快装结构

（三）物料泵和回流比控制器

电磁计量泵如图9-7所示，主要在需要计量精确，连续或间断配备输送各种腐蚀液体介质的工艺流程中使用。同时本产品还可以通过远程信号的改变来控制单位时间内液体介质流量，电磁计量泵操作面板如图9-8所示，为工艺流程物料自动配比创造了条件。

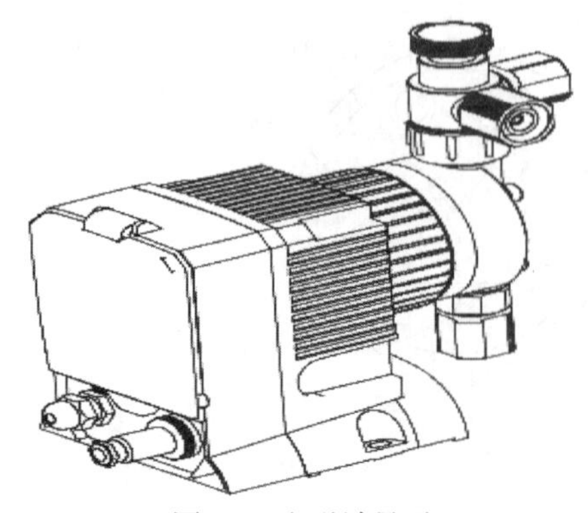

图9-7 电磁计量泵

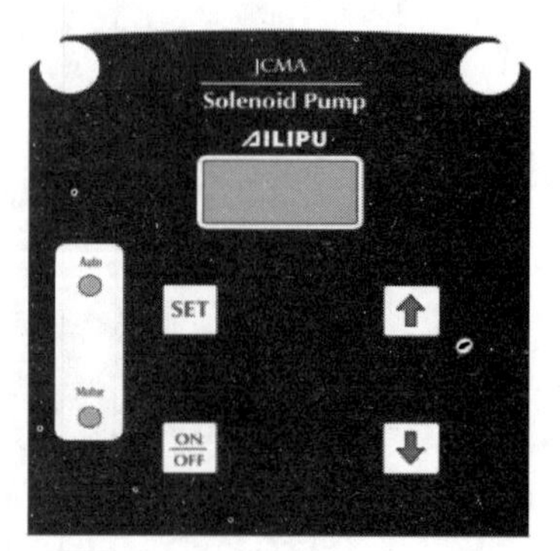

图9-8 电磁计量泵操作面板

1. 操作面板

电磁计量泵的控制面板如下：

（1）切换键【SET】在泵停止时，长按【SET】键，用于内部手动控制模式与外部远程控制模式间的切换及保存退出。

（2）开关键【ON/OFF】用于泵的起动与停止。

（3）指示灯

① 电源指示灯。泵通电时亮，断电时灭；泵启动：吸合时亮，复位时灭。

② 内外部模式指示灯。处于内部模式时灭，处于外部模式时亮。

（4）泵速调节键【▲】【▼】。用于内部手动控制模式下调节泵的每分钟冲程次数百分比。

2. 使用方法

（1）手动控制　手动设置百分比流量。无论在泵开或关状态下，只要按【▲】或【▼】键，就可对百分比流量进行设置；设置值 15s 后自动保存至 EEPROM。

（2）手自动切换　连续按【SET】键 3s 左右，可进行“手动”控制状态与“电流”控制状态之间的互切换，切换后的状态值 15s 后自动保存至 EEPROM。在“电流”控制状态下为 4～20mA 远程控制，远程输入信号 4mA 时对应电磁泵输出频率为 0%，20mA 时对应电磁泵输出频率为 100%。

（3）回流比控制　泵输出量 = 最大输出 × 频率 %。由于 2 台计量泵的最大输出量不同（回流泵的最大输出为 15L/h，产品泵的最大输出为 7L/h），回流比为 2 台计量泵的泵输出量之比。

3. 流量标定

确定了大致的流量后，泵应进行标定，以调整频率，达到实际需要的流量。标定过程应在手动模式下完成。

（1）向冷凝液罐中加水至液位约 100mm 高度。开启计量泵管路上对应的阀门。启动计量泵，当计量泵泵头及相应管路中充满水后，关闭计量泵。

（2）再次向冷凝液罐中加水至液位约 120mm 高度，并准确计量高度。启动计量泵，让泵运行时间至少 1min，冷凝液罐中液面会随之下降。监测时间越长，流量标定结果越精确。

（3）当泵运行到设定时间时，立即关泵。然后读出该时间内冷凝液罐中液面高度的变化，通过换算得出泵每小时的实际输出量。实际输出量 $=0.385\times\Delta H/\tau$（0.385 为冷凝液罐的截面积，$dm^2$；$\Delta H$ 为计量时间内冷凝液罐的液面高度变化，dm；τ 为计量时间，h）。

（4）若输出量过大或过小，可通过实际流量与设定流量的比值来校正。即实际流量 = 设定流量 × 比值 %。

（四）温度测量仪表

1. 温度传感器及温度变送器

温度传感器采用 PT100 铂热电阻，如图 9-9 所示，测量范围为 −200～500℃，具有精度高，稳定性好的特点。温度变送器如图 9-10 所示，用于对温度传感器的校正。

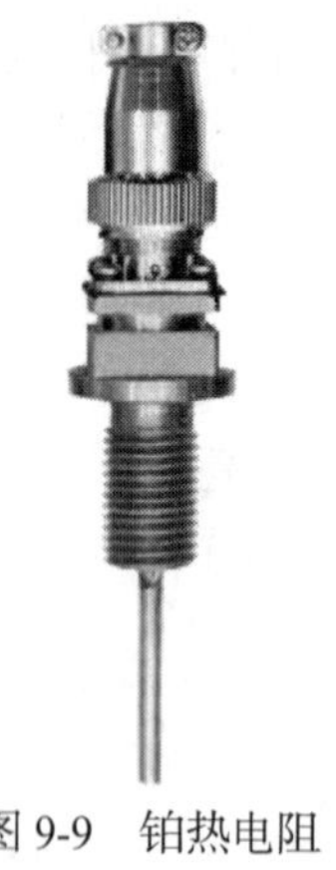

图 9-9　铂热电阻

图 9-10　温度变送器

2. 温度传感器的校准方法

（1）常温校准　将 PT100 铂热电阻的探头和酒精温度计同时放在常温水中，静止 1min，当温度稳定后，观察温度传感器的读数与酒精温度计的读数是否相同，如不同，调节温度变送器【→○←】旋钮，调节使其读数一致。

（2）高温校准　将 PT100 铂热电阻的探头和酒精温度计同时放在高温水中，静止 1min，当温度稳定后，观察温度传感器的读数与酒精温度计的读数是否相同，如不同，调节温度变送器【|←→|】旋钮，调节使其读数一致。

（3）当调节温度变送器【|←→|】旋钮后，其常温测点的温度会出现漂移，此时，重复步骤（1）、（2）直至温度测定偏差在 ±1℃内。

（五）液位测量仪表

1. 液位计及液位传感器

差压变送器采用扩散硅芯体，专为测量小量程差压，具有很好的稳定性和可靠性，通过测定物料高低位置压差值，从而换算出物料的液位。现场液位计的结构如图 9-11 所示，液位传感器如图 9-12 所示。

图 9-11　现场液位计结构图

图 9-12　液位传感器

2. 液位传感器的校准方法

（1）零点校准　将液位传感器和现场液位计安装在同一容器的同一水平面上，观察液位传感器的读数是否为 0，如不为 0，调节液位变送器【ZERO】旋钮，使其读数为 0。

（2）满量程校准　在容器中加水至某一刻度，观察液位传感器的读数与现场液位计的读数是否相同，如不同，调节液位传感器【FULL】旋钮，调节使其读数一致。

（六）压力测量仪表

1. 压力传感器

压力变送器采用扩散硅芯体，具有很好的稳定性和可靠性，如图 9-13 所示。

2. 压力传感器的校准方法

（1）零点校准　将压力传感器和压力表安装在同一密闭容器上，观察压力传感器的读数是否为 0，如不为 0，调节压力变送器【ZERO】旋钮，使其读数为 0。

（2）压力校准　向密闭容器中加压至某一值，观察压力传感器的读数与压力表的读数是否相同，如不同，调节液位传感器【FULL】旋钮，调节使其读数一致。

（七）流量测量仪表

1. 涡轮流量计

涡轮流量计是一种精密流量测量仪表，如图 9-14 所示，当被测流体流经传感器时，传感器内的叶轮借助于流体的动能而产生旋转，叶轮即周期性地改变磁电感应系统中的磁阻值，使通过线圈的磁通量周期性地发生变化而产生电脉冲信号，经放大器放大后传送至相应的流量计算仪表、PLC 或上位计算机，进行流量的测量。

图 9-13　流量传感器

图 9-14　压力传感器

2. 涡轮流量计的校准方法

（1）零点校准　将涡轮流量计和同一流量的转子流量计安装在同一管路上，观察涡轮流量计的读数是否为 0，如不为 0，调节压力变送器【ZERO】旋钮，使其读数为 0。

（2）满量程校准　调节流量至某一值，观察涡轮流量计的读数与转子流量计的读数是否相同，如不同，调节液位传感器【FULL】旋钮，调节使其读数一致。

（八）电动球阀

电动球阀如图 9-15 所示，采用 1.3 寸 OLED 大屏液晶，无视角限制，高亮度，节能环保，实时显示阀门开度及其外部控制命令。

电动球阀执行器操作界面如图 9-16 所示。

图 9-15　电动球阀

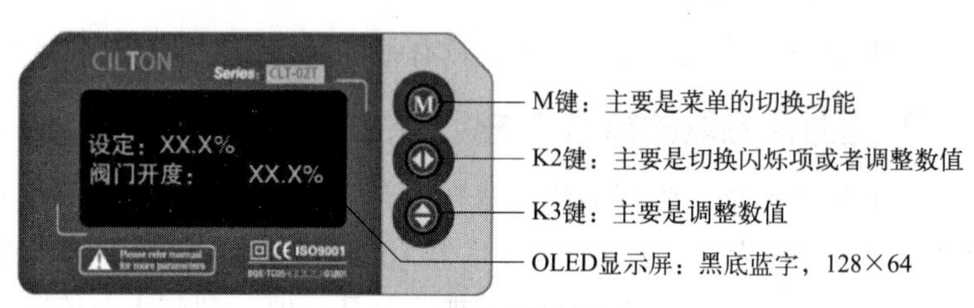

图 9-16　执行器操作界面

执行器设置步骤如图 9-17 所示，通过按键进入“出厂初始化设置”模式，如果输入密码“123”进入“阀门参数初始化”，如果输入密码“222”进入“4 ～ 20mA 基准校验”。

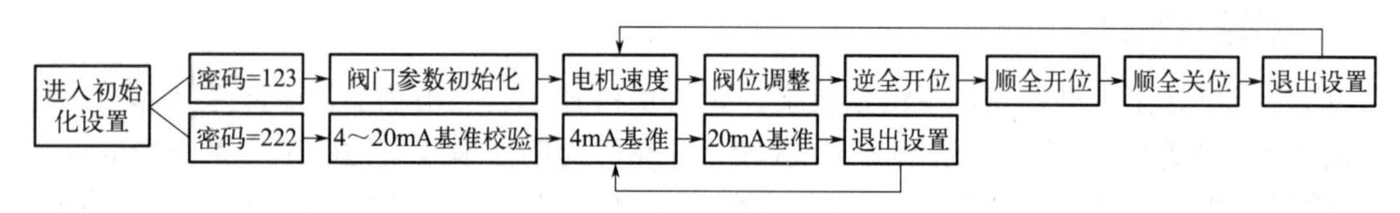

图 9-17　执行器设置步骤

（1）进入“初始化设置”模式　按【M】键 +【K3】键不放，屏幕右上角闪烁“MK3”，3s 后执行器进入“初始化设置”模式，同时进入“2 密码输入”。

（2）密码输入　K2 切换个、十、百三位闪烁，每按一次 K3，当前闪烁位 +1，当“×××=123”进入“3 阀位调整”，当“×××=222”进入“8 4 ～ 20mA 基准”。执行器设置完成后，可以进行通过按键来进行手动操作，具体操作步骤是按【K3】键不放，屏幕右上角闪烁“K3”，约 3s 后执行器进入“手动操作”模式。

（3）手动操作　按住【K3】键，执行器将逆时针旋转，同时屏幕上将显示当前角度。释放按键将立即停止；按住【K2】键，执行器将顺时针旋转，同时屏幕上将显示当前角度。释放按键将立即停止。按【M】键退出当前模式，或者无任何按键 10s 后自动退出当前模式，进入自动控制模式。

（4）进入“用户设置”模式　按【M】键不放，屏幕右上角闪烁“M”，3s 后执行器进入“用户设置”模式，同时进入“2 密码输入”。

（5）密码输入　K2 切换个、十、百三位闪烁，每按一次 K3，当前闪烁位 +1，当“×××=333”进入“控制设置”。

（6）控制设置　控制设置是指 4 ～ 20mA 控制方向，正作用（Dir）或反作用（Rev）。正作用即 4mA 对应阀门完全关闭，20mA 对应阀门完全打开；反作用即 4mA 对应阀门完全打开，20mA 对应阀门完全关闭。

电子密度计的使用

（九）电子密度计

1. 电子密度计的原理

电子密度计如图 9-18 所示，是根据阿基米德的浮力法，采用阿基米德的浸渍球体积置换法，配合专用的比重计特殊设计，能准确测量出液体的密度。电子密度计在使用过程中需温机 30min，由于电子密度计为精密的检测仪器，在使用过程中决不能测量超过 120g 的重物，应避免机台超出承受超过其额定重量的压力。

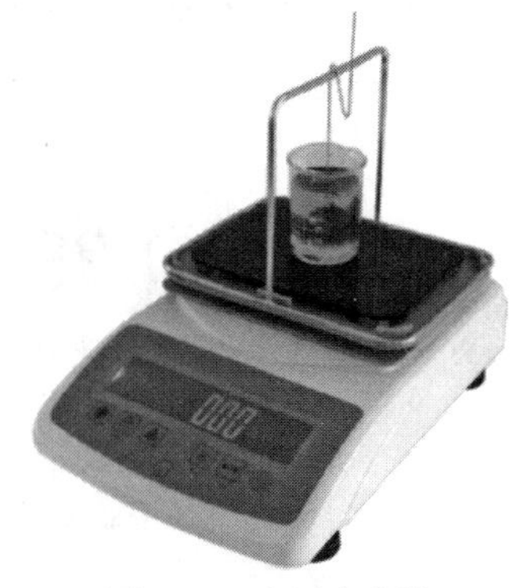
图 9-18 电子密度计

2. 电子密度计的校准方法

（1）插上电源，温机 30min，去下黑色的支撑板，测试仪在“0.000”的状态下，长按【ZERO】键，当显示“CAR”时松手，即进入校正程序。

（2）当屏幕显示“300.000g”闪烁后，将 100g 标定砝码放在秤盘上，显示数值闪烁变快，并最终稳定在“100.000g”，取下砝码，校准完成。

3. 电子密度计的使用方法

（1）插上电源，温机 30min。用 50mL 的烧杯取 50mL 待测液体。

（2）将挂钩悬挂在液体专用架的正中央，按下【ZERO】键归零，扣除挂钩的重量。

（3）使用挂钩将标准的玻璃砝码钩住，悬挂在液体专用架的正中央，此时会显示出玻璃砝码在测量空中的重量。

（4）显示数值稳定后按【ENTER】键，此时在玻璃砝码的重量数值后面出现“LIq”字样。

（5）将待测液体放在黑色的支撑板上，并用挂钩将标准玻璃砝码勾起悬挂在待测液体中，注意待测液体完全浸没标准玻璃砝码，且标准玻璃砝码不得碰触到杯壁。

（6）再次按下【ENTER】键，自动显示被测液体的密度值。

（7）测量完成后，按下【SET】键，返回测试下一样品。

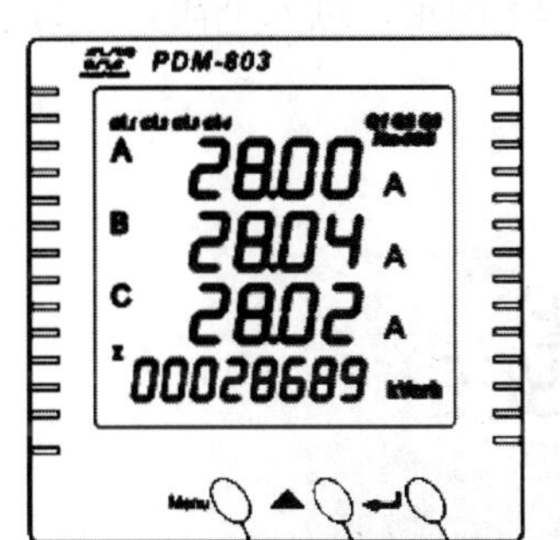

图 9-19 电量表操作界面

（十）电量表

1. 电量表的简介

电量表的操作界面如图 9-19 所示。【MENU】键用于界面之间的切换或参数组的切换；【↵】键用于执行当前的菜单项功能或确认当前设置值；【▲】键用于各显示子界面之间切换及修改数值。

2. 电量表的参数设置

（1）一直按住【↵】键，当上行显示“PASS”，下行显示“0---”，如图 9-20 所示，放开【↵】键，显示如图 9-21 所示。如显示界面与图 9-21 不同，则退出当前界面，重新操作此步骤。按【▲】键修改数值，修改好后按【↵】键移到下一位，依次修改。默认修改密码“5555”。

图 9-20　显示界面（一）

图 9-21　显示界面（二）

（2）按【↵】进入参数组的设定状态界面，如图 9-21 所示。按【↵】进入参数组 1，按【MENU】切换参数组，如图 9-22 所示。

图 9-22　显示界面（三）

图 9-23　显示界面（四）

（3）选择参数组 1，按【↵】进入参数组 1，按【MENU】切换至接线方式的界面，如图 9-23 所示，按【↵】进入参数的设置界面，按【▲】修改中间参数为【NO】，修改完成后按【↵】确定，进入下面参数的设置，按【▲】调节装置的接线方式为“3-4y”（三相四线 Y 接），按【↵】确定。

（4）按【MENU】切换至“1-E.”界面，按【↵】进入参数组设置界面，如图 9-21 所示。按【MENU】选择参数组 2，按【↵】进入参数组 2，按【MENU】切换至电流变比的界面，如图 9-24 所示，按【↵】进入参数的设置界面，按【▲】修改中间参数为【LL】(中间参数显示的是单位，HH 表示为 kA，LL 表示为 A)，修改完成后按【↵】确定，进入小数点位置修改，按【▲】修改小数点的位置，修改完成后按【↵】确定，进入下面参数的设置，按【▲】调节装置的电流变比为【20.00】，按【↵】确定。

图 9-24　显示界面（五）

图 9-25　显示界面（六）

（5）按【MENU】切换至“ 2-E.”界面，按【↵】进入参数组设置界面，如图 9-21 所示。按【MENU】切换至“E”界面，按【↵】进入参数保存 / 取消设置界面，如图 9-25 所示。按【▲】选择【YES】退出参数设置并保存对参数的设置，选【NO】退出参数设置并不保存对参数的设置。

（十一）变频器

1. 变频器的简介

变频器的面板说明如下。需将模拟量输入的拨码开关调节到“I”，即电流控制。具体可参考图 9-26 中⑥的标示位置及说明。

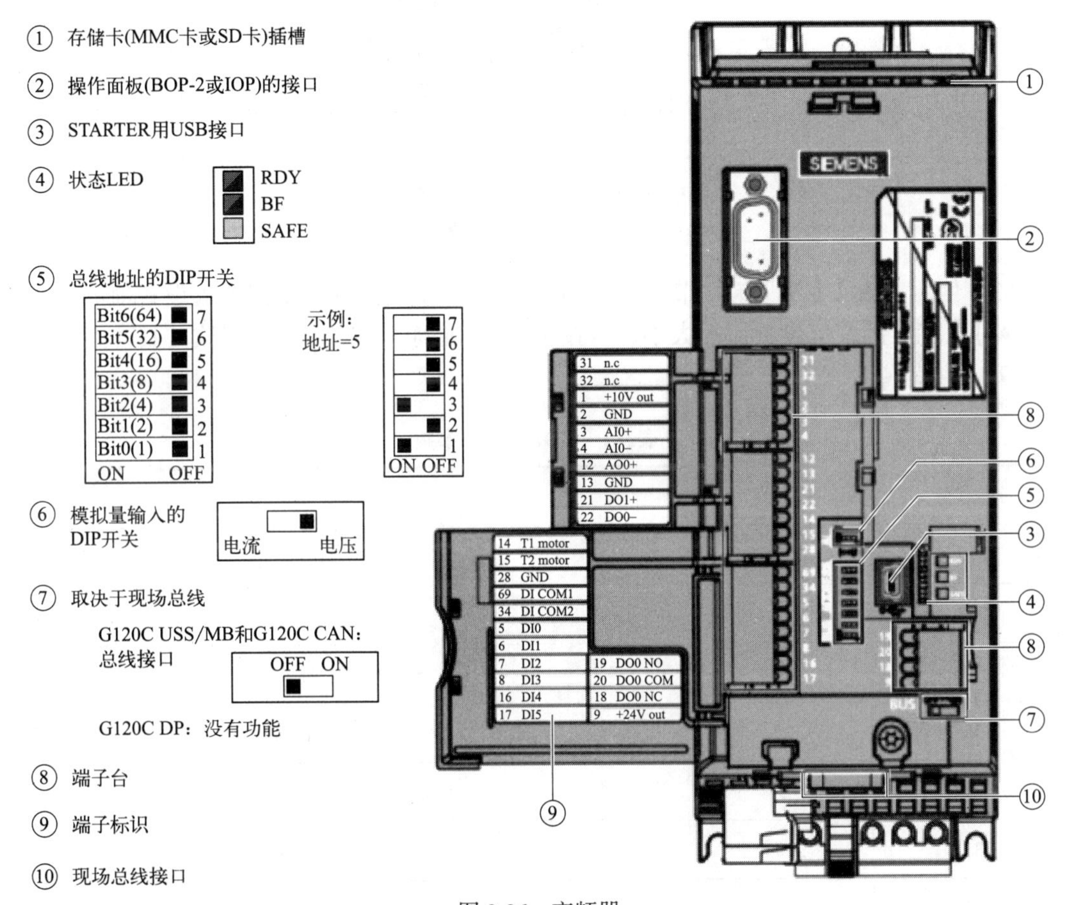

图 9-26　变频器

2. BOP-2 操作面板

BOP-2 可以简单、方便地实现 G120 变频器的基本调试及报警故障的诊断。BOP-2 是变频器的操作和显示单元。BOP-2 的安装流程如图 9-27 所示，具体操作说明如下。

（1）启动电源，变频器自检完成后，显示“MONITOR”界面。使用【▲】【▼】键将光标移动到【SETUP】，按【OK】键进入恢复出厂设置。屏幕显示“BUSY”表示参数正在修改中；屏幕显示“DONE”表示完成。使用【▲】【▼】键将光标移动到【RESET】，按【OK】键，使用【▲】【▼】键将选择到【YES】，按【OK】键恢复出厂设置。

（2）恢复出厂设置完成后，按【ESC】键返回到“MONITOR”界面。使用【▲】【▼】键将光标移动到【PARAMS】，按【OK】键显示两种参数访问级别，使用【▲】【▼】键将光标移动到标准访问级别“STANDARD”，按【OK】键进入。

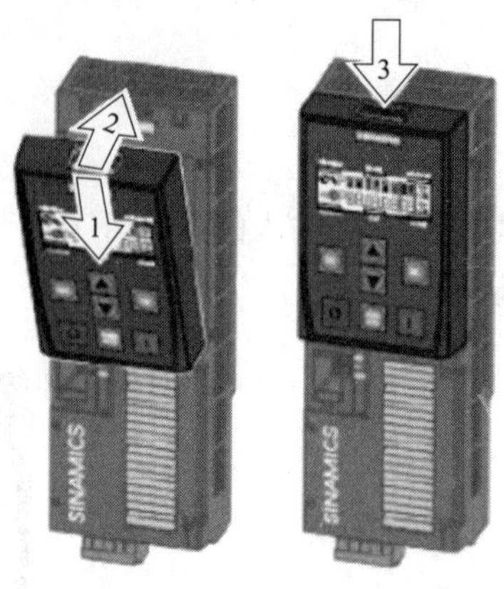

插入BOP-2　　取出BOP-2

图 9-27　BOP-2 的安装

（3）使用【▲】【▼】键调节到需调节的参数界面，按【OK】键进入设置值界面，使用【▲】【▼】键调节设置值的大小，再按【OK】键确认修改及保存修改。具体参数设置如表 9-1 所示。

表 9-1　BOP-2 操作参数

参数代号	设置值	设置值含义
P10	1	启用快速调试
P15	17	选择宏程序 17
P304	380	额定电压为 380V
P305	1.3	额定电流为 1.3A
P307	0.37	额定功率为 0.37kW
P311	2800	额定转速为 2800r/min
P756	3	模拟输入为 4 ～ 20mA
P1080	0	最小转速为 0r/min
P1082	2800	最大转速为 2800r/min
P10	0	结束快速调试准备运行

（4）所有的参数修改完毕后，按【ESC】键返回到“MONITOR”菜单界面。使用【▲】【▼】键将光标移动到“SETUP”，按【OK】键进入“SETUP”菜单，按【▼】进入参数设置界面。使用【▲】【▼】键调节参数至“P1900”，按【OK】键进入参数修改，使用【▲】【▼】键调节值为“0”。使用【▲】【▼】键调节参数至“FINISH”，选择【YES】，按【OK】键确定。

四、实验内容

1. 间歇精馏岗位

主要进行塔釜温控操作、塔釜液位测控操作、采出液浓度与产量联调操作，具有以下四种方式：

① 常压筛板塔精馏；
② 常压填料塔精馏；
③ 减压筛板塔精馏；
④ 减压填料塔精馏。

2. 连续精馏岗位

主要进行全回流全塔性能测定、连续进料下部分回流操作、回流比调节、冷凝系统水量及水温调节，具有以下四种方式：

① 常压筛板塔精馏；
② 常压填料塔精馏；
③ 减压筛板塔精馏；
④ 减压填料塔精馏。

3. 质量控制岗位

全塔温度分布检测，全塔、各液相检测点取样分析操作，塔流体力学性能及筛板塔气液鼓泡接触控制。

第二节
筛板塔精馏实验操作

本实验以乙醇 - 水混合物分离为例，介绍筛板塔的精馏实验操作，分离要求是在常压下，将 18%VOL（体积分数）浓度的乙醇 - 水混合物提纯至 85%VOL（体积分数）以上。

筛板塔的精馏实验

一、实验目的

1. 全回流操作时单板效率及全塔效率的测定；
2. 全回流操作时理论塔板数 N_T 的测定；
3. 部分回流时理论塔板数 N_T 的测定。

二、筛板精馏系统工艺流程

常压工况下筛板精馏系统的工艺流程图如图 9-2（b）所示。系统由进料系统、板式塔、塔釜加热系统、蒸汽冷凝系统、回流比控制系统及产物残液回收系统等组成，在整个工艺流程过程中设有温度、压力、液位、流量等监测点。

精馏原理分析

三、实验原理

在板式精馏塔中，混合液的蒸汽逐板上升，回流液逐板下降，汽液两相在塔板上充分接触，实现传热、传质过程而达到分离的目的。如果在某块塔板上，离开该板的液体与离开该板的上升蒸汽处于平衡状态，则该塔板称为理论板。可是在实际操作的塔中，由于接触时间有限，汽液两相不可能达到平衡，即实际塔板的分离效果达不到一块理论板的作用，因此精馏塔所需要的实际板数总是比理论板数要多。

精馏操作可分为全回流和部分回流两种。全回流精馏时既不进料也不出料，只在开车时和特定要求条件下才使用。连续精馏也叫部分回流精馏，是在精馏塔的中部连续加入原料液，而在塔顶和塔釜分别不断得到较纯的易挥发组分和较纯的难挥发组分，操作稳定的标志是塔内各塔板上温度、浓度均不随时间而变，这是一种最常用的操作方式。

板式精馏塔的全塔效率 E_T 与单板效率不仅与汽液体系、物性及塔板类型、具体结构有关，而且与操作状况有关，是个影响因素甚多的综合指标，难以从理论导出，一般均由实验测得。同理，板式精馏塔的理论塔板数也是由实验测得。

1. 全回流操作时单板效率及全塔效率的测定

当离开某块塔板的汽、液相呈平衡状态时，则称该板为理论塔板。在实际操作的塔中，由于汽液相接触界面有限，接触时间也不可能无穷大，故离开塔板的汽液两相不可能达到相平衡，即实际塔板的分离效果达不到一块理论板的作用，一般用单板效率也称默弗里（Murphree）板效率来描述实际塔板的分离能力。

（1）以汽相浓度的变化来表示　第 n 块塔板的汽相默弗里板效率 $E_{mV}(n)$ 为

$$E_{mV}(n)=\frac{y_n-y_{n+1}}{y_n^*-y_{n+1}}\times 100\% \tag{9-1}$$

式中　$E_{mV}(n)$——第 n 块塔板的汽相默弗里板效率；

y_n——第 n 块板上升的汽相中轻组分浓度；

y_{n+1}——第 $n+1$ 块板上升的汽相中轻组分浓度；

y_n^*——与 x_n 成平衡的汽相组成。

单板效率一般是在全回流状态下测定的，全回流时操作线方程为

$$y_{n+1}=x_n \tag{9-2}$$

将式（9-2）代入式（9-1），得

$$E_{mV}(n)=\frac{x_{n-1}-x_n}{y_n^*-x_n}\times 100\% \tag{9-3}$$

式中　x_n——第 n 块板上下降的液相中轻组分浓度；

x_{n-1}——第 $n-1$ 块板上下降的液相中轻组分浓度。

（2）以液相浓度的变化来表示　第 n 块塔板的液相默弗里板效 $E_{mL}(n)$ 为

$$E_{mL}(n)=\frac{x_{n-1}-x_n}{x_{n-1}-x_n^*}\times 100\% \tag{9-4}$$

式中　$E_{mL}(n)$——第 n 块塔板的液相默弗里板效；

x_n^*——与 y_n 成平衡的液相组成。

通常 $E_{mV}(n)$ 和 $E_{mL}(n)$ 不会相等，并随塔内汽液相组成、流速的变化使各板的单板效率各不相同。

因此工程中常用全塔效率 E_T 来描述塔板上传质的完善程度。

$$E_T=\frac{N_T-1}{N_P}\times 100\% \tag{9-5}$$

式中　E_T——全塔效率；

N_P——实际塔板数，本实验中，N_P=11；

N_T——理论塔板数。

2. 全回流操作时理论塔板数 N_T 的测定

在全回流操作时，x-y 图上的对角线即为操作线，平衡线可根据附录中提供的“乙醇 - 水溶液汽液平衡数据”的摩尔分数画出。根据实验中所测定的塔顶组成 x_D、塔底组成 x_W，从对角线上（x_D，x_D）点出发，在操作线和平衡线间作梯级，直至最后一个梯级越过对角线上（x_W，x_W）点为止，根据梯级数即可得到理论塔板数 N_T，如图 9-28 所示。图 9-28 中的梯级数约为 4.4，即理论塔板数 N_T 为 4.4。

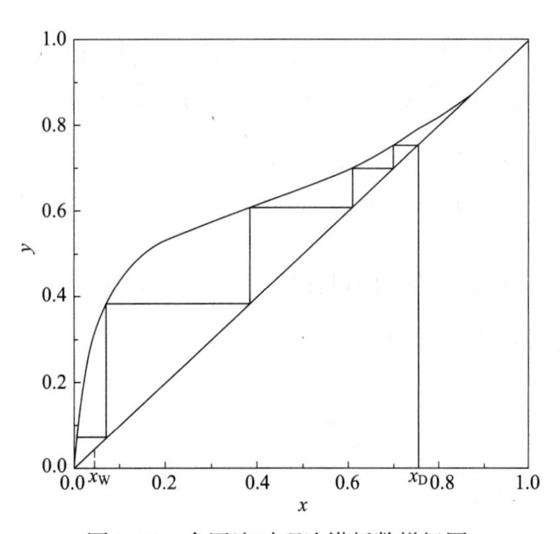

图 9-28　全回流时理论塔板数梯级图

根据上述求得的理论塔板数 N_T，由式（9-5）便可得到全回流时的全塔效率 E_T。

3. 部分回流时理论塔板数 N_T 的测定

部分回流操作时，平衡线还是根据附录中提供的“乙醇 - 水溶液汽液平衡数据”的摩尔分数画出，要确定部分回流时的理论塔板数的关键是作出精馏段操作线、进料 q 线和提馏段操作线。

（1）精馏段操作线　精馏段操作线方程为

$$y_{n+1}=\frac{R}{R+1}x_n+\frac{x_D}{R+1} \tag{9-6}$$

式中　R——回流比；

x_D——塔顶产品液相组成。

实验中回流量由回流流量计测定，但由于实验操作中一般作冷液回流，故实际回流量 L' 需进行校正。

$$L'=L\left[1+\frac{C_{pD}(t_{RS}-t_R)}{r_D}\right] \tag{9-7}$$

式中　L——由流量计测定，mL/min；

L'——实际回流量，mL/min；

t_{RS}——塔顶回流液组成对应的泡点温度，℃；

t_R——回流液温度，℃；

C_{pD}——塔顶回流液平均温度（$t_{RS}+t_R$）/2 下的比热容，kJ/（kg·K）；

r_D——塔顶回流液组成下的汽化潜热，kJ/kg。

产品量 D（mL/min）可由流量计测定，由于产品量 D 与回流量 L 的组成和温度相同，故回流比 R 可直接用两者的比值来得到。

$$R=\frac{L'}{D} \tag{9-8}$$

实验中根据塔顶取样可得到 x_D，并测量回流和产品流量计读数 L 和 D 以及回流温度 t_R，再查附录可得 C_{pD}、t_{RS}、r_D，由式（9-7）、式（9-8）可求得实际回流比 R，代入式（9-6）即可得到精馏段操作线方程。

根据精馏段操作线方程可知，精馏段操作线过（x_D, x_D）点，且截距为 $\frac{x_D}{R+1}$，根据（x_D, x_D）点和（$0, \frac{x_D}{R+1}$）点，在 x-y 图上即可作出精馏段操作线。

（2）进料 q 线　进料 q 线方程为

$$y=\frac{q}{q-1}x+\frac{x_F}{q-1} \tag{9-9}$$

式中　q——进料的液相分率；

x_F——进料液组成。

$$q=\frac{\text{1kmol进料变为饱和蒸汽所需热量}}{\text{1kmol料液的汽化潜热}}=1+\frac{C_{pF}(t_S-t_F)}{r_F} \tag{9-10}$$

式中　t_S——进料液的泡点温度，℃；

t_F——进料液的温度，℃；

C_{pF}——进料液在平均温度（t_F+t_S）/2下的比热容，kJ/（kg·K）；

r_F——进料液组成下的汽化潜热，kJ/kg。

实验中根据进料液组成x_F，并测量其进料温度t_F，再查附录可得t_S、C_{pF}、r_F，由式（9-10）即可求得q，代入式（9-9）即可得到q线方程。

根据q线方程可知，q线过（x_F, x_F）点，且斜率为$\dfrac{q}{q-1}$，根据斜率和（x_F, x_F）点，在x-y图上即可作出进料q线。

（3）提馏段操作线　根据理论分析，提馏段操作线经过（x_W, x_W）点，且过精馏段操作线和q线的交点d，因此连接（x_W, x_W）点以及精馏段操作线和q线的交点d，即可得到提馏段操作线。

（4）理论塔板数的求取　根据上述得到的平衡线、精馏段操作线、q线和提馏段操作线，以及测量得到的塔顶组成x_D、塔底组成x_W和进料组成x_F，从对角线上的（x_D, x_D）点出发，在平衡线和精馏段操作线间作梯级，当梯级跨过两操作线的交点d后，便由精馏段操作线转为提馏段操作线并继续作梯级，直至最后一个梯级越过对角线上（x_W, x_W）点为止，根据梯级数即可得到全塔理论塔板数N_T'，如图9-29。图9-29中的梯级数约为6.3，即理论塔板数N_T为6.3。

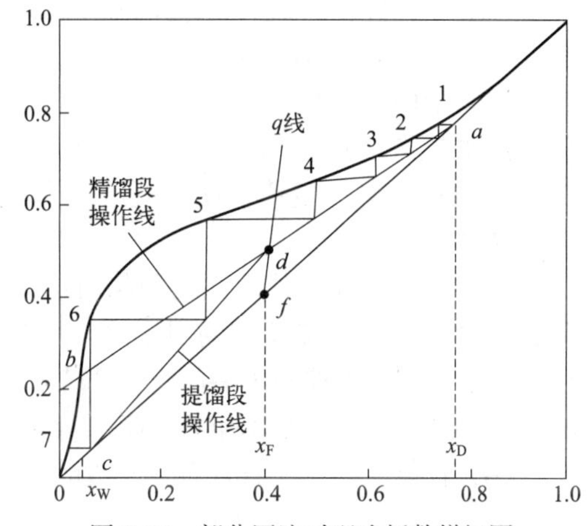

图9-29　部分回流时理论板数梯级图

理论塔板数的绘制

根据上述求得的理论塔板数N_T，由式（9-5）便可得到部分回流时的全塔效率E_T。

注意：这里采用的是电加热再沸器，并安装在塔底部。理论塔板数可取小数，而实际塔板数为整数。

四、实验操作步骤

1. 开车前准备

（1）配制料液　用30L容器配制18%VOL（体积分数）浓度的料液，打开阀MV709、MV725，从漏斗中将料液加到原料罐中。

（2）向冷水机中储水箱加满水　并用软管将冷水机的进出口分别与冷凝器的进出口相连（注意连接方向）。在冷水机上设置冷水温度。

（3）开启产品槽、残液槽、冷凝液罐放空阀MV726、MV727、MV728。

2. 开车

注意：操作前，请熟悉图9-2（c）～（f）。

（1）精馏塔进料　打开手动阀MV710、MV711、MV701，在监控触摸屏“公用设备过程控制（一）”界面调节阀 FV-FIC704 的开度为 100%，在“设备启停”界面上启动泵 P701，将料液加到塔釜中，当塔釜液位达到所需高度时（注意：塔釜液位的低液位报警值为 150mm），在监控触摸屏“设备启停”界面上关闭泵 P701，停止加料，关闭阀 MV710、MV711、MV701，在“公用设备过程控制（一）”界面调节阀 FV-FIC704 的开度为 0%。

（2）塔釜加热　在监控触摸屏上“设备启停”界面打开阀 FV801（注意：电磁阀 FV701、FV801 为常开阀），开启 TZ701，在“精馏塔过程控制”界面调节 TZ701 的开度为某一值，塔釜进行加热。

（3）冷却系统启动　开启阀 MV732、MV733，在监控触摸屏“公用设备过程控制（二）”界面上调节泵 P707 的输出（注意：泵 P707 的输出根据冷凝液温度及冷却水进出口温度来调节），启动冷却水循环泵。

（4）全回流操作　当冷凝液罐中液位达到一定液位时，开启手动阀 MV716、MV717，在监控触摸屏“设备启停”界面上开启 FV702，启动计量泵 P702，在计量泵面板上调节 P702 的开度为某一定值，使冷凝液罐中液位保持稳定。调节稳定运行 10min 后，取样分析塔顶物料的浓度。

（5）部分回流操作　当塔顶物料浓度达到 90% 以上时，全开阀 MV718、MV719，调节泵 P703 的开度，控制所需的回流比，使冷凝液罐中液位保持稳定。全开阀 MV707、MV743，在“公用设备过程控制（一）”界面调节阀 FV-FIC704 的开度，在“设备启停”界面上开启泵 P701、P704，调节其流量为某一值，并维持住塔釜的液位，并记录实验数据到表 9-2 中。

（6）收集产物　注意查看各参数的变化，维持精馏系统的运行稳定，收集产物，采集塔顶产品、塔底残液、原料液，分析物料的浓度。

3. 停车

（1）停止加料　在“设备启停”界面上关闭泵 P701，在“公用设备过程控制（一）”界面调节阀 FV-FIC704 的开度，关闭进料管路上所有手动阀。

（2）停塔釜加热　根据塔内物料情况，在“设备启停”界面上关闭 TZ701，在“精馏塔过程控制”界面调节 TZ701 的开度为 0%，停止再沸器加热。

（3）停塔釜出料　在“设备启停”界面上关闭 P704，关闭阀 MV707、MV743。

（4）停回流系统　当塔顶温度下降，无冷凝液馏出后，调节泵 P702 的输出为 0，当冷凝液罐的液位为 0 时，调节泵 P703 的输出为 0，在“设备启停”界面上关闭阀 FV702，关闭阀 MV716、MV717、MV718、MV719。

（5）停冷却系统　在监控触摸屏“公用设备过程控制（二）”界面上调节泵 P707 的输出为 0，关闭阀 MV732、MV733。

（6）当再沸器和预热器物料冷却后，开再沸器和预热器排污阀，放出预热器及再沸器内物料，开塔底冷凝器排污阀，塔底产品槽排污阀，放出塔底冷凝器内物料、塔底产品槽内物料。

（7）做好设备及现场的整理工作。

五、实验数据记录

专　　业________________　姓　　名______________　学　号____________

日　　期________________　地　　点______________　装置号____________

同组同学____

表 9-2　实验数据记录表

科目	全回流	部分回流
加热电压 /%		
进料流量 F/（mL/min）		
产品流量 D/（mL/min）		
回流流量 L/（mL/min）		
残液流量 W/（mL/min）		
冷却水流量 G/（L/h）		
进料温度 t_F/℃		
回流液温度 t_R/℃		
塔釜温度 t/℃		
塔顶上升蒸汽温度 t_v/℃		
冷却水进口温度 t_1/℃		
冷却水出口温度 t_2/℃		
塔釜压力 p/kPa		
x_F/%（摩尔分数）		
x_D/%（摩尔分数）		
x_W/%（摩尔分数）		

六、物料组成测试

物料组成测试工具可用电子密度计，测试方法如下。

1. 在实验过程中用 50mL 烧杯取样 50mL，用电子密度计测定其密度，读取并记录其数值，再选取温度计，放进该烧杯内，读取并记录其温度值。

2. 根据上述记录的密度值和温度值，从附录中查出该溶液的乙醇摩尔分数（%）。

七、实验报告

1. 根据实验数据记录表，计算本次实验的全回流和部分回流的理论塔板数和全塔效率。

2. 在直角坐标纸上绘制全回流和部分回流时的理论塔板数的梯级图。

八、思考题

1. 理论塔板数的含义是什么？

2. 简述密度计和电子密度计的原理及使用方法。
3. 简述板式连续精馏塔的理论塔板数的获取方法。

第三节
填料塔精馏实验操作

本实验以乙醇 - 水混合物分离为例，介绍填料塔的精馏操作。分离要求是在常压下，将18%VOL（体积分数）浓度的乙醇 - 水混合物提纯至85%VOL（体积分数）以上。

填料塔的精馏实验

一、实验目的

1. 全回流操作时理论塔板数 N_T 的测定；
2. 部分回流时理论塔板数 N_T 的测定。

二、填料塔精馏工艺流程

常压工况下填料塔的精馏工艺流程如图 9-2（a）所示，系统由进料系统、填料塔、塔釜加热系统、蒸汽冷凝系统、回流比控制系统及产物残液回收系统等组成，在整个工艺流程过程中设有温度、压力、液位、流量等监测点。

三、实验原理

填料塔又称为微分接触传质设备，填料为填料塔的最主要构件，在填料塔设计中，常常需要所用填料的等板高度的数据，填料的等板高度取决于填料的种类，形状和尺寸，气、液两相的物性、流速等。填料的等板高度越小，表示该填料的传质分离效果越好。

在填料塔设计中，常需要用填料的等板高度的数据。填料的等板高度是指气、液两相经过一段填料作用后，其分离能力等于一个理论塔板的分离能力，这段填料的高度称为理论板当量高度，又称等板高度。因此，根据分离所需要的理论塔板数和实际填料层高度，即可求出等板高度，即

$$He = \frac{H}{N_T} \tag{9-11}$$

式中 He——等板高度，m；

H——实际填料层高度，m，本实验中 H=1.1m；

N_T——理论塔板数。

1. 全回流操作时理论塔板数 N_T 的测定

全回流操作时理论塔板数 N_T 的测定参考板式塔全回流操作时理论塔板数 N_T 的测定方法，

根据上述求得的理论塔板数 N_T，由式（9-11）便可得到全回流时的等板高度 He。

2. 部分回流时理论塔板数 N_T 的测定

部分回流时理论塔板数 N_T 的测定参考板式塔部分回流时理论塔板数 N_T 的测定方法，根据上述求得的理论塔板数 N_T，由式（9-11）便可得到部分回流时的等板高度 He。

四、实验操作步骤

1. 开车前准备

（1）配制料液　用 30L 容器配制一定浓度的料液，打开阀 MV709、MV725，从漏斗中将料液加到原料罐中。

（2）向冷水机中储水箱加满水　并用软管将冷水机的进出口分别与冷凝器的进出口相连（注意连接方向）。在冷水机上设置冷水温度。

（3）开启产品槽、残液槽、冷凝液罐放空阀 MV726、MV727、MV728。

2. 开车

注意：操作前，请熟悉图 9-2（c）～（f）。

（1）精馏塔进料　打开手动阀 MV710、MV711、MV701，在监控触摸屏“公用设备过程控制（一）”界面调节阀 FV-FIC704 的开度为 100%，在“设备启停”界面上启动泵 P701，将料液加到塔釜中，当塔釜液位达到所需高度时（注意：塔釜液位的低液位报警值为 150mm），在监控触摸屏“设备启停”界面上关闭泵 P701，停止加料，关闭阀 MV710、MV711、MV701，在“公用设备过程控制（一）”界面调节阀 FV-FIC704 的开度为 0%。

（2）塔釜加热　在“设备启停”界面打开阀 FV801（注意：电磁阀 FV701、FV801 为常开阀），开启 TZ701，在“精馏塔过程控制”界面调节 TZ701 的开度为某一值，塔釜进行加热。

（3）冷却系统启动　开启阀 MV732、MV733，在监控触摸屏“公用设备过程控制（二）”界面上调节泵 P707 的输出（注意：泵 P707 的输出根据冷凝液温度及冷却水进出口温度来调节），启动冷却水循环泵。

（4）全回流操作　当冷凝液罐中液位达到一定液位时，开启手动阀 MV716、MV717，在监控触摸屏“设备启停”界面上开启 FV702，启动计量泵 P702，在计量泵面板上调节 P702 的开度为某一定值，使冷凝液罐中液位保持稳定。调节稳定运行 10min 后，取样分析塔顶物料的浓度。

（5）部分回流操作　当塔顶物料浓度达到 90% 以上时，选择合适的进料口，并用软管连接，并开启相应的进口阀。开启阀 MV710、MV711，调节泵 P703 的开度，控制所需的回流比，使冷凝液罐中液位保持稳定。全开阀 MV707、MV743，在“公用设备过程控制（一）”界面调节阀 FV-FIC704 的开度，在“设备启停”界面上开启泵 P701、P704，调节其流量为某一值，并维持住塔釜的液位，并记录实验数据到表 9-3 中。

（6）收集产物　注意查看各参数的变化，维持精馏系统的运行稳定，收集产物，采集塔顶产品、塔底残液、原料液，分析物料的浓度。

3. 停车

（1）停止加料　在“设备启停”界面上开启泵 P701，在“公用设备过程控制（一）”界面调节阀 FV-FIC704 的开度，关闭进料管路上所有手动阀。

（2）停塔釜加热　根据塔内物料情况，在“设备启停”界面上关闭 TZ801，在“精馏塔过程控制”界面调节 TZ801 的开度为 0%，停止再沸器加热。

（3）停塔釜出料　在“设备启停”界面上关闭 P704，关闭阀 MV807、MV743。

（4）停回流系统　当塔顶温度下降，无冷凝液馏出后，调节泵 P702 的输出为 0，当冷凝液罐的液位为 0 时，调节泵 P703 的输出为 0，在“设备启停”界面上关闭阀 FV702，关闭阀 MV716、MV717、MV718、MV719。

（5）停冷却系统　在监控触摸屏“公用设备过程控制（二）”界面上调节泵 P707 的输出调节为 0，关闭阀 MV732、MV733。

（6）当再沸器和预热器物料冷却后，开再沸器和预热器排污阀，放出预热器及再沸器内物料，开塔底冷凝器排污阀，塔底产品槽排污阀，放出塔底冷凝器内物料、塔底产品槽内物料。

（7）做好设备及现场的整理工作。

五、实验数据记录

专　业________________　姓　名______________　学　号________________

日　期________________　地　点______________　装置号________________

同组同学____

表 9-3　实验数据记录表

科目	全回流	部分回流
加热电压 /%		
进料流量 F/（mL/min）		
产品流量 D/（mL/min）		
回流流量 L/（mL/min）		
残液流量 W/（mL/min）		
冷却水流量 G/（L/h）		
进料温度 t_F/℃		
回流液温度 t_R/℃		
塔釜温度 t/℃		
塔顶上升蒸汽温度 t_v/℃		
冷却水进口温度 t_1/℃		
冷却水出口温度 t_2/℃		

续表

科目	全回流	部分回流
塔釜压力 p/kPa		
x_F/%（摩尔分数）		
x_D/%（摩尔分数）		
x_W/%（摩尔分数）		

六、物料组成测取

物料组成测试工具可用电子密度计，测试方法如下。

1. 在实验过程中用 50mL 烧杯取样 50mL，用电子密度计测定其密度，读取并记录其数值，再选取温度计，放进该烧杯内，读取并记录其温度值。

2. 根据上述记录的密度值和温度值，从附录中查出该溶液的乙醇摩尔分数（%）。

七、实验报告

1. 根据实验数据记录表，计算本次实验的全回流和部分回流的理论塔板数和等板高度。

2. 在直角坐标纸上绘制全回流和部分回流时的理论塔板梯级图。

八、思考题

1. 等板高度的含义是什么？

2. 简述填料精馏塔的理论塔板数的获取方法。

第四节 精馏实验附属设备

本系统以水冷机为主体，为精馏过程提供冷却水。

一、水冷系统

1. 冷水机

冷水机如图 9-30 所示，在使用之前桶内应该加入液体介质，其次工作电源应根据本机型号确定，电源功率应大于或者等于仪器总功率，电源必须有良好的接地，在使用完冷水机后，所有开关置关机状态，拔下电源插头，把桶内的液体处理干净。冷水机组在正常运行过程中，免不了因为有污垢或其他杂质影响制冷效果。因此，为了能延长主机组使用寿命，使制冷效果达到更佳状态，应定期做好维护及保养工作，确保冷水机组运行质量，提高生产效率，冷水机长时间不使用时应及时关闭水泵、压缩机及散热水塔总电源等电路开关。

2. 操作方法

① 将冷水机进出水口用塑料软管接入到冷却水管路上，开启阀 MV732、MV733，打开水冷系统控制阀。

② 在触摸屏调节界面，调节 P707 的开度，启动冷却水循环泵。

③ 在冷水机上点击【SET】按钮，通过“Up”“Down”按钮调节水冷机设定温度。

图 9-30　冷水机

图 9-31　真空泵

二、真空系统

在减压（低于一个大气压）下进行分离混合物的精馏操作称为减压精馏。进行减压精馏就需要使用到真空系统。真空系统主要作用用于减压。

1. 真空系统组成

真空系统由真空泵、真空缓冲罐、真空压力传感器及调压阀组成。

其中，真空泵如图 9-31 所示，可单独使用，也可作为增压泵、扩散泵的前级泵使用，但不适用于自一容器抽至另一容器作输送泵用。当抽除含氧过高的、有爆炸性的、对黑色金属有腐蚀性的、对真空油起化学反应的、有水的、有尘埃的等气体时，应加附设装置。

在使用真空泵前应把排气帽拿掉，然后检查油位，保证油位不低于油位线，低于油位线应及时加油。取下进气帽，连接被抽容器，所用管道宜短，密封可靠，不能有渗漏现象。使用结束后应拆除连接管道，盖紧进气帽、排气帽。

2. 操作方法

① 关闭系统放空阀 MV725、MV726、MV727、MV728、MV735，开启阀 MV734、MV736、MV737、MV738，打开真空系统控制阀。

② 在监控系统中启动真空泵 P705，抽真空至所需压力。

三、电气控制系统

电气控制系统采用西门子 S7-1200PLC 控制器，电气柜如图 9-32 所示，主要分为电源控制、电量监测、PLC 主控、控制对象和监控对象。

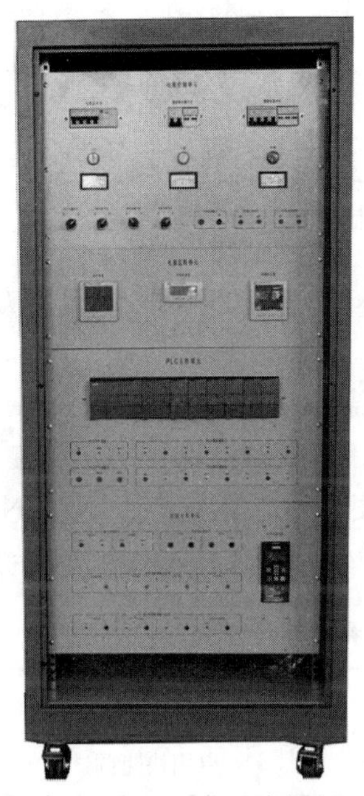
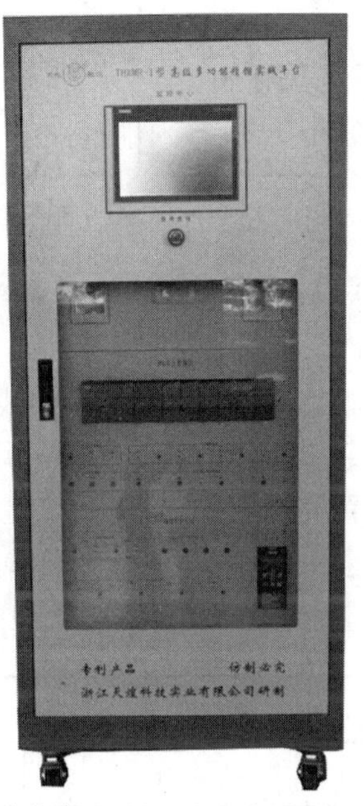

图 9-32 电气柜

1. 电源控制

电源控制主要由总电源开关、制冷器电源开关、精馏电源开关、熔断器、电源指示灯、电压指示表等组成，主要用来为设备提供电源。

2. 电量监测

电源控制主要由三台电量表组成，主要用于监测设备耗电情况，其中总耗电量表的参数设置：接线方式为三相四线，电流变比为 50；制冷耗电量表的参数设置：电流变比为 20；精馏耗电量表的参数设置：接线方式为三相四线，电流变比为 20。具体使用请参考其使用说明书。

3. PLC 主控

PLC 采用西门子 S7-1200，主要用于设备控制，编程软件为 TIA Portal V15，具体使用方法请参考其使用说明书。

4. 控制对象

控制对象如图 9-33 所示，主要是将部分一次仪表和执行器的信号引到面板上，便于练习接线，具体如下。

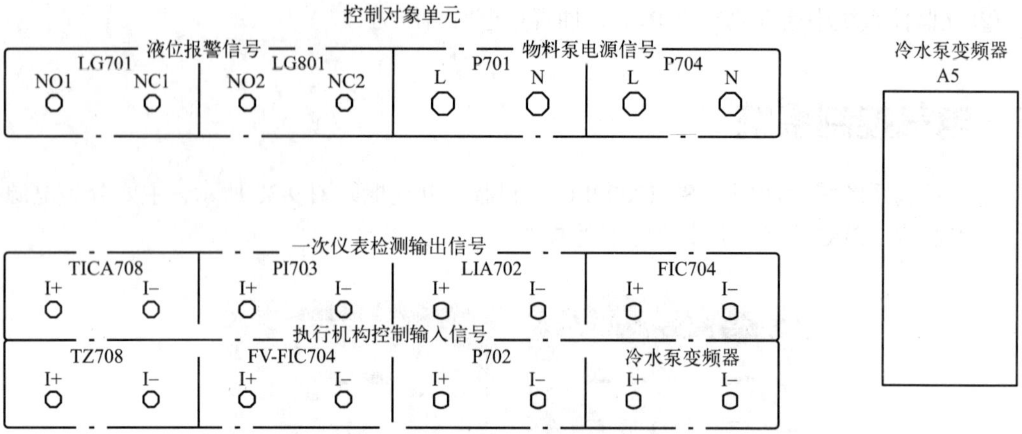

控制对象单元

液位报警信号 物料泵电源信号

LG701 NO1 NC1 LG801 NO2 NC2 P701 L N P704 L N

冷水泵变频器 A5

一次仪表检测输出信号

TICA708 I+ I– PI703 I+ I– LIA702 I+ I– FIC704 I+ I–

执行机构控制输入信号

TZ708 I+ I– FV-FIC704 I+ I– P702 I+ I– 冷水泵变频器 I+ I–

图 9-33　控制对象单元

变频器选用西门子 G120C 变频器，外部、0 ～ 10V，具体使用方法请参考其使用说明书。

在变频器未通电状态下，打开变频器接线盖板，将模拟量设置拨码拨向“1”，拨完之后，重新盖好接线盖板并装上操作面板。启动电源，将变频器恢复出厂设置，然后按下表，设置变频器参数，参数设置完成后，按【ESC】键使变频器显示“MONITONRING”，再按【OK】键变频器显示设定转速和当前转速，变频器参数代号含义见表 9-4，端子连线表见表 9-5。

表 9-4　变频器参数代号含义

序号	参数代号	设置值	设置值含义	备注
1	P10	1	启用快速调试	
2	P15	17	选择宏程序 17	
3	P304	380	额定电压为 380V	
4	P305	0.4	额定电流为 0.4A	
5	P307	0.18	额定功率为 0.18kW	
6	P311	2800	额定功率为 2800r/min	
7	P756--[00]	2	0 ～ 20mA	
8	P1080	0	最小转速为 0	
9	P10	0	最小转速为 0	

表 9-5　端子连线表

导线序号	电源控制端子	PLC 端子	控制对象端子	备注
1	2# 直流电源输出的“0V”端		液位报警信号区：LG701 的“NO1”和 LG801 的“NO2”	
2	2# 直流电源输出的“24V”端	开关量输入：1M		

续表

导线序号	电源控制端子	PLC 端子	控制对象端子	备注
3		开关量 输入：I 0.0	液位报警信号区：LG701 的“NC1”	
4		开关量 输入：I 0.1	液位报警信号区：LG801 的“NC2”	
5	交流电源 输出“L”端		物料泵电源区：P701 和 P704 的“L”	
6	交流电源 输出“N”端	开关量 输出：1L		
7		开关量 输出：Q 0.0	物料泵电源区：P701 的“N”	
8		开关量 输出：Q 0.1	物料泵电源区：P704 的“N”	
9	1# 直流 电源的“0V”端	模拟量 输入：A−、B−、D−		
10	1# 直流 电源的“24V”端		一次仪表输出信号：TICA708、PI703、FIC704 的“I+”	
11		模拟量输入：A+	TICA708 的“I−”	
12		模拟量输入：B+	PI703 的“I−”	
13		模拟量输入：C+	LIA702 的“I+”	
14		模拟量输入：C−	LIA702 的“I−”	
15		模拟量输入：D+	FIC704 的“I−”	
16		模拟量输出：M1	执行机构输入信号：TZ708 的“I−”	
17		模拟量输出：1+	执行机构输入信号：TZ708 的“I+”	
18		模拟量输出：M2	执行机构输入信号：FV-FIC704 的“I−”	
19		模拟量输出：2+	执行机构输入信号：FV-FIC704 的“I+”	
20		模拟量输出：M3	执行机构输入信号：P702 的“I−”	
21		模拟量输出：3+	执行机构输入信号：P702 的“I+”	
22		模拟量输出：M4	执行机构输入信号：冷水泵变频器的“I−”	
23		模拟量输出：4+	执行机构输入信号：冷水泵变频器的“I+”	

5. 监控对象

触摸屏采用西门子触摸屏，主要用于设备监控，编程软件为 TIA Portal V15，具体使用方法请参考其使用手册。

第十章

填料塔吸收实验

第一节 概述

吸收概述及气液相平衡

本实验以 THXLT-1A 型填料吸收塔实验装置为例介绍实验内容。吸收是化工分离工程中最基本最重要的单元操作之一，在吸收塔中，混合气体自塔底部进入塔内，自下往上，与从塔顶部进入塔内的吸收液在塔内的内部构件表面逆流接触，由于溶解度的差异，使混合气体中的易溶组分被吸收液吸收，从而实现混合气体的分离。本装置根据石油、化工、化肥、制药、环境保护等行业中吸收技术的特点，采用的是填料吸收塔。

吸收与解吸流程

一、实验装置组成

实验装置流程如图 10-1 所示，由填料吸收塔、风机、水泵等组成。

二、实验装置工艺流程

本实验中吸收塔为填料塔，填料塔内径为 ϕ100mm，塔内选用不锈钢 θ 环填料，ϕ10mm×10mm，填料层总高为 1.7m。塔身采用透明有机玻璃，塔顶有液体初始分布器，塔中部有液体再分布器，填料塔底部设有液封装置，以避免气体泄漏。

由于 CO_2 气体无味、无毒、廉价，所以气体吸收实验常选择 CO_2 作为溶质组分，本实验采用水来吸收空气中的 CO_2 组分。实验流程如图 10-1 所示，空气由风机 P102 送入，二氧化碳由钢瓶送入，经过二氧化碳转子流量计计量，然后进入空气管道。气体在混合罐 V102 中混合后，经孔板流量计 FI102 计量后进入填料吸收塔 T101 的底部；水由储水箱 V101 经水泵 P101 输出，经过涡轮流量计 FI101 计量后进入填料吸收塔 T101 的顶部。

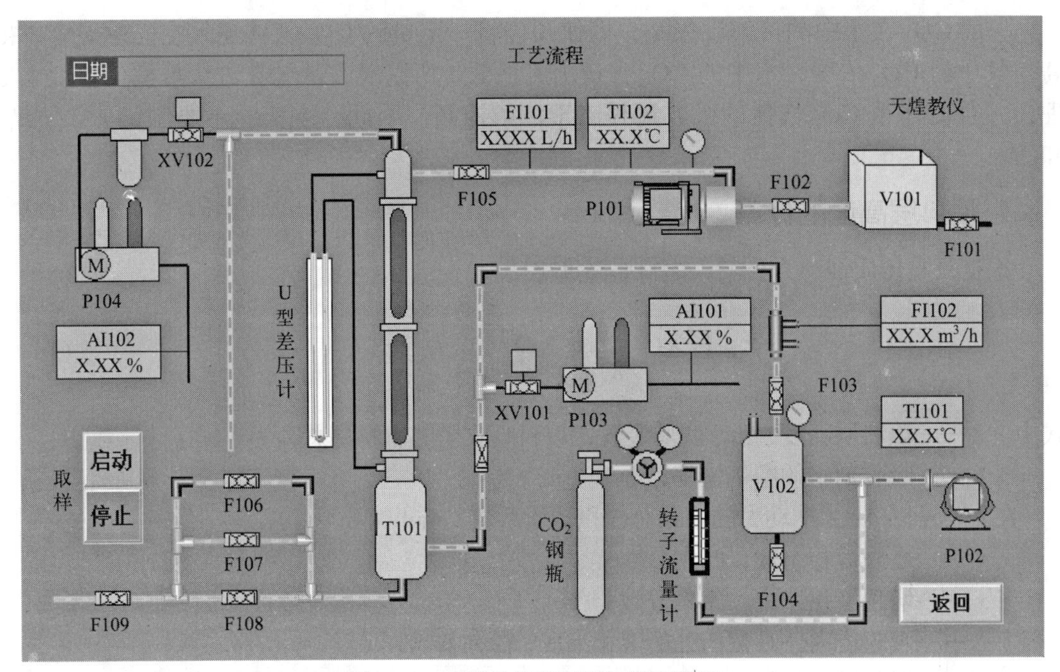

图 10-1　填料吸收塔实验装置流程图

T101—填料吸收塔；P101—水泵；P102—风机；V101—储水箱；V102—混合罐；TI101—混合气温度；TI102—水温；FI101—涡轮流量计；FI102—孔板流量计

第二节

吸收实验操作

吸收设备及操作

一、实验目的

1. 了解填料吸收塔装置的构造、流程和操作方法；
2. 学会测定液相总传质单元数、液相总传质单元高度和总体积吸收系数的方法；
3. 了解气体空塔速度和液体喷淋密度对总体积吸收系数的影响。

填料塔吸收实验

二、实验原理和方法

本实验装置的原理是利用气体混合物中各组分在液体（吸收剂）中的溶解度不同，实现气体混合物中各组分的分离。在填料吸收塔中，混合气体（空气和二氧化碳）自塔底部进入塔内，自下往上，与从塔顶部进入塔内的吸收剂水在塔内的填料表面逆流接触，由于溶解度的差异，混合气体中的易溶组分 CO_2 被吸收剂水吸收，从而实现混合气体的分离。

一般CO_2在水中的溶解度很小，即使预先将一定量的CO_2气体通入空气中混合以提高空气中的CO_2浓度，水中的CO_2含量仍然很低，所以吸收的计算方法可按低浓度来处理，并且此体系CO_2气体的吸收过程属于液膜控制。因此，本实验主要测定K_xa、N_{OL}和H_{OL}。

1. 填料层高度的计算

根据吸收传质推动力公式，填料层高度Z为

$$Z=\int_0^Z \mathrm{d}z=\frac{L}{K_xa}\int_{x_2}^{x_1}\frac{\mathrm{d}x}{x^*-x}=H_{OL}N_{OL} \tag{10-1}$$

式中 Z——填料层高度，m，实验装置中填料吸收塔的填料层总高为1.7m；

L——吸收剂水的摩尔流率，mol/（m^2·s）；

K_xa——以Δx为推动力的液相总体积传质系数，mol/（m^3·s）；

x_1——塔底液相组成，摩尔分数；

x_2——塔顶液相组成，摩尔分数；

x——吸收塔内任意截面处的液相组成，摩尔分数；

x^*——吸收塔内与气相组成y相平衡的液相平衡组成，摩尔分数；

H_{OL}——液相总传质单元高度，m；

N_{OL}——液相总传质单元数，无量纲数。

吸收因数$A=\dfrac{L}{mG}$，则

$$N_{OL}=\frac{1}{1-A}\ln\left[(1-A)\frac{y_1-mx_2}{y_2-mx_2}+A\right] \tag{10-2}$$

$$K_xa=\frac{L}{Z}\int_{x_2}^{x_1}\frac{\mathrm{d}x}{x^*-x}=\frac{L}{Z}N_{OL} \tag{10-3}$$

式中 G——进塔混合气体的摩尔流率，mol/（m^2·s）；

m——相平衡常数，无量纲数；

y_1——塔底气相组成，摩尔分数；

y_2——塔顶气相组成，摩尔分数。

因为本实验是低浓度吸收，因此，本实验的平衡关系可写成

$$y^*=mx \tag{10-4}$$

其中

$$m=\frac{E}{p} \tag{10-5}$$

式中 y^*——吸收塔内与液相组成x相平衡的气相平衡组成，摩尔分数；

p——塔内操作压力，kPa（可近似取大气压）；

E——亨利系数，kPa，根据液相温度 t 由下式计算而得。

$$E=(0.0002t^2+0.031t+0.7305)\times1000\times101.3 \tag{10-6}$$

2. 组成和测定方法

（1）利用二氧化碳分析仪测得塔底和塔顶的气相摩尔组成 y_1 和 y_2。

（2）塔底、塔顶液相组成 x_1、x_2 的确定：当自来水作为吸收剂时，x_2=0，因此，x_1 可根据全塔物料衡算公式确定

$$G(y_1-y_2)=L(x_1-x_2) \tag{10-7}$$

三、实验操作步骤和注意事项

1. 二氧化碳分析仪的使用

二氧化碳分析仪是智能型气体检测仪，具体参数设置和使用方法详见说明书。

2. 孔板流量计的使用

孔板流量计是用以检测混合气的流量，具体使用方法详见说明书。

3. 气体钢瓶的使用

（1）在钢瓶上装上配套的减压阀，检查减压阀是否关紧。

（2）打开钢瓶总阀（逆时针方向为开启），此时高压表显示出瓶内储气总压力。

（3）减压阀的开关方向与普通阀门的开关方向相反（顺时针方向为开启），缓慢地顺时针转动减压阀的调压手柄，至低压表显示出实验所需压力为止。

（4）停止使用时，先关钢瓶总阀，待减压阀中的余气逸尽后，再关闭减压阀。

（5）气体钢瓶的使用注意事项

① 钢瓶应置于阴凉、干燥、远离热源的地方。

② 搬移钢瓶时要小心轻放，钢瓶帽要旋上，避免在运输装卸过程中撞坏阀门，造成事故。

③ 使用时应装上减压阀和压力表。

④ 不要让油污或易燃有机物沾染到气瓶上。

⑤ 打开钢瓶总阀时，不要将头或身体正对钢瓶总阀，防止阀门或压力表冲出伤人。

⑥ 保持钢瓶瓶底干燥。

⑦ 使用前应仔细检查钢瓶的安全性能，钢瓶检验超过有效期应拒绝使用。

4. 实验操作步骤

（1）熟悉实验流程、使用方法及注意事项。

（2）全关阀门 F101。将储水箱 V101 的加水口与自来水连接，加水至 2/3 处；将填料吸收塔 T101 的排水口与排水沟连接。

（3）连接电源，打开电控箱上的“电源总开关”，点击【启动】按钮，给设备通上电。

（4）打开阀门 F102、F105、F108。把“HMI”旋钮开关打至“开”档，启动触摸屏。

在触摸屏的窗口上点击【实验操作】按钮，进入“实验工艺流程操作”窗口；点击水泵【P101】按钮，启动水泵 P101，让水进入填料吸收塔 T101 润湿填料，仔细调节阀 F105，使涡轮流量计 FI101 流量稳定在某一数值，同时通过对阀 F107 和阀 F109 的组合调节，控制填料吸收塔 T101 的塔底液位在一定高度（以液位计最低处与混合气进口处之间为宜），以免塔底液封柱过高溢满或过低而漏气（建议实验范围为 CO_2：4 ～ 6mL/min；空气：6 ～ 11m^3/h；CO_2：2% ～ 3%；水：600 ～ 800L/h）。

（5）在“工艺流程操作”窗口上点击风机【P102】按钮，启动风机 P102，仔细调节气体流量调节阀 F103，使孔板流量计 FI102 稳定在某一数值。

（6）打开二氧化碳钢瓶总阀，并缓慢调节钢瓶的减压阀（注意减压阀的开关方向与普通阀门的开关方向相反，顺时针为开，逆时针为关，旋紧为增大出口压力，旋松为减小出口压力），使其压力稳定在 0.2MPa 左右。

（7）仔细调节二氧化碳转子流量计的阀门，使二氧化碳的流量稳定在某一数值。

（8）待填料吸收塔 T101 操作稳定后，依照记录表，记录各参数。同时在“工艺流程操作”窗口上点击取样【启动】按钮，通过二氧化碳分析仪分析塔顶、塔底气相组成（摩尔分数）并记录下来。

（9）改变实验相关流量，进行下一组实验（一般实验做法，固定进水量，改变进气浓度，取一组数据；固定进气浓度，改变进水量，取一组数据）。

（10）测定 2 ～ 3 组数据之后，将数据记录至表 10-1，以供后面实验数据处理时调用。

（11）实验完毕，调节水、二氧化碳、混合气流量计的读数至零，关闭水泵、风机、仪表电源及总电源，放空塔釜中的水，关闭二氧化碳钢瓶减压阀、总阀，清理实验场地。

5. 注意事项

（1）实验之前确保所有电源开关均处于“关”的位置。

（2）确认无误后，方能通电。

（3）在投运之前，请先检查管道及阀门是否已按实验指导书的要求打开。

（4）泵严禁空转，空转易造成泵损坏。

（5）小心操作，切勿乱扳硬拧，严防损坏仪表。

（6）电机运行时，严禁触碰，以免对人体造成损伤。

（7）严格遵守实验室有关规定。

（8）打开二氧化碳钢瓶总压之前，确定减压阀处于关闭状态，打开后，控制减压阀的压力为 0.2MPa，不能过高。

（9）操作条件改变后，需要有较长的稳定时间（大约 10min），尽量等到系统稳定后再读取有关数据。

四、实验数据记录

专　业________________ 姓　名______________ 学　号____________

日　期________________ 地　点______________ 装置号____________

同组同学____

表 10-1　实验数据记录表

塔径 D:　　　　　m；　　　　填料层高度 Z:　　　　　m

序号	1	2	3
混合气流量 FI102/（m^3/h）			
混合气温度 TI101/℃			
混合气表压 /kPa			
二氧化碳流量 /（L/min）			
二氧化碳表压 /kPa			
吸收剂流量 FI101/（L/h）			
吸收剂温度 TI102/℃			
塔顶、底压差 /cmH_2O			
塔底气相组成 y_1/%（摩尔分数）			
塔顶气相组成 y_2/%（摩尔分数）			
塔顶液相组成 x_2/%（摩尔分数）			

五、实验报告

1. 根据实验数据记录表，计算本次实验的液相总传质单元数 N_{OL}、液相总传质单元高度 H_{OL} 和总体积吸收系数 K_xa。

2. 列出一组完整的计算示例。

3. 比较不同气体空塔速度和液体喷淋密度下的 K_xa、N_{OL} 和 H_{OL} 值，讨论气体空塔速度和液体喷淋密度变化对 K_xa、N_{OL} 和 H_{OL} 的影响。

4. 对得到的实验结果进行分析讨论。

六、思考题

1. 本实验中，为什么塔底要有液封？液封的高度应如何计算？

2. 测定 K_xa 工程意义是什么？

3. 当气体温度和液体温度不同时，应用什么温度计算亨利系数？

4. 为什么二氧化碳吸收过程属于液膜控制？

第十一章

干燥特性曲线测定实验

第一节

概述

一、实验装置组成

实验装置如图 11-1 所示，由离心风机、孔板流量计、温度控制单元、干燥室、重量测量单元、空气流量组合调节阀和不锈钢进、出管道等组成。

二、实验装置工艺流程

空气从离心风机 P101 吸入，经孔板流量计 FI101 计量、在预热室 E101 处经电加热到设定温度 T1 后，将热能供给待干燥物料，完成干燥过程，然后一部分空气通过废气排放阀 F2 直接排放至大气，另一部分空气通过废气循环阀 F2 作循环使用，通过调节空气补充阀 F3 可改变干燥介质空气中新鲜空气所占的比例。在干燥室的进、出口处分别装有空气进口干球温度 TI102、空气进口湿球温度 TI103 和空气出口干球温度 TI104。装在干燥室下方的重量传感器 WI101 和装在干燥室内的物料干燥盘 T1 直接相连，可以实时测定干燥物料在干燥过程中的重量变化；空气流量由孔板流量计 FI101 测量，并通过废气排放阀 F1、循环空气控制阀 F2 和新鲜空气补充阀 F3 的组合调节来改变流量，空气进口温度可通过手动的方式在温控仪上自行设定而由温度控制器自动控制。实验装置的干燥室面积为 $0.17m^2$，待测的空气温度、流量和物料的重量均可在智能仪表或计算机上读取。

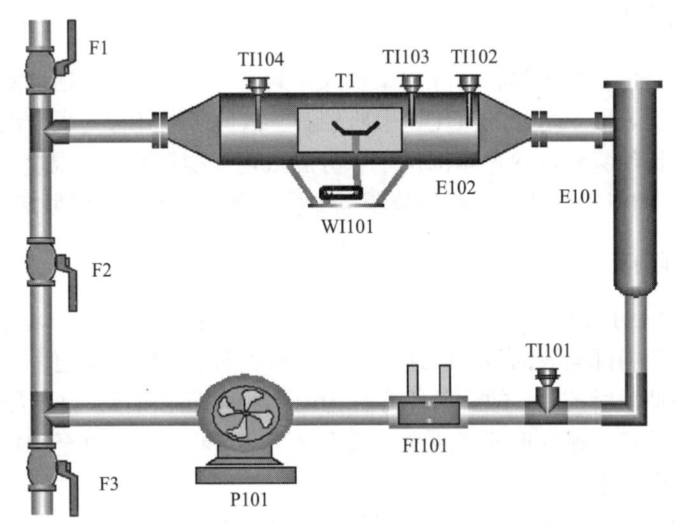

图 11-1　干燥特性曲线测定实验装置流程示意图

P101—离心风机；FI101—孔板流量计；TI101—孔板流量计处温度；E101—预热室；E102—干燥室；WI101—重量传感器；T1—物料干燥盘；TI102—干燥室进口干球温度；TI103—干燥室进口湿球温度；TI104—干燥室出口干球温度；F1—废气排放阀；F2—废气循环阀；F3—空气补充阀

本章以 THXDG-1 型洞道干燥实验装置为例介绍干燥实验，如图 11-1 所示。

第二节

干燥特性曲线测定实验操作

一、实验目的

1. 了解洞道式干燥装置的结构及其操作方法；

2. 了解智能仪表及重量、温度、流量等传感器的使用方法；

3. 测定物料在恒定干燥条件下的干燥特性，作出干燥特性曲线（$X\sim\tau$，$U\sim X$），并求出临界含水量 X_c、平衡含水量 X^* 及恒速阶段的干燥速度 $U_{恒速}$；

4. 改变气温或气速等操作条件，测定不同空气参数下的干燥特性曲线，求出各自的临界含水量、平衡含水量及恒速阶段的干燥速度。

二、实验原理

当湿物料与干燥介质相接触时，物料表面的水分开始汽化，并向周围介质传递。根据过程中不同期间的特点，干燥过程主要可分为以下两个阶段。

1. 恒速干燥阶段

在过程开始时，由于整个物料的湿含量较大，其内部的水分能迅速地到达物料表面，因此，干燥速率为物料表面上水分的汽化速率所控制，故此阶段亦称为表面汽化控制阶段，在此阶段，干燥介质传给物料的热量全部用于水分的汽化，物料表面的温度维持恒定（等于热空气湿球温度 t_w），物料表面处的水蒸气分压也维持恒定，故干燥速率恒定不变。

2. 降速干燥阶段

当物料湿含量降到临界湿含量 X_c 以下后，便进入降速干燥阶段。此时，物料中所含水分较少，水分自物料内部向表面传递的速率低于物料表面水分的汽化速率，干燥速率为水分在物料内部的传递速率所控制，故此阶段亦称为内部迁移控制阶段。随着物料湿含量逐渐减少，物料内部水分的迁移速率也逐渐减少，故干燥速率不断下降，直至物料含水量达到该空气状态下的物料平衡含水量 X^*。

影响恒速阶段干燥速率和临界含水量的因素很多，主要包括待干燥物料的种类和性质；待干燥物料层的厚度或颗粒大小；空气的温度、湿度和流速；空气与固体物料间的相对运动方式等。为了减少影响因素，将湿物料在恒定干燥条件下（即干燥介质空气的温度、湿度、流速以及与物料接触的方式均维持恒定）进行干燥。实验中，通过测定待干燥物料的重量随干燥时间的变化过程，即可求得物料湿含量 X 与干燥时间 τ 的关系，将数据加以整理可得物料的干燥速率曲线 $U \sim X$。

三、实验测定方法

1. 干燥速率的测定

单位时间内，单位干燥面积上汽化的水分量称为干燥速率，以 U 表示，其数学表达式为

$$U = \frac{\mathrm{d}W}{S\mathrm{d}\tau} = -\frac{G_c \mathrm{d}X}{S\mathrm{d}\tau} = -\frac{G_c}{S} \times \frac{\Delta X}{\Delta \tau} \tag{11-1}$$

式中 U——干燥速率，kg 水 /（$m^2 \cdot s$）；

W——汽化的水分量，kg；

S——干燥面积，m^2；

τ——干燥时间，s；

X——物料的干基含水量，kg 水 /kg 绝干物料；

G_c——绝干物料质量，kg 绝干物料。

2. 物料干基含水量的测定

干基含水量的定义为以 1kg 绝干物料为基准时湿物料中水分的含量，以 X 表示，单位为 kg 水 /kg 绝干物料，其表达式为

$$X = \frac{\text{湿物料中水分的质量}}{\text{湿物料中绝干物料的质量}} \tag{11-2}$$

$$X_i = \frac{G_i - G_c}{G_c} \tag{11-3}$$

式中　X_i——物料在 τ_i 时刻的干基含水量，kg 水 /kg 绝干物料；

G_i——τ_i 时刻对应的物料重量（不包括附件重），kg；

G_c——绝干物料重量（不包括附件重），kg。

根据实验测出不同时刻物料重量与时间的关系曲线 $G_i \sim \tau_i$，按式（11-3）可得 τ_i 时刻所对应的 X_i 值，据此即可在直角坐标纸上作出干燥曲线 $X \sim \tau$，如图 11-2 所示，在 $X \sim \tau$ 曲线上再取若干代表性的点，根据 $X \sim \tau$ 曲线的拟合曲线方程，求出这些点所对应的斜率 $\frac{dX}{d\tau}$，按照式（11-2）即可求出这些点对应的干燥速度 U_i，然后根据 U_i 和 X_i 的值，在直角坐标纸上绘出干燥速率曲线 $U \sim X$，从 $U \sim X$ 图中可以直接读出恒定干燥速度 U 恒速、临界含水量 X_c 以及平衡含水量 X^*，如图 11-3 所示。

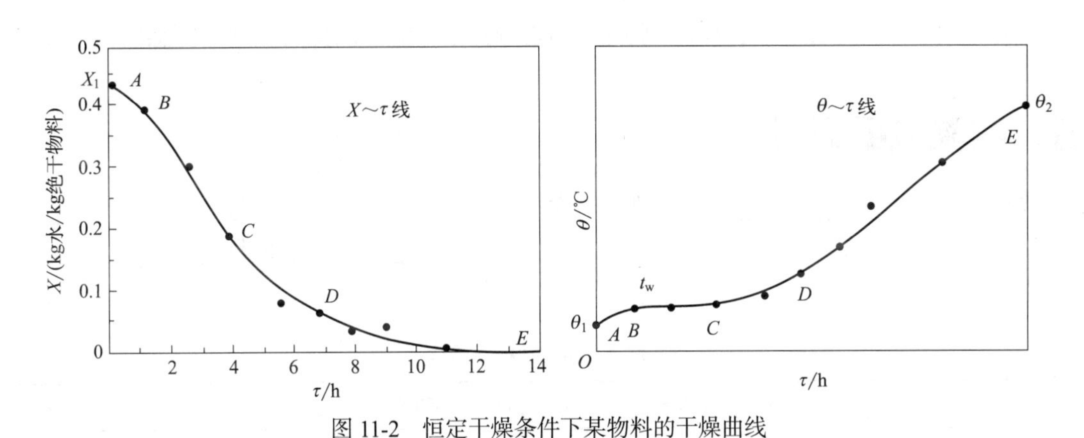

图 11-2　恒定干燥条件下某物料的干燥曲线

四、实验操作步骤和注意事项

1. 实验操作步骤

（1）将干燥物料放入水中完全浸湿。

（2）调节废气循环阀 F2 到全开的位置后，将离心风机吸入口的空气补充阀 F3 和废气排出阀 F1 调到合适的开度（一般均选择在中间档）。

（3）开启仪表柜上的电源总开关和智能仪表的电源开关，在智能仪表上设定干燥恒定温度 TI102。

（4）当干燥恒定温度稳定在设定值的 ±3.0℃以内时，可认为系统已达稳定，用重量传感器 WI101 测定出支架 T1 的重量并记录，同时将干燥室内湿球温度计下方的水杯加满水，注意加水时，不要碰到干燥盘，以便损坏重量传感器。

（5）把充分浸湿的干燥物料放置在与重量传感器相连的物料干燥盘上，并保持与气流平行。

（6）记录称重传感器的读数与采样时间（建议采样间隔时间 30s）至表 11-1。

（7）当干燥物料重量不变时，表示该实验条件下的干燥过程已结束。

（8）实验结束后，关闭电加热开关，待干燥室内的空气温度下降到50℃以下时，关闭离心风机开关，再关闭电源开关。

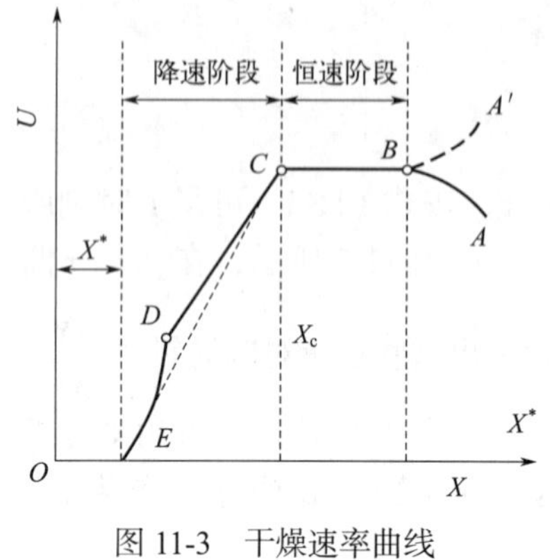

图 11-3　干燥速率曲线

2. 注意事项

（1）重量传感器的量程为（0～300g），精度较高。在放置干燥物料时务必要轻拿轻放，以免损坏仪表。

（2）干燥器内必须有空气流过时才能开启加热，否则有可能干烧，损坏加热器，出现事故。

（3）干燥物料要充分浸湿，但不能有水滴自由滴下，否则将影响实验数据的正确性。

（4）实验过程中，不要改变温控仪、智能仪表等仪表的设置。

（5）注意给湿球温度计的水杯加水时，不要碰到干燥盘，以免损坏重量传感器。

五、实验数据记录

专　　业__________　姓　　名__________　学　号__________

日　　期__________　地　　点__________　装置号__________

同组同学____________________

表 11-1　实验数据记录表

物料绝干重量 G_c=________ g；物料干燥面积 S=________ m^2

序号	干燥时间 τ/s	WI101 G/g	TI101 T_0/℃	TI102 T_2/℃	TI104 T_4/℃	孔板压差 Δp/kPa
1						
2						
3						
4						
5						
6						
7						
8						
9						
10						

六、实验报告

1. 根据实验数据记录表，用列表法列出本次实验在某一实验条件下的 τ、X 和 U 的各计算值；

2. 列出一组完整的计算示例；

3. 根据实验结果，在不同的直角坐标纸上绘制出干燥曲线 $X \sim \tau$ 和干燥速率曲线 $U \sim X$，并得出恒定干燥速率 $U_{恒速}$、临界含水量 X_c、平衡含水量 X^*；

4. 对得到的实验结果进行分析讨论。

七、思考题

1. 在其他条件不变的情况下，增加风速，干燥速率曲线如何变化?

2. 试分析空气流量或温度的改变对临界含水量的影响。

3. 什么是恒定干燥条件? 本实验装置中采取了哪些措施来保持干燥过程在恒定干燥条件下进行?

第十二章

振动筛板塔萃取实验

第一节 概述

本实验以 THXCQ-2 型振动筛板塔萃取实验装置为例介绍实验内容。

液 - 液萃取与精馏、吸收均属于相际传质操作，它们之间有不少相似之处，但由于在液 - 液系统中，两相的密度差和界面张力均较小，因而影响传质过程中两相充分混合。为了促进两相的传质，在液 - 液萃取过程常常要借用外力将一相强制分散于另一相中（如利用外加脉冲的脉冲塔、利用塔盘旋转的转盘塔、利用振动塔盘的筛板塔等）。

本装置以振动筛板塔萃取为主体设备进行设计，可进行液 - 液萃取方面的相关教学及实验。

一、实验装置组成

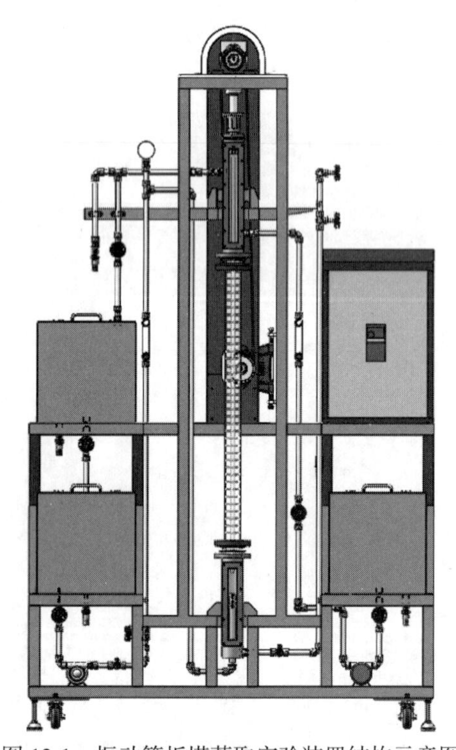

图 12-1　振动筛板塔萃取实验装置结构示意图

振动筛板塔萃取实验装置结构示意如图 12-1 所示，主要由往复式振动筛板萃取塔、萃余相储槽、轻相储槽、重相储槽、轻相泵、重相泵、轻相转子流量计、重相转子流量计、调速电机及不锈钢进出口管道、温度测量仪表和压力测量仪表等组成。

二、实验装置工艺流程

本实验装置工艺流程示意如图 12-2 所示，主要设备为往复式振动筛板萃取塔。它是一种外加能量的高效液 - 液萃取设备。本实验所用的往复式振动筛板萃取塔塔身和塔板通过电动机和曲柄可以往复运动。重相经转子流量计进入塔顶，轻相经转子流量计进由 ϕ50mm，长 1000mm 玻璃管做成的筛板塔底。塔上下两端各有一个扩大沉降室，其作用是延长每相在沉降室内的停留时间，有利于两相分离。重相由贮槽经流量计进入塔顶，轻相用泵由贮槽流经流量计送入塔底。

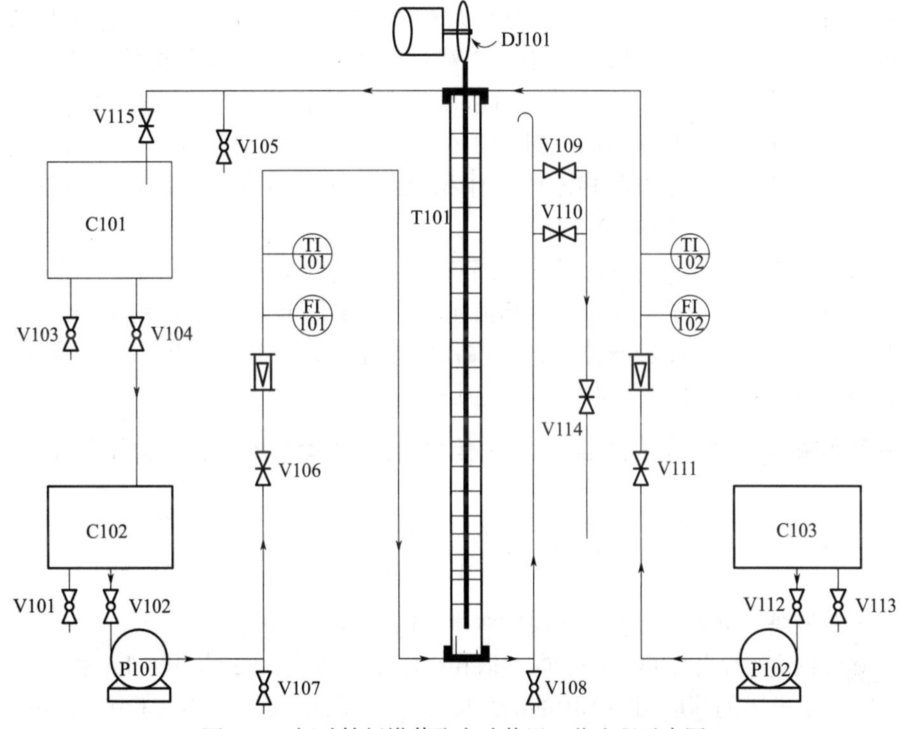

图 12-2　振动筛板塔萃取实验装置工艺流程示意图

T101—振动筛板萃取塔；C101—萃余相储槽；C102—轻相储槽；C103—重相储槽；P101—轻相泵；P102—重相泵；FI101—轻相转子流量计；FI102—重相转子流量计；DJ101—调速电机；TI101，TI102—热电阻；V105，V107，V108—取样阀

第二节

振动筛板塔萃取实验操作

一、实验目的

1. 了解振动筛板萃取塔的结构和特点；

2. 掌握液 - 液萃取实验操作的工艺流程；
3. 测定不同转速时萃取塔的传质单元数、传质单元高度及总传质系数；
4. 掌握测定萃取效率的方法。

二、实验原理和方法

本实验以水为萃取剂，从煤油中萃取苯甲酸，苯甲酸在煤油中的浓度约为0.2%（质量分数）。水相为萃取相（用字母E表示，又称连续相或重相），煤油相为萃余相（用字母R表示，又称分散相或轻相）。在萃取过程中苯甲酸部分地从萃余相转移至萃取相。萃取相及萃余相的进出口浓度由容量分析法测定。考虑水与煤油是完全不互溶的，且苯甲酸在两相中的浓度都很低，可认为在萃取过程中两相液体的体积流量不发生变化。萃取塔物料进塔平衡图如图12-3所示。

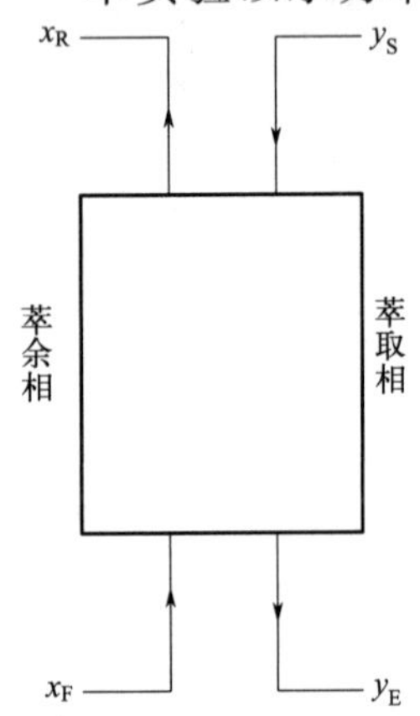

图 12-3 萃取塔物料进塔平衡图

萃取塔的分离效率可以用传质单元高度或理论级当量高度表示。在轻重两相流量固定的条件下，增加振动筛板的速度，可以促进液体分散，改善两相流动条件，提高传质效果和萃取效率，降低萃取过程的传质单元高度。

1. 按萃取相为基准的传质单元数、传质单元高度和体积总传质系数

传质单元数

$$N_{OE}=\int_{y_S}^{y_E}\frac{dy}{y^*-y}=\frac{y_E-y_S}{\Delta y_m} \tag{12-1}$$

式中 y——萃取塔内某处萃取相中溶质的浓度，kg 苯甲酸 /kg 水；

y^*——与相应萃余相浓度成平衡的萃取相中溶质的浓度，kg 苯甲酸 /kg 水；

y_S——表示进塔的萃取相中苯甲酸的浓度，kg 苯甲酸 /kg 水，本实验中 $y_S=0$；

y_E——表示出塔的萃取相中苯甲酸的浓度，kg 苯甲酸 /kg 水；

Δy_m——表示萃取相的对数平均催动力，kg 苯甲酸 /kg 水。

$$\Delta y_m=\frac{(y_F^*-y_E)-(y_R^*-y_S)}{\ln\dfrac{y_F^*-y_E}{y_R^*-y_S}} \tag{12-2}$$

式中 y_F^*——表示与进塔的萃余相浓度成平衡的萃取相中溶质的浓度，kg 苯甲酸 /kg 水；

y_R^*——表示与出塔的萃余相浓度成平衡的萃取相中溶质的浓度，kg 苯甲酸 /kg 水。

于是根据 $H=H_{OE}\times N_{OE}$ 可计算出以萃取相为基准的传质单元高度。

传质单元高度

$$H_{OE}=\frac{H}{N_{OE}} \tag{12-3}$$

式中 H——萃取塔的有效接触高度，m，本实验中 H=0.9m；

H_{OE}——萃取相为基准的总传质单元高度，m，表示设备传质性能的好坏程度；

N_{OE} ——萃取相为基准的总传质单元数，无量纲数，表示过程分离的难易程度。

体积总传质系数

$$K_Y a = \frac{S}{H_{OE} \times A} \tag{12-4}$$

式中　S——萃取相中纯溶剂的流量，kg 水 /h；

A——萃取塔的截面积，m^2；

$K_Y a$——按萃取相计算的体积总传质系数，kg/（m^3 • h）。

2. 萃取塔效率的计算

$$\eta = \frac{Fx_F - Rx_R}{Fx_F} \tag{12-5}$$

式中　F ——进塔的原料液流量，kg 煤油 /h；

R ——出塔的萃余相流量，kg 煤油 /h；

x_F ——表示进塔的萃余相中溶质的浓度，kg 苯甲酸 /kg 煤油；

x_R ——表示出塔的萃余相中溶质的浓度，kg 苯甲酸 /kg 煤油。

由于本装置进塔的萃余相流量可看作近似等于出塔的萃余相流量，即 $F=R$，所以

$$\eta = \frac{x_F - x_R}{x_F} \times 100\% \tag{12-6}$$

3. 组成浓度的测定

对于煤油 - 苯甲酸 - 水体系，采用酸碱中和滴定的方法测定 x_F、x_R。

$$x = \frac{NcV_2}{\rho_{油} V_1} \tag{12-7}$$

式中　x——进塔的萃余相 x_F、出塔的萃余相 x_R，kg 苯甲酸 /kg 煤油；

N——苯甲酸的摩尔质量，g/mol，本实验 N=122 g/mol；

c——氢氧化钠的浓度，mol/L；

V_1——进塔（或出塔）的萃余相的滴定量，mL，本实验取滴定量为 20mL；

V_2——氢氧化钠的滴定量，mL；

$\rho_{油}$——煤油的密度，kg/m^3。

根据物料平衡原理，则萃取相中苯甲酸的浓度为

$$y_E = \frac{F(x_F - x_R)}{S} \tag{12-8}$$

式中　y_E——表示出塔的萃取相中溶质的浓度，kg 苯甲酸 /kg 水。

4. 萃余相流量的修正

$$Q_{油} = Q_N \sqrt{\frac{(\rho_f - \rho_S)\rho_N}{(\rho_f - \rho_N)\rho_S}} \tag{12-9}$$

式中 $Q_{油}$——实际的流量值，L/h；

Q_N——流量计的读数示值，L/h；

ρ_f——浮子密度，kg/m^3，本实验装置用流量计的浮子密度为 $7900kg/m^3$；

ρ_N——$\rho_{水}$，20℃时水的密度，kg/m^3；

ρ_S——$\rho_{油}$，被测介质的密度，kg/m^3。

则 $F=R=\rho_{油}Q_{油}$，$S=\rho_{水}Q_{水}$由此可计算出萃余相和萃取相的质量流量。

5. 苯甲酸在水和煤油中的平衡浓度曲线

20℃苯甲酸在水和煤油中的平衡浓度曲线如图 12-4 所示。其平衡浓度曲线方程为

$$y=0.6431x+0.002 \tag{12-10}$$

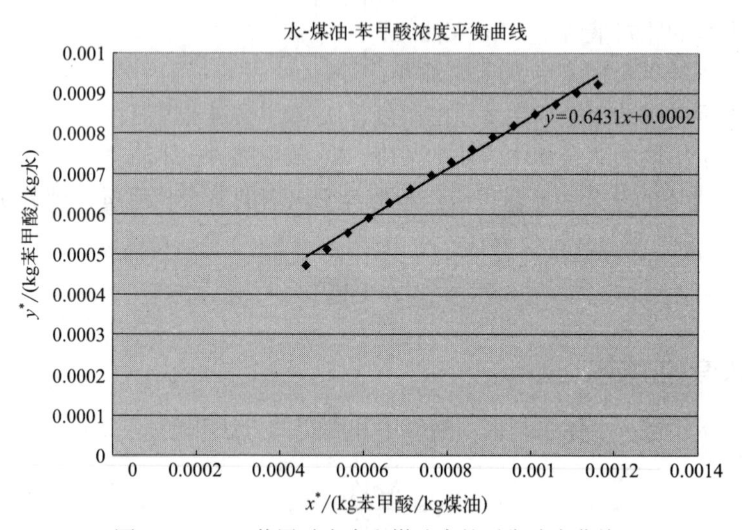

图 12-4　20℃苯甲酸在水和煤油中的平衡浓度曲线

三、实验操作步骤和注意事项

1. 准备工作

（1）酚酞指示液配制　取酚酞 0.25g，加无水乙醇 25mL 使其溶解。

（2）0.01mol/L 氢氧化钠标准溶液配定。

（3）溶液配制　取 4.2g 氢氧化钠固体溶于 250mL 蒸馏水中，充分溶解后，密封静置澄清 2h 以上。移取上层清液 25mL 至容量瓶中，定容至 1L。

（4）溶液标定　取在 105℃干燥至恒重（干燥 1h）的基准邻苯二甲酸氢钾约 0.05g，精密称定，加蒸馏水 50mL，振摇，使其完全溶解，加酚酞指示液 2 滴，用氢氧化钠溶液滴定，滴定至溶液显粉红色。每 1mL 氢氧化钠滴定液（0.01mol/L）相当于 2.042mg 的邻苯二甲酸氢钾。根据氢氧化钠溶液的消耗量与邻苯二甲酸氢钾的取用量，算出氢氧化钠溶液的浓度，以备后用。

（5）萃取溶液的配制　称取 30kg 煤油，加入 65g 苯甲酸，加到萃余相储槽中，搅拌

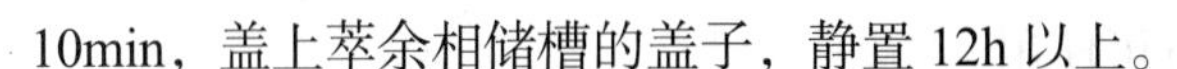

10min，盖上萃余相储槽的盖子，静置 12h 以上。

（6）煤油密度的测定　用密度计测定煤油的密度。由于煤油的组分差异，其密度不尽相同，所以实验前需测定煤油的密度，以备进行煤油的流量修正。

（7）开启阀 V104，将配制好的煤油溶液加到轻相储槽中，向重相储槽中加入 40L 水。

2. 实验步骤

（1）将阀 V114 的出口处用水管接入排水沟。

（2）全开阀 V111、V112，开启 P102，全开 FI102，将连续相水送入塔内，当塔内液面升至重相入口和轻相出口中点附近时，将水流量调至某一指定值（如 10L/h）。

（3）将调速器速度旋钮调至最小，开启调速器按钮开关，然后缓慢调节转速至设定值（如 350r/min）。

（4）开启阀门 V102、V106，开启 P101，调节 FI101 轻相转子流量计，将油相流量调至设定值（如 10 L/h）送入塔内。

（5）调节阀 V109、V110，使塔顶油水分离界面的位置保持稳定，分界层中油层（塔上端）高度保持在 60 ～ 150mm 之间，以免重相混入萃余相储槽中。

（6）操作稳定半小时后，打开阀 V105，用锥形瓶收集萃余相出口样品①约 50mL；打开阀 V107，用锥形瓶收集萃余相进口样品②约 50mL。

（7）用移液管分别移取样品①、②各 20mL，以酚酞为指示剂，用配制的 NaOH 标准溶液滴定样品中苯甲酸的含量，滴定时剧烈摇动，当溶液呈粉红色并保持 30s 不褪色时即为滴定终点，同时将各实验数据记录到实验数据记录表 12-1 ～表 12-3 中。

（8）取样后，可改变振动筛板转速，进行下一个实验点的测定。

（9）实验完毕后，关闭泵 P101、P102，关闭所有阀门。将调速器调至零位，使调速电机停止转动，切断电源。关闭阀门 V102、V112，滴定分析过的煤油应集中存放回收。洗净分析仪器，整理实验台。

（10）如长时间不使用，开启阀门 V108，排出装置中的液体，并收集起来存放回收。

3. 注意事项

（1）必须了解装置上各部件的作用和使用方法，方可进行实验操作。

（2）定期向各轴承处加润滑油，以减少设备在使用过程中的机械磨损。

（3）调节电机转速时一定要小心谨慎，慢慢升速，切忌不能增速过猛而使电机产生“飞转”而损坏设备。电机转速不能高于 350r/min，对于煤油 - 水 - 苯甲酸物系，建议在 100 ～ 300r/min 内操作。

（4）由于分散相和连续相在塔顶、塔底滞留很大，改变操作条件后，稳定时间一定要足够长，大约半小时，否则误差极大。

（5）轻相泵、重相泵切忌空转，请先排气，并注意轻相储槽、重相储槽不能抽干。

（6）在操作过程中，要绝对避免塔顶的两相界面在轻相出口以上，否则会导致水相混入油相储槽。

（7）以水为连续相，煤油为分散相时，相界面在塔顶。

（8）煤油的实际体积流量并不等于流量计的读数。需用煤油的实际流量数值时，必须用流量修正公式对流量计的读数进行修正后方可使用。

（9）煤油流量不要太小或太大，建议水和煤油流量取 10L/h。

四、实验数据记录

专　业＿＿＿＿＿＿　姓　名＿＿＿＿＿＿　学　号＿＿＿＿＿＿

日　期＿＿＿＿＿＿　地　点＿＿＿＿＿＿　装置号＿＿＿＿＿＿

同组同学＿＿＿＿＿＿＿＿＿＿＿＿＿＿＿＿＿＿＿＿

表 12-1　常规数据记录表

标准碱 NaOH 浓度 c_{NaOH} /（mol/L）	萃取剂密度 $\rho_{水}$/（kg/m^3）	煤油密度 $\rho_{油}$/（kg/m^3）	流量计转子密度 ρ_f/（kg/m^3）	有效萃取高度 H/m	塔底原料液取样体积 /mL	塔顶萃余相取样体积 /mL

表 12-2　实验数据记录表

序号	萃取剂进塔温度 $t_{水}$/℃	原料液进塔温度 $t_{油}$/℃	振动筛板转速 n/（r/min）	水转子流量计读数 /（L/h）	煤油转子流量计读数 /（L/h）	塔底原料滴定消耗的 NaOH 体积 /mL	塔顶萃余相滴定消耗的 NaOH 体积 /mL
1							
2							
3							
4							
5							
6							
7							

表 12-3　最终实验结果

序号	对数平均推动力 Δy_m/（kgA/kgS）	传质单元数 N_{OE}	传质单元高度 H_{OE}/m	体积传质系数 K_{ya}/［kg/（m^3·h）］	萃取效率 η/%
1					
2					
3					
4					
5					
6					
7					

五、实验报告

1. 根据实验数据记录表，计算在不同条件下的传质单元数、传质单元高度、体积总传质系数和萃取的效率。

2. 列出一组完整的计算示例。

3. 根据实验数据分析转速的变化对传质的影响。

六、思考题

1. 在萃取过程中选择连续相、分散相的原则是什么?

2. 在萃取塔操作中，重相一定是连续相，轻相一定是分散相吗?

3. 分析萃取分离过程的优缺点。

第十三章

膜分离实验

第一节

概述

以 THXMF-3 型多功能膜分离实验装置为例介绍膜分离实验。膜分离是在 20 世纪初出现，20 世纪 60 年代后迅速崛起的一门分离新技术。膜分离技术由于兼有分离、浓缩、纯化和精制的功能，又有高效、节能、环保、分子级过滤及过滤过程简单、易于控制等特征，目前已广泛应用于食品、医药、生物、环保、化工、冶金、能源、石油、水处理、电子、仿生等领域，产生了巨大的经济效益和社会效益，已成为当今分离科学中最重要的手段之一。本装置综合了反渗透（RO）、纳滤（NF）及超滤（UF）三种以压力差为推动力的膜分离工艺，进行相应的膜分离实验。

一、实验装置组成

本实验装置如图 13-1 所示，主要由工艺设备和控制系统组成。工艺设备主要由原水箱、清水箱、进料泵、增压泵、流量计、反渗透膜、纳滤膜、超滤膜、微滤装置、粗滤器、活性炭吸附器等组成。控制系统主要由电导率仪、触摸屏、PLC、变频器等组成。

二、实验装置工艺流程

膜分离装置工艺流程如图 13-1 所示，实验装置中原水箱 1 的水由进料泵 3 经过电导率仪 5、流量计 6 输送到各初滤装置石英砂过滤柱 7、活性炭吸附柱 8、微滤膜组件 9，再经过超滤膜组件 10，通过增压泵 4 可分别进入纳滤膜组件 11 和反渗透膜组件 12，过滤清水经过电导率仪 5 到清水箱 2，浓水返回原水箱 1。清洗实验时，把过滤清水从清水箱 2 通过进料泵 3、电导率仪 5 进入各膜组件进行清洗。

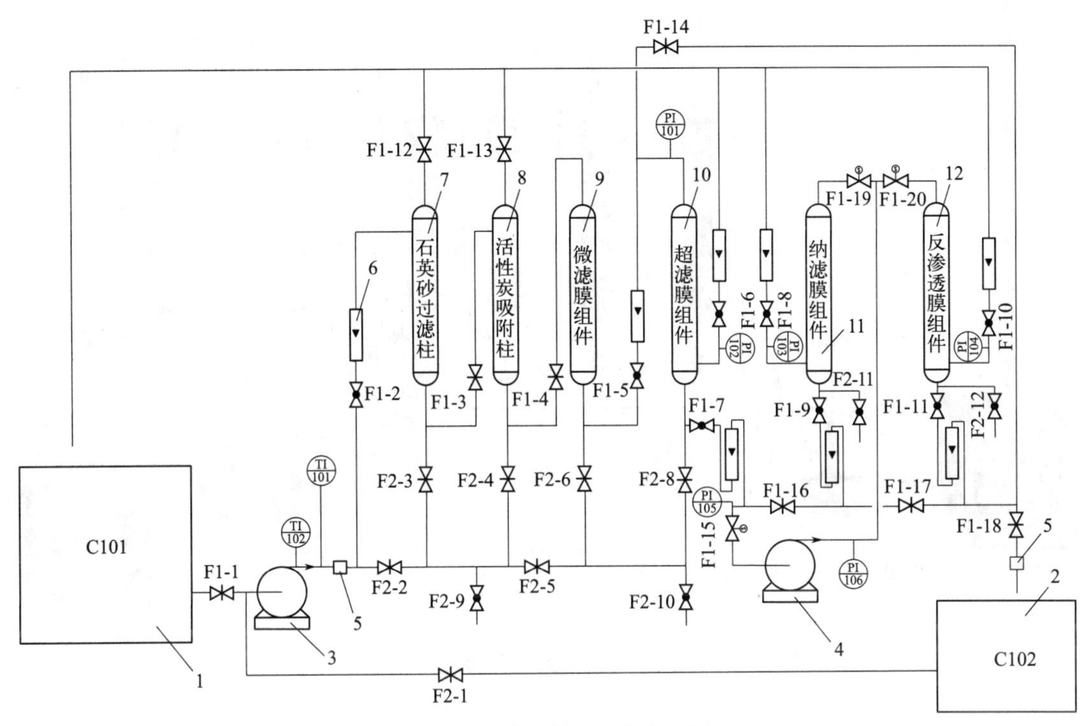

图 13-1 膜分离装置工艺流程图

1—原水箱；2—清水箱；3—进料泵；4—增压泵；5—电导率仪；6—流量计；7—石英砂过滤柱；8—活性炭吸附柱；9—微滤膜组件；10—超滤膜组件；11—纳滤膜组件；12—反渗透膜组件

第二节

超滤膜组件分离实验

一、实验目的

1. 了解超滤膜组件的结构及其工作原理，加深对超滤膜组件的理解；
2. 掌握超滤膜组件分离的工作原理及操作过程；
3. 学会分析流量、压力等因素对超滤膜组件分离效果的影响。

二、实验装置

膜分离实验装置如图 13-2 所示。

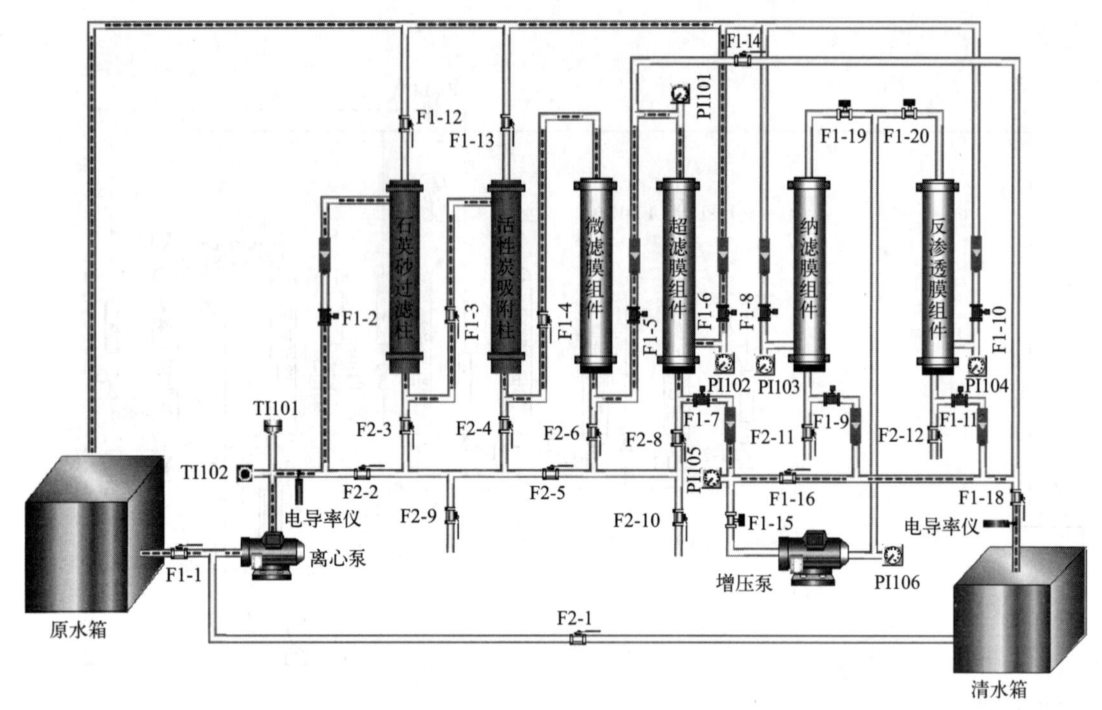

图 13-2　膜分离实验装置图

三、实验原理和特点

1. 实验原理

超滤膜过滤其实是一个筛分的过程，它以膜两侧的压力差为驱动力，以超滤膜为过滤介质，在一定的压力下，当原液流过膜表面时，超滤膜表面密布的许多细小的微孔只允许水及小分子物质通过而成为透过液，而原液中体积大于膜表面微孔径的物质则被截留在膜的进液侧，成为浓缩液，因而实现了对原液的净化、分离和浓缩的目的。每米长的超滤膜丝管壁上约有 60 亿个 0.01μm 的微孔，其孔径只允许水分子、水中的有益矿物质和微量元素通过，而最小细菌的体积为 0.02μm，因此细菌以及比细菌体积大得多的胶体、铁锈、悬浮物、泥沙、大分子有机物等都能被超滤膜截留下来，从而实现了净化过程。在单位膜丝面积产水量不变的情况下，滤芯装填的膜面积越大，则滤芯的总产水量越多。

2. 超滤膜组件特点

超滤膜组件外形尺寸如图 13-3 所示，内外表面是一层极薄的双皮层滤膜，滤膜在整张膜表面上的孔径结构并不相同。不对称超滤膜具有一层极其光滑且薄（0.12μm）的孔，分布在不同切割分子量的内外双层表面上，此内外双层表面由孔径达 16μm 的非对称结构海绵体支撑层支撑，整根膜丝依靠小孔径光滑膜表面和较大孔径支撑材料结合，从而使过滤细微颗粒的流动阻力小，且不易堵塞，独特的成型结构性能使得污染物不会滞留在膜内部形成深层污染。超滤膜组件技术参数如表 13-1 所示。

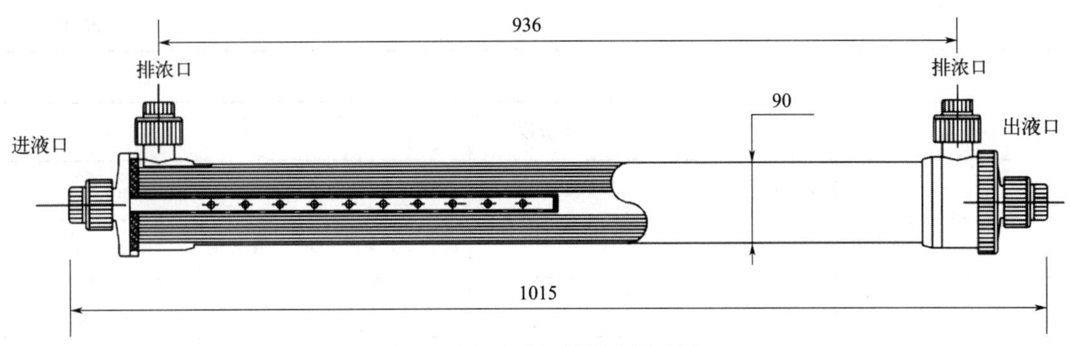

图 13-3　超滤膜组件外形尺寸图

表 13-1　超滤膜组件技术参数

项目	参数
膜材质	改性聚氯乙烯（PVC）
纤维内 / 外径	0.9mm/1.5mm
截留分子量	80.000 ～ 100.000
组件尺寸	ϕ90mm×936mm
有效膜面积	3.58m^2
纯水通量（*L*/*H*，0.12mPa，25℃）	500
壳体材质	ABS
端封材料	环氧树脂
工作压力	0.1 ～ 0.3mPa（本实验取 0.04 ～ 0.1mPa）
产水浊度	＜ 0.1NTU
污染密度指数（SDI）	＜ 1
悬浮物，微粒（＞ 0.2μm）	100% 去除
微生物、病原体	99.99% 去除
使用条件	
预处理	50 ～ 150μm
最大进水浊度	≤ 15NTU
最大进水压力	0.5mPa（本实验取 0.15mPa）
20℃时透膜压差	28 ～ 150kPa
最大透膜压差	0.3mPa（本实验取 0.05mPa）
使用 pH 值范围	2 ～ 12
使用温度	5 ～ 45℃
可耐受连续余氯浓度	100mg/L

续表

项目	参数
反洗设计	
反洗压力	0.25mPa（本实验取 0.05 ～ 0.07mPa）
反洗水流量	220 ～ 300L/h
反洗频率	每隔 30 ～ 60min 一次
反洗时间	每次 60s
化学清洗设计	
化学清洗频率	每隔 1 ～ 3 个月一次或压差超过 0.15mPa 时
化学清洗压力	0.08mPa
化学清洗流量	200 ～ 250L/h
化学清洗时间	每次 120s
酸洗药剂	pH=2 的酸性溶液
碱洗药剂	pH=12 的 NaOH 溶液

注：1. 纯水通量是指在 25℃，0.1mPa 进水压力下用纯水进行测试所得的通量。

2. 在使用地表水、河水等其他水源时应增加前处理，建议用 50 ～ 150μm 的精滤器。

四、实验操作步骤和注意事项

1. 实验操作步骤

（1）预习实验　预习超滤膜组件分离的原理，熟悉超滤膜组件分离过滤实验的各道工序及其作用，掌握各道工序之间的管道布置与连接。

（2）准备工作　连接好入水管，打开自来水阀门，使原水箱中充满水。确定所有管道开闭情况，打开超滤膜组件管道上的所有进出水阀门及清水浓水出水阀，并确定纳滤膜组件、反渗透膜组件及反冲洗管道的进水阀处于关闭状态。

具体操作步骤为：打开 F1-1、F1-2、F1-3、F1-4、F1-5、F1-6、F1-7、F1-12、F1-13、F1-16、F1-18，其余阀门全部关闭。

（3）运行动力系统　确认阀门开闭状况无误后，在控制柜中打开电源开关、PLC、触摸屏（在触摸屏中可查看各实验流程），在触摸屏上点击进料泵【开】按钮，离心泵运行。

（4）调节流量　通过流量计调节阀调节流量变化，控制适当流量使从清水管道流出的超滤水流量适中。

具体操作步骤为：运行离心泵，可以观察到石英砂过滤柱进水管的进水和溢流管的出水；待石英砂过滤器的溢流管出水稳定时，关闭阀门 F1-12，这时可以观察到活性炭吸附柱进水管的进水和溢流管的出水；待活性炭吸附柱的溢流管出水稳定时，关闭阀门 F1-13，这时可以观察到超滤装置清水（F1-7 对应的流量计）和浓水（F1-6 对应的流量计）出水、流量等现象。这时 F1-16、F1-18 的清水出水管流出的是超滤水，从 F1-6 流出的是超滤装置的浓水，这时可以调整 F1-6 和 F1-7 以调整超滤水的出水流量。

（5）流量和压力对超滤膜组件分离能力的影响　调节超滤膜组件管道上的流量调节阀（浓水流量调节阀 F1-6 和超滤水流量调节阀 F1-7），并观察记录超滤膜组件内部相应的压力变化，并在相应的流量压力下超滤水电导率记录于表 13-2，最后定性地分析不同的流量压力对超滤膜组件分离能力的影响。

（6）试验结束　实验结束关闭动力系统之前一定要先将超滤浓水出水阀 F1-6 开到最大，然后缓慢打开溢流管上的 F1-12 和 F1-13，最后在触摸屏上点击【关】按钮和控制柜总电源。

表 13-2　流量压力对超滤膜组件分离能力的影响分析实验记录表

进水流量 /（L/min）	进水压力 /mPa	浓水压力 /mPa	清水流量 /（L/min）	浓水流量 /（L/min）	清水电导率 /（μS/cm）

对于流量、压力对超滤膜组件分离能力的影响，可以通过表 13-2 的数据进行定性的分析流量压力对超滤膜组件的分离能力的影响，从理论上来说，流量压力越大，超滤膜的分离能力就越强，考虑到每支超滤膜组件都有其最高的抗压能力，因此做实验时不能无限制地加大超滤膜组件的工作压力（本实验取 0.04 ～ 0.1mPa），以免出现损坏超滤膜组件的现象。

2. 注意事项

（1）实验中给超滤膜供水应严格控制流量，开始时流量不宜过大，流量调节时要密切关注超滤膜组件内部的压力变化，保证超滤膜组件在正常的工作范围之内，确保超滤膜组件不受损坏。

（2）实验结束后要在超滤膜组件内存留部分水，避免超滤膜组件干藏而受到不必要的损坏。

（3）应对超滤膜组件进行定期的冲洗维护，以延长其使用寿命。

五、思考题

1. 简单分析影响超滤膜组件分离过滤效果的因素。
2. 试设计超滤膜组件对不同水溶液截留能力与脱盐能力大小的分析性实验。

第三节

超滤膜清洗维护实验

一、实验目的

1. 通过实验了解超滤膜维护保养的方法；
2. 掌握超滤膜正洗与反洗的工艺流程及其操作方法；
3. 了解超滤膜药物清洗及保存方法。

二、实验装置

超滤膜正洗与反洗的工艺流程如图 13-4 和图 13-5 所示。

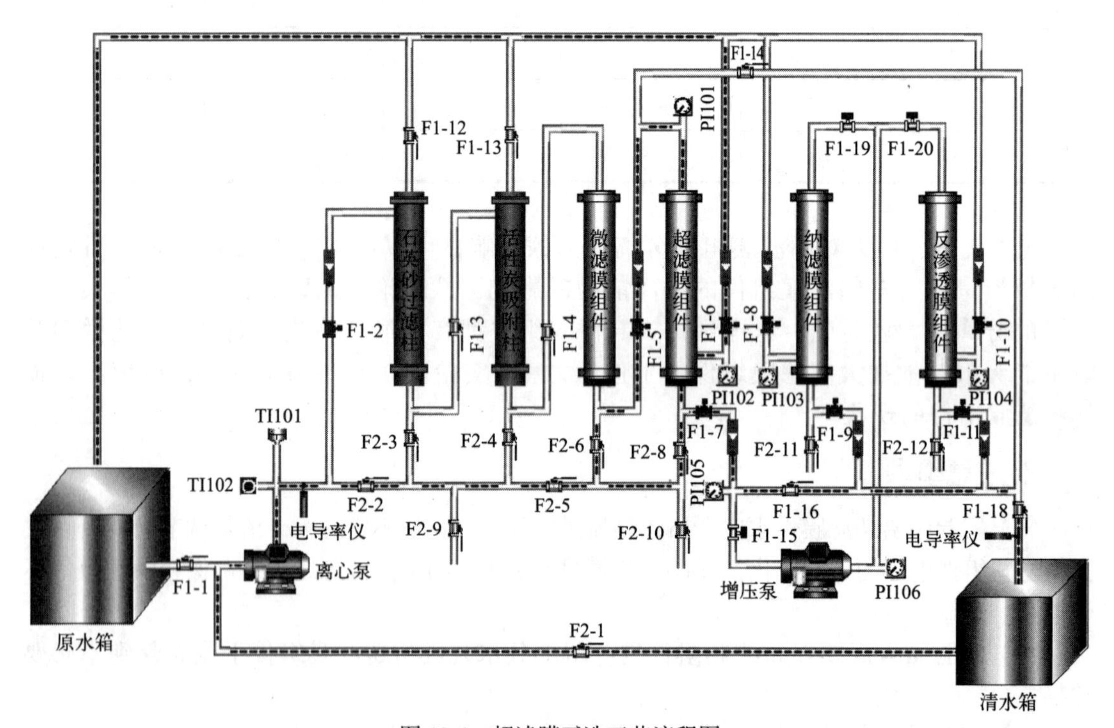

图 13-4 超滤膜正洗工艺流程图

三、实验原理和方法

超滤膜的结构特性会导致它所截留的污染物在膜内表面与膜孔中不断地积累，使得超滤膜的水通量和分离能力不断地下降，而正洗与反洗能恢复其一定的水通量，但它达不到 100% 的恢复效果。反洗是让超滤水（最好是纳滤水或是反渗透水）从清水出水口进水，浓水出水口及原进水口出水，以达到超滤膜组件上附着的污染物在最大程度上脱落的效果。但当超滤膜的水通量下降超过 30% 时，必须进行药物冲洗，及时清除附着在超滤膜壁和膜孔中的污染物，防止超滤膜形成不可恢复的堵塞。药物清洗的方法主要有以下几种。

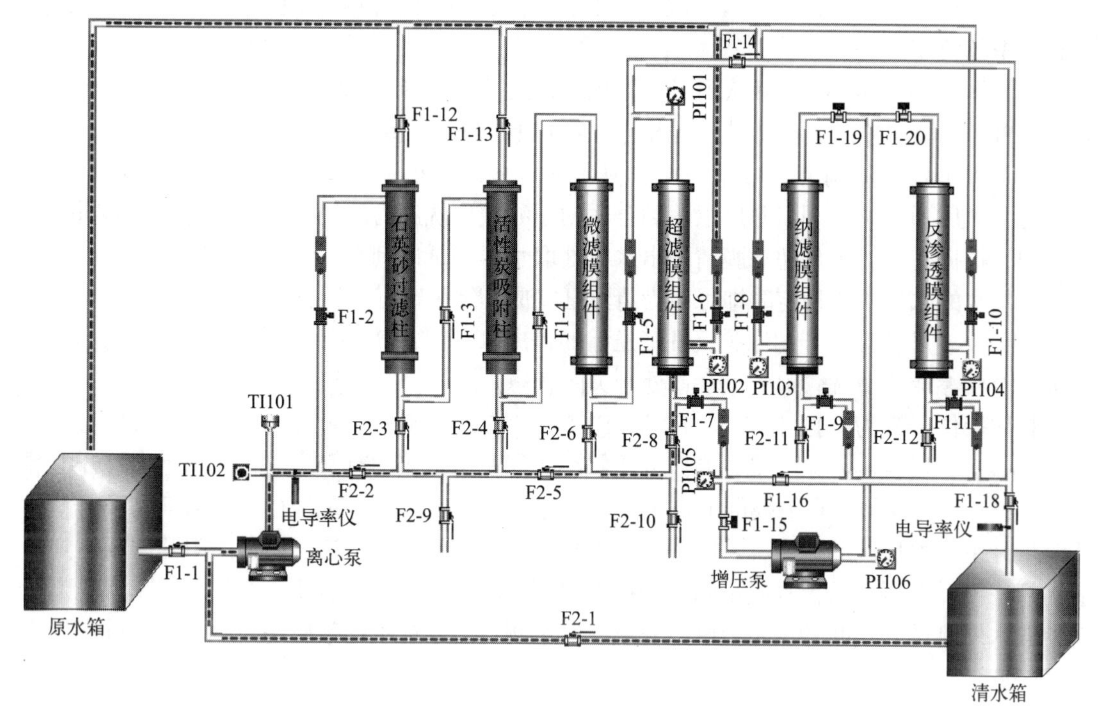

图 13-5 超滤膜反洗工艺流程图

1. 循环药洗

采用反渗透水或纳滤水、超滤水配制柠檬酸液控制 pH 为 2，经增压泵的进水阀打入，自排放阀处循环回柠檬酸液，调节排放阀将压力稳定在 0.05 ～ 0.07mPa，循环清洗 30min 后，将超滤膜内的柠檬酸液冲洗干净，再配制氢氧化钠和次氯酸钠溶液控制 pH 值为 12，从进水阀处打入，在 0.05 ～ 0.07mPa 水压下循环清洗 30min 后冲洗干净。

2. 药液浸泡

分别将酸洗液和碱洗液打入超滤膜后，将进水阀、排放阀和调节阀全部关闭，对超滤膜密封浸泡 2h 后再用超滤水冲洗干净。

3. 药洗杀菌

配制 pH 值为 2 的柠檬酸溶液或 pH 为 12 的氢氧化钠溶液对超滤膜进行药物清洗，并加入 50mg/L 的氯或过氧化氢再进行循环药洗或浸泡，同时可起到良好的灭菌作用。

四、实验操作步骤和注意事项

1. 实验操作步骤

（1）预习实验 预习超滤膜清洗维护实验的原理，熟悉超滤膜清洗维护实验的流程及其必要性，掌握超滤膜清洗维护实验的管道布置与连接。

（2）准备工作　打开超滤膜正洗管道上的进出水阀门，其中并确定填料柱、超滤膜反洗进水口及反渗透膜清洗管道的进水口处于关闭状态。

具体操作步骤为：打开 F2-1、F2-2、F2-5、F2-6、F1-5、F1-6、F1-7、F1-16、F1-18，其余阀门全部关闭。

（3）运行正洗离心泵　确认阀门开闭状况无误及清水箱中有清水，在控制柜中打开电源开关、PLC、触摸屏，在触摸屏上点击进料泵【开】按钮，离心泵运行。

（4）调节流量　调节 F2-2 和 F1-7，从流量计中观察正洗的速度，从压力表中观察正洗的压力，最后通过调节阀门开度以达到合适的超滤膜正洗压力后视水质不同而选择不同的正洗时间，根据需要，可从超滤膜清洗出水口处取水样测试以判断冲洗是否已经完成。通常测得的取样水的水质趋向稳定时即可视为清洗已完成，结束时，关闭物料泵。

（5）反洗准备　打开超滤膜反洗管道上的进出水阀门，其中并确定填料柱、超滤膜正洗进水口及反渗透膜清洗管道的进水口处于关闭状态。

具体操作步骤为：打开 F2-1、F2-2、F2-5、F2-7、F2-8、F1-6，其余阀门全部关闭。

（6）运行反洗离心泵　确认阀门开闭状况无误及清水箱中有清水，在控制柜中打开电源开关、PLC、触摸屏，在触摸屏上点击进料泵【开】按钮，离心泵运行。调节 F2-2 和 F1-6，从流量计中观察反洗的速度，从压力表中观察反洗的压力，最后通过调节阀门开度以达到合适的超滤膜反洗压力后视水质不同而选择不同的反洗时间。根据需要，可从超滤膜清洗出水口处取水样测试以判断冲洗是否已经完成。通常测得的取样水的水质趋向稳定时即可视为清洗已完成，结束时，关闭物料泵。

具体的清洗实验可以根据需要按照上述实验原理自行设计清洗实验。

2. 注意事项

（1）超滤膜冲洗过程中一定要严格控制冲洗时的压力，应采用低流量进行，在排放一部分清洗液后再进行循环，达到更好的清洗效果，也可避免膜元件受损。

（2）当使用任何清洗化学品时，必须遵循相关的安全操作规程；准备清洗液时，应确保在进入膜元件循环之前，所有的清洗化学品得到很好的溶解和混合。

（3）超滤膜组件反洗时最好用反渗透水（清水箱的水），一般不用药物反洗，药物冲洗一般都选择正洗。

（4）超滤膜冲洗完毕后要采用正确的保存方法，具体方法为：若为短期保存，则在反洗水中加入 15mg/L 的次氯酸钠或 30mg/L 的过氧化氢后再将超滤膜的进水阀、排放阀和调节阀关闭，使系统密封；若为长期保存，则需加保护液，保护液配方为 0.95% 的亚硫酸氢钠 +10% 丙二醇 +89.05% 超滤水（最好是反渗透水）。

五、思考题

1. 简述超滤膜组件冲洗的必要性。
2. 简述超滤膜组件保存时的注意事项和方法。
3. 如何判断超滤膜组件清洗维护的时间？

第四节
纳滤膜组件分离实验

一、实验目的

1. 了解纳滤膜组件的组织结构，加深对纳滤膜组件的理解；
2. 掌握纳滤膜组件分离的工作原理及操作过程；
3. 学会分析流量、压力、水质等因素对纳滤膜组件分离效果的影响。

二、实验装置

纳滤膜组件分离实验工艺流程如图 13-6 所示。

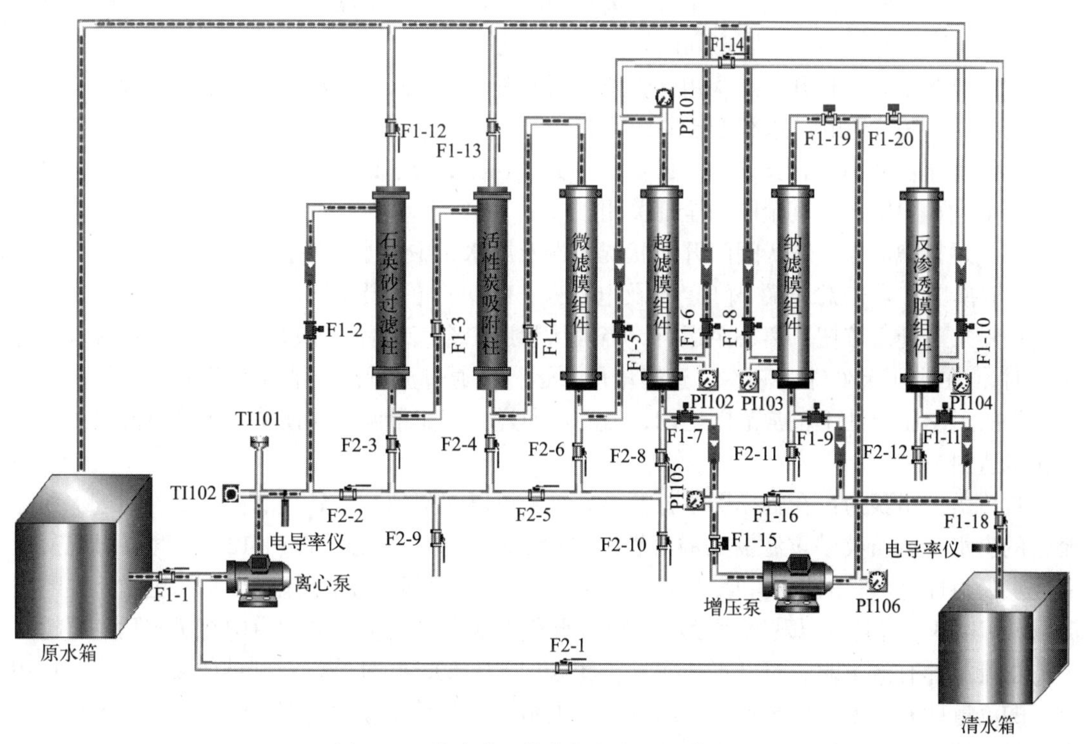

图 13-6　纳滤膜组件分离实验工艺流程图

三、实验原理

纳滤膜组件外形如图 13-7 所示，纳滤与反渗透没有明显的界限，因其可排除任何大于 1nm 的物质而得名。纳滤膜对溶解性盐或溶质不是完美的阻挡层，这些溶质透过纳滤膜的透过率取决于盐的成分及纳滤膜的种类，透过率越低，纳滤膜两侧的渗透压就越高，也就越接近反渗透过程，相反，如果透过率越高，纳滤膜两侧的渗透压就越低，渗透压对纳滤过程的影响就越小。纳滤的性能介于超滤和反渗透之间，分子量大于 200 ～ 1000 的有机物可被排除。除此之外，溶解盐的脱盐率为 20% ～ 90%。

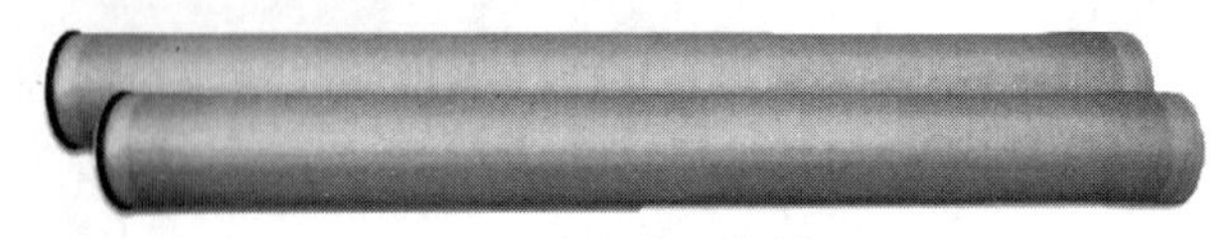

图 13-7　纳滤膜组件外形图

四、实验操作步骤和注意事项

1. 实验操作步骤

纳滤膜组件分离实验主要由石英砂过滤、活性炭吸附、微滤、超滤、纳滤这几道工序组成，其实验步骤如下。

（1）预习实验　预习纳滤膜组件分离实验的原理，熟悉纳滤膜组件分离过滤实验的各道工序及其作用，掌握各道工序之间的管道布置与连接。

（2）准备工作　打开纳滤膜组件管道上的所有进出水阀门及清水、浓水出水阀，并确定反渗透、反冲洗管道的进水阀处于关闭状态。

具体操作步骤为：打开 F1-1、F1-2、F1-3、F1-4、F1-5、F1-6、F1-7、F1-8、F1-9、F1-12、F1-13、F1-16、F1-18，其余阀门全部关闭。

（3）运行离心泵　确认阀门开闭状况无误及原水箱中有水，在控制柜中打开电源开关、PLC、触摸屏，点击总电磁阀 F1-15 及电磁阀 F1-19 的【开】按钮，打开阀 F1-15、F1-19，点击进料泵【开】按钮，离心泵运行。当确认管道中充满水后（即超滤膜清水出水流量计有流量时），在增压泵处输入频率，这时增压泵运行，通过流量计调节阀调节流量变化让纳滤膜组件的工作压力处于正常范围之内，最后再通过调节流量调节阀使从清水管道流出的纳滤水流量适中。

具体操作步骤为：在触摸屏中打开离心泵，可以观察到石英砂过滤柱进水管的进水和溢流管的出水，待石英砂过滤器的溢流管出水稳定时，关闭溢流管的 F1-12，这时可以观察到活性炭吸附柱进水管的进水和溢流管的出水；待活性炭吸附柱的溢流管出水稳定时，关闭溢流管的 F1-13，这时可以观察到超滤装置清水和浓水出水流量；当管道中充满水后（即超滤膜清水流量计有流量时，打开增压泵，关闭阀门 F1-16），此时可以看到纳滤装置清水（F1-9 对应的流量计）和浓水出水流量（F1-8 对应的流量计）等现象，这时 F1-18 的清水出水管流出的是纳滤水，但纳滤膜清水出水流量计几乎没有读数。从 F1-8 流出的是纳滤装置的浓水，这时可以调整 F1-8 和 F1-9 以调整纳滤水的出水流量，随着浓水阀门开度的减小及浓水流量的减小，纳滤装置内的压力及纳滤水的流量会相应地增大。

（4）调节流量　调节纳滤膜组件管道上的流量调节阀（浓水调节阀 F1-8 和清水调节阀 F1-9），并观察记录纳滤膜组件内部相应的压力变化，并在相应的流量和压力下把电导率记录于表 13-3 中，最后定性地分析不同的流量和压力对纳滤膜组件分离能力的影响。

（5）实验结束关闭动力系统之前一定要先将纳滤装置浓水出水阀 F1-8 开到最大，然后关闭增压泵，再缓慢打开溢流管上的 F1-12 和 F1-13，最后关闭离心泵的旋钮开关和总电源。

表 13-3　流量压力对纳滤膜组件分离能力的影响分析实验记录表

进水流量 /（L/min）	进水压力 /mPa	水压力 /mPa	清水流量 /（L/min）	浓水流量 /（L/min）	清水电导率 /（μS/cm）

流量和压力对纳滤膜组件分离能力的影响，可以通过表 13-3 的数据进行定性的分析。从理论上来说，流量压力越大，纳滤膜组件的分离能力就越强，考虑到每支纳滤膜组件都有其最高的抗压能力，因此做实验时不能无限制地加大纳滤膜的工作压力（本实验范围为 0.5 ～ 0.7mPa），以免出现损坏纳滤膜组件的现象。

2. 注意事项

（1）在用增压泵给纳滤膜组件增压供水时需调整压力从小到大进入膜组件，切不可一下就将膜组件内的压力增加到其正常工作压力，以免造成膜组件损坏。

（2）实验结束后要在纳滤膜组件内存留部分水，避免纳滤膜组件受到不必要的损坏。

（3）应对纳滤膜组件进行定期的冲洗维护，以延长其使用寿命。

五、思考题

1. 简单分析影响纳滤膜组件分离效果的因素。
2. 试设计用不同的水溶液（或盐溶液）来测试纳滤膜组件脱盐能力大小。

第五节

反渗透膜组件分离实验

一、实验目的

1. 了解反渗透膜组件的组织结构，加深对反渗透组件的理解；
2. 掌握反渗透膜组件分离的工作原理及操作过程；
3. 学会分析流量、压力、水质等因素对反渗透膜组件分离效果的影响。

二、实验装置

反渗透膜组件分离实验工艺流程如图 13-8 所示。

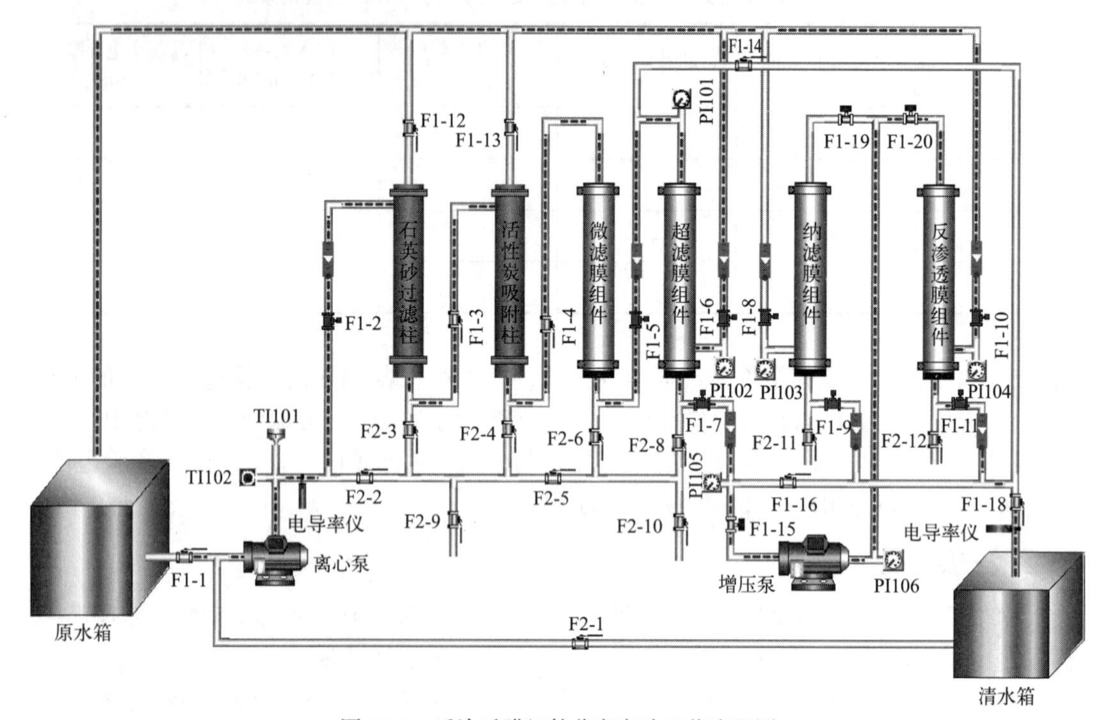

图 13-8　反渗透膜组件分离实验工艺流程图

三、实验原理和方法

1. 反渗透膜及其参数

反渗透膜是一种能够让溶液中一种或几种组分通过而其他组分不能通过的选择性膜即半透膜，反渗透膜组件外形图如图 13-9 所示，其技术参数如表 13-4 所示。

2. 渗透与反渗透

当把溶剂和溶液（或两种不同浓度的溶液）分别置于半透膜的两侧时，纯溶剂将透过膜而自发地向溶液（或从低浓度溶液向高浓度溶液）一侧流动，这种现象称为渗透。

当溶液的液位升高到所产生的压差恰好抵消溶剂向溶液方向流动的趋势，渗透过程达到平衡，此压力差称为该溶液的渗透压。若在溶液侧施加一个大于渗透压的压差时，则溶液将从溶液侧向溶剂侧反向流动，此过程称为反渗透。

如图 13-10 所示，可利用反渗透过程从溶液中获得纯溶剂。反渗透膜多为不对称膜或复合膜，它的致密皮层几乎无孔，因此可以截留大多数溶质（包括离子）而使溶剂通过。大规模应用时，多采用卷式膜组件和中空纤维膜组件。评价反渗透膜性能的主要参数为透过速率（透水率）与截留率（脱盐率）。

图 13-9 反渗透膜组件外形图

表 13-4 反渗透膜组件技术参数

项目	参数
膜材质	芳香族聚酰胺复合材料
外径 / 长度	ϕ201.9mm/1016.0mm
湿润态重量	16.4kg
有效膜面积	400ft^2（37.16m^2）
脱盐率	99.2%
透过水量	12000gpd（45.4m^3/d）
操作压力	150psi（1.0MPa）
最高操作压力	600psi（4.14MPa）
最高进水流量	75gpm（17.0m^3/h）
最高进水温度	45℃
进水 pH 范围	3.0 ～ 10.0
进水最高浊度	1.0 NTU
进水最高 SDI（15min）	＜ 5
最高进水自由氯浓度	＜ 0.1mg/L
最大进水浊度	≤ 15NTU
单支膜元件最高压力损失	10psi（0.07MPa）

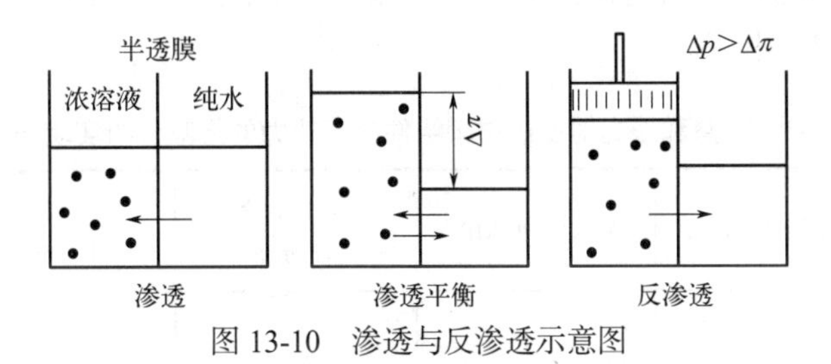

图 13-10 渗透与反渗透示意图

四、实验操作步骤和注意事项

1. 实验操作步骤

反渗透膜组件分离实验主要由石英砂过滤、活性炭吸附、微滤、超滤、反渗透这几道工序组成，其实验步骤如下。

（1）预习实验　预习反渗透膜组件分离实验的原理，熟悉反渗透膜组件分离过滤实验的各道工序及其作用，掌握各道工序之间的管道布置与连接。

（2）准备工作　打开反渗透膜组件管道上的所有进出水阀门及清水浓水出水阀，并确定纳滤、反冲洗管道的进水阀处于关闭状态。

具体操作步骤为：打开F1-1、F1-2、F1-3、F1-4、F1-5、F1-6、F1-7、F1-10、F1-11、F1-12、F1-13、F1-16、F1-18，其余阀门全部关闭。

（3）运行离心泵　确认阀门开闭状况无误及原水箱中有水，在控制柜中打开电源开关、PLC、触摸屏，点击总电磁阀F1-15及电磁阀F1-20的【开】按钮，打开F1-15、F1-20，点击进料泵【开】按钮，离心泵运行。当确认管道中充满水后输入增压泵频率，这时增压泵运行，通过流量计调节阀调节流量变化让反渗透膜组件的工作压力处于正常范围之内，最后再通过调节流量调节阀使从清水管道流出的反渗透水流量适中。

具体操作步骤为：在触摸屏上运行离心泵，可以观察到石英砂过滤柱进水管的进水和溢流管的出水，待石英砂过滤器的溢流管出水稳定时，关闭溢流管的F1-12，这时可以观察到活性炭吸附柱进水管的进水和溢流管的出水；待活性炭吸附柱的溢流管出水稳定时，关闭溢流管的F1-13，这时可以观察到超滤装置清水和浓水出水流量；当管道中充满水后（即超滤膜清水流量计有流量时，打开增压泵，关闭阀门F1-16），此时反可以看到渗透装置清水（阀F1-11对应的流量计）和浓水出水流量（阀F1-10对应的流量计）等现象，这时F1-18的清水出水管流出的是反渗透水，但是反渗透出水流量计几乎没有读数。从F1-10流出的是反渗透装置的浓水，这时可以调整F1-10和F1-11以调整反渗透水的出水流量，随着浓水阀门开度的减小及浓水流量的减小，反渗透装置内的压力及反渗透水的流量会相应的增大。

（4）调节流量　调节反渗透膜组件管道上的流量调节阀（浓水调节阀F1-10和清水调节阀F1-11），并观察记录反渗透膜组件内部相应的压力变化，并在相应的流量和压力下把电导率记录于表13-5中，最后定性地分析不同的流量和压力对反渗透膜组件分离能力的影响。

（5）实验结束　实验结束，关闭动力系统之前一定要先将反渗透装置浓水出水阀F1-10开到最大，然后关闭增压泵的旋钮开关，再缓慢打开溢流管上的F1-12和F1-13，最后关闭离心泵的旋钮开关和总电源。

表13-5　流量和压力对反渗透膜组件分离能力的影响分析实验记录表

进水流量/（L/min）	进水压力/MPa	浓水压力/MPa	清水流量/（L/min）	浓水流量/（L/min）	清水电导率/（μS/cm）

流量、压力对反渗透膜组件分离能力的影响可以通过表13-5的数据进行定性的分析。

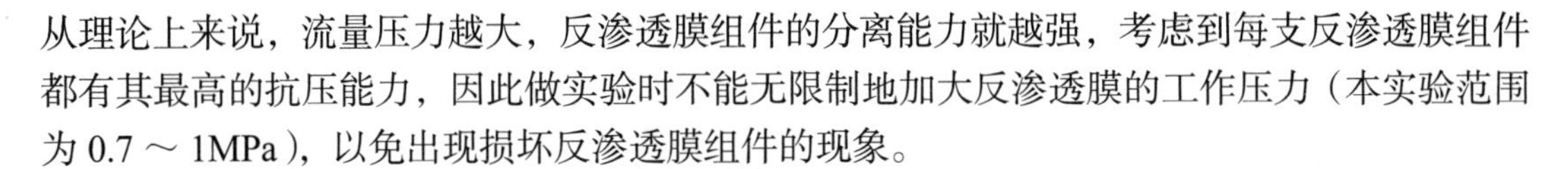

从理论上来说，流量压力越大，反渗透膜组件的分离能力就越强，考虑到每支反渗透膜组件都有其最高的抗压能力，因此做实验时不能无限制地加大反渗透膜的工作压力（本实验范围为 0.7 ～ 1MPa），以免出现损坏反渗透膜组件的现象。

2. 注意事项

（1）在用增压泵给反渗透膜组件增压供水时需调整压力从小到大进入膜组件，切不可一下就将膜组件内的压力增加到其正常工作压力，以免造成膜组件损坏。

（2）要对反渗透膜组件进行定期地冲洗维护，以延长其使用寿命。

五、思考题

1. 简单分析影响反渗透膜组件分离效果的因素。
2. 试设计用不同的水溶液（或盐溶液）来测试反渗透膜组件脱盐能力大小。

第六节

反渗透膜清洗维护实验

一、实验目的

1. 通过实验了解反渗透膜维护保养的方法；
2. 掌握反渗透膜冲洗的工艺流程及其操作方法；
3. 了解反渗透膜药物清洗及保存方法。

二、实验装置

反渗透膜清洗维护实验工艺流程如图 13-11 所示。

三、实验原理和方法

在水处理过程中，污染物随着时间的延长会在反渗透膜组件上附着越来越多，所以要不定期地对反渗透膜组件进行冲洗，冲洗方法有物理清洗（冲洗）、化学清洗（在线药品清洗）和离线清洗（将膜元件取出清洗）三种。

1. 物理清洗

是采用低压大流量原水或除盐水对系统进行冲洗，冲洗出膜元件中的污染物，恢复膜元件的性能。物理清洗最好每次开机和关机时进行，这对于及时清除膜的污染物有显著效果。物理清洗分停止反渗透系统运行、打开全部浓水阀门、调节相关阀门、恢复正常运行四个步骤。

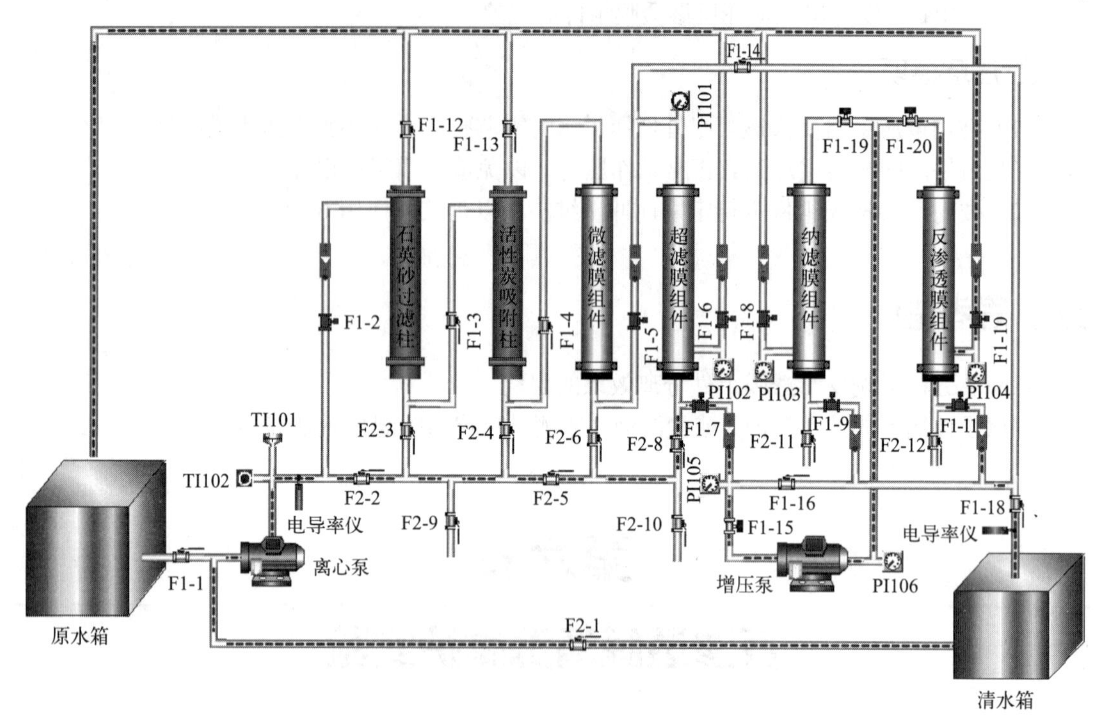

图 13-11　反渗透膜清洗维护实验工艺流程图

2. 化学清洗

一般是在系统运行一段时间后才能进行，对于多种污染物同时存在时，通常需要多种药剂清洗结合才能达到良好的清洗效果。膜元件是否需进行化学清洗可从标准产水量下降 10% ～ 15%、系统压差增加 10% ～ 15%、系统脱盐率下降超过 3%、已明确有污染或结构产生四个方面来进行判断，清洗药剂一般采用弱酸或弱碱溶液。

3. 离线清洗

是指从系统中取出膜元件，用特定的清洗装置进行化学清洗。

反渗透膜组件的清洗大都采用在线清洗为多，在线清洗的过程一般有如下内容。

（1）用反渗透水配制清洗液，用正常清洗流量和压力向反渗透系统输入清洗液，刚开始回水排掉，让清洗液在管路循环 3 ～ 5min，观察回流液浊度和 pH 值，若明显变混浊或 pH 值变化超过 0.5，可重新用新清洗液再进行上述操作。

（2）停止清洗泵循环，视膜组件污染情况，让膜组件全部浸泡在清洗液中 1h 左右或更长时间。

（3）加大流量到清洗正常流量的 1.5 倍进行清洗，此时压力不能太高，以系统无或稍有产水的压力为限，循环 30 ～ 60min。

（4）用预处理合格产水冲洗系统 20 ～ 30min，为防止沉淀，最低冲洗温度为 20℃，将清洗液完全冲出无残留。

（5）开启系统运行，检查清洗效果，若停机不用，则按相关方法保存好组件。

四、实验操作步骤和注意事项

1. 实验操作步骤

（1）实验预习　预习反渗透膜清洗维护实验的原理，熟悉反渗透膜清洗维护实验的流程及其必要性，掌握反渗透膜清洗维护实验的管道布置与连接。

（2）确定反渗透膜清洗时管道开闭情况　打开反渗透膜清洗管道上的进出水阀门，其中并确定填料柱、超滤膜进水口及反渗透膜进水口处于关闭状态。

具体操作步骤为：打开 F2-1、F2-2、F2-5、F2-7、F2-8、F1-7、F1-10、F1-11、F1-18，其余阀门全关闭。

（3）运行动力系统　确认阀门开闭状况无误及清水箱中有清水，在控制柜中打开电源开关、PLC、触摸屏，点击总电磁阀 F1-15 及电磁阀 F1-20 的【开】按钮，打开 F1-15、F1-20，点击进料泵【开】按钮，离心泵运行，通过阀门调节控制正常的清洗压力。

具体操作步骤为：打开离心泵，待 F1-18 出水流量较为稳定后打开增压泵，调节 F1-10 让压力表读数正好为反渗透膜的正洗压力，稳定运行，直至正洗完成，正洗完成后要先将 F1-10 开到最大，先关闭增压泵，再关闭离心泵，最后关闭总电源空开。

（4）设计清洗实验　具体的清洗实验可以根据需要按照上述实验原理自行设计清洗实验。

2. 注意事项

（1）反渗透膜组件由于其结构的特殊性，切忌对其进行反洗。

（2）反渗透膜组件冲洗过程中一定要严格控制冲洗时的压力和流量，已达到最好的清洗效果，也为了尽量避免膜元件受损。

（3）当使用任何清洗化学品时，必须遵循相关的安全操作规程；准备清洗液时，应确保在进入膜元件循环之前，所有的清洗化学品得到很好的溶解和混合。

五、思考题

1. 简述反渗透膜组件冲洗的必要性。
2. 反渗透膜组件不可进行反洗的原因是什么？

附 录

附录一

乙醇–水溶液的比热容 C_p/[kJ/(kg · ℃)]

乙醇质量分数 /%	温度 /℃				
	0	30	50	70	90
3.98	4.31	4.22	4.26	4.26	4.26
8.01	4.39	4.26	4.26	4.26	4.31
16.21	4.35	4.31	4.31	4.31	4.31
24.61	4.18	4.26	4.39	4.47	4.56
33.30	3.93	4.10	4.18	4.35	4.43
42.43	3.64	3.85	4.01	4.22	4.39
52.09	3.34	3.50	3.85	4.10	4.35
62.39	3.13	3.34	3.68	3.93	4.26
73.48	2.80	3.09	3.22	3.64	4.06
85.66	2.55	2.80	2.93	3.34	3.76
100.00	2.26	2.51	2.72	2.97	3.26

附录二

乙醇-水溶液的密度ρ/（g/mL）

质量分数/%	温度/℃						
	10	15	20	25	30	35	40
0	0.99970	0.99910	0.99820	0.99704	0.99565	0.99403	0.99222
1	0.99785	0.99725	0.99636	0.99520	0.99379	0.99217	0.99034
2	0.99602	0.99542	0.99453	0.99336	0.99194	0.99031	0.98846
3	0.99426	0.99365	0.99275	0.99157	0.99014	0.98849	0.98663
4	0.99258	0.99195	0.99103	0.98984	0.98839	0.98672	0.98485
5	0.99098	0.99032	0.98938	0.98817	0.98670	0.98501	0.98311
6	0.98946	0.98877	0.98780	0.98656	0.98507	0.98335	0.98142
7	0.98801	0.98729	0.98627	0.98500	0.98347	0.98172	0.97975
8	0.98660	0.98584	0.98478	0.98346	0.98189	0.98009	0.97808
9	0.98524	0.98442	0.98331	0.98193	0.98031	0.97846	0.97641
10	0.98393	0.98304	0.98187	0.98043	0.97875	0.97685	0.97475
11	0.98267	0.98171	0.98047	0.97897	0.97723	0.97527	0.97312
12	0.98145	0.98041	0.97910	0.97753	0.97573	0.97371	0.97150
13	0.98026	0.97914	0.97775	0.97611	0.97424	0.97216	0.96989
14	0.97911	0.97790	0.97643	0.97472	0.97278	0.97063	0.96829
15	0.97800	0.97669	0.97514	0.97334	0.97133	0.96911	0.96670
16	0.97692	0.97552	0.97387	0.97199	0.96990	0.96760	0.96512
17	0.97583	0.97433	0.97259	0.97062	0.96844	0.96607	0.96352
18	0.97473	0.97313	0.97129	0.96923	0.96697	0.96452	0.96189
19	0.97363	0.97191	0.96997	0.96782	0.96547	0.96294	0.96023
20	0.97252	0.97068	0.96864	0.96639	0.96395	0.96134	0.95856
21	0.97139	0.96944	0.96729	0.96495	0.96242	0.95973	0.95687
22	0.97024	0.96818	0.96592	0.96348	0.96087	0.95809	0.95516

续表

质量分数 /%	温度 /℃						
	10	15	20	25	30	35	40
23	0.96907	0.96689	0.96453	0.96199	0.95929	0.95643	0.95343
24	0.96787	0.96558	0.96312	0.96048	0.95769	0.95476	0.95168
25	0.96665	0.96424	0.96168	0.95895	0.95607	0.95306	0.94991
26	0.96539	0.96287	0.96020	0.95738	0.95442	0.95133	0.94810
27	0.96406	0.96144	0.95867	0.95576	0.95272	0.94955	0.94625
28	0.96268	0.95996	0.95710	0.95410	0.95098	0.94774	0.94438
29	0.96125	0.95844	0.95548	0.95241	0.94922	0.94590	0.94248
30	0.95977	0.95686	0.95382	0.95067	0.94741	0.94403	0.94055
31	0.95823	0.95524	0.95212	0.94890	0.94557	0.94214	0.93860
32	0.95665	0.95357	0.95038	0.94709	0.94370	0.94021	0.93662
33	0.95502	0.95186	0.94860	0.94525	0.94180	0.93825	0.93461
34	0.95334	0.95011	0.94679	0.94337	0.93986	0.93626	0.93257
35	0.95162	0.94832	0.94494	0.94146	0.93790	0.93425	0.93051
36	0.94986	0.94650	0.94306	0.93952	0.93591	0.93221	0.92843
37	0.94805	0.94464	0.94114	0.93756	0.93390	0.93016	0.92634
38	0.94620	0.94273	0.93919	0.93556	0.93186	0.92808	0.92422
39	0.94431	0.94079	0.93720	0.93353	0.92979	0.92597	0.92208
40	0.94238	0.93882	0.93518	0.93148	0.92770	0.92385	0.91992
41	0.94042	0.93682	0.93314	0.92940	0.92558	0.92170	0.91774
42	0.93842	0.93478	0.93107	0.92729	0.92344	0.91952	0.91554
43	0.93639	0.93271	0.92897	0.92516	0.92128	0.91733	0.91332
44	0.93433	0.93062	0.92685	0.92301	0.91910	0.91513	0.91108
45	0.93226	0.92852	0.92472	0.92085	0.91692	0.91291	0.90884
46	0.93017	0.92640	0.92257	0.91868	0.91472	0.91069	0.90660
47	0.92806	0.92426	0.92041	0.91649	0.91250	0.90845	0.90434
48	0.92593	0.92211	0.91823	0.91429	0.91028	0.90621	0.90207
49	0.92397	0.91995	0.91604	0.91208	0.90805	0.90396	0.89979

续表

质量分数 /%	温度 /℃						
	10	15	20	25	30	35	40
50	0.92166	0.91776	0.91384	0.90985	0.90580	0.90168	0.89750
51	0.91943	0.91555	0.91160	0.90760	0.90353	0.89940	0.89519
52	0.91723	0.91333	0.90936	0.90534	0.90123	0.89710	0.89288
53	0.91502	0.91110	0.90711	0.90307	0.89896	0.89470	0.89056
54	0.91279	0.90885	0.90485	0.90079	0.89667	0.89248	0.88823
55	0.91055	0.90659	0.90258	0.89850	0.89437	0.89016	0.88580
56	0.90831	0.90433	0.90031	0.89621	0.89206	0.88784	0.88356
57	0.90607	0.90207	0.89803	0.89392	0.88975	0.88552	0.88122
58	0.90381	0.89980	0.89574	0.89162	0.88744	0.88319	0.87888
59	0.90154	0.89752	0.89344	0.88931	0.88512	0.88085	0.87653
60	0.89927	0.89523	0.89113	0.88699	0.88278	0.87851	0.87411
61	0.89698	0.89293	0.88882	0.88464	0.88044	0.87615	0.87180
62	0.89468	0.89062	0.88650	0.88233	0.87809	0.87379	0.86943
63	0.89237	0.88830	0.88417	0.87998	0.87574	0.87142	0.86705
64	0.89006	0.88597	0.88183	0.87763	0.87337	0.86905	0.86466
65	0.88774	0.88364	0.87948	0.87527	0.87100	0.86667	0.86227
66	0.88541	0.88130	0.87713	0.87291	0.86863	0.86429	0.85987
67	0.88308	0.87895	0.87477	0.87054	0.86625	0.86190	0.85747
68	0.88074	0.87660	0.87241	0.86817	0.86387	0.85950	0.85507
69	0.87839	0.87424	0.87004	0.86579	0.86148	0.85710	0.85266
70	0.87602	0.87187	0.86766	0.86340	0.85908	0.85470	0.85025
71	0.87365	0.86949	0.86527	0.86100	0.85667	0.85228	0.84783
72	0.87127	0.86710	0.86287	0.85859	0.85426	0.84986	0.84540
73	0.86888	0.86470	0.86047	0.85618	0.85184	0.84743	0.84297
74	0.86648	0.86229	0.85806	0.85376	0.84941	0.84500	0.84053
75	0.86408	0.85988	0.85564	0.85134	0.84698	0.84257	0.83809

续表

质量分数 /%	温度 /℃						
	10	15	20	25	30	35	40
76	0.86168	0.85747	0.85322	0.84891	0.84455	0.84013	0.83564
77	0.85927	0.85505	0.85079	0.84647	0.84211	0.83768	0.83319
78	0.85685	0.85262	0.84835	0.84403	0.83966	0.83523	0.83074
79	0.85442	0.85018	0.84590	0.84158	0.83720	0.83277	0.82827
80	0.85197	0.84772	0.84344	0.83911	0.83473	0.83029	0.82578
81	0.84950	0.84525	0.84096	0.83664	0.83224	0.82780	0.82329
82	0.84702	0.84277	0.83848	0.83435	0.82974	0.82530	0.82079
83	0.84453	0.84028	0.83599	0.83164	0.82724	0.82279	0.81828
84	0.84203	0.83777	0.83348	0.82913	0.82473	0.82027	0.81576
85	0.83951	0.83525	0.83095	0.82660	0.82220	0.81774	0.81322
86	0.83697	0.83271	0.82840	0.82405	0.81965	0.81519	0.81067
87	0.83441	0.83014	0.82583	0.82148	0.81708	0.81262	0.80811
88	0.83181	0.82754	0.82323	0.81888	0.81448	0.81003	0.80552
89	0.82919	0.82492	0.82062	0.81626	0.81186	0.80742	0.80291
90	0.82654	0.82227	0.81797	0.81362	0.80922	0.80478	0.80028
91	0.82386	0.81959	0.81529	0.81094	0.80655	0.80211	0.79761
92	0.82114	0.81688	0.81257	0.80823	0.80384	0.79941	0.79491
93	0.81839	0.81413	0.80983	0.80549	0.80111	0.79668	0.79220
94	0.81561	0.81134	0.80705	0.80272	0.79835	0.79393	0.78947
95	0.81278	0.80852	0.80424	0.79991	0.79555	0.79114	0.78670
96	0.80991	0.80566	0.80138	0.79706	0.79271	0.78831	0.78388
97	0.80698	0.80274	0.79846	0.79415	0.78981	0.78542	0.78100
98	0.80399	0.79975	0.79547	0.79117	0.78684	0.78247	0.77806
99	0.80094	0.79670	0.79243	0.78814	0.78382	0.77946	0.77507
100	0.79784	0.79360	0.78934	0.78506	0.78075	0.77641	0.77203

附录三

乙醇-水溶液汽液平衡数据（常压）

液体组成		蒸汽组成		液体组成		蒸汽组成	
质量分数/%	摩尔分数/%	质量分数/%	摩尔分数/%	质量分数/%	摩尔分数/%	质量分数/%	摩尔分数/%
0.01	0.004	0.13	0.053	20.00	8.92	65.00	42.09
0.03	0.0117	0.39	0.153	24.00	11.00	68.00	45.41
0.04	0.0157	0.52	0.204	29.00	13.77	70.80	48.68
0.05	0.0196	0.65	0.255	34.00	16.77	72.90	51.27
0.06	0.0235	0.78	0.307	39.00	20.00	74.30	53.09
0.07	0.0274	0.91	0.358	45.00	24.25	75.90	55.22
0.08	0.0313	1.04	0.410	52.00	29.80	77.50	57.41
0.09	0.0352	1.17	0.461	57.00	34.16	78.70	59.10
0.10	0.04	1.30	0.510	63.00	40.00	80.30	61.44
0.15	0.055	1.95	0.770	67.00	44.27	81.30	62.99
0.20	0.08	2.60	1.030	71.00	48.92	82.40	64.70
0.30	0.12	3.80	1.570	75.00	54.00	83.80	66.92
0.40	0.16	4.90	1.980	78.00	58.11	84.90	68.76
0.50	0.19	6.10	2.480	81.00	62.52	86.00	70.63
0.60	0.23	7.10	2.900	84.00	67.27	87.70	73.61
0.70	0.27	8.10	3.330	86.00	70.63	88.90	75.82
0.80	0.31	9.00	3.725	88.00	74.15	90.10	78.00
0.90	0.35	9.90	4.120	89.00	75.99	90.70	79.62
1.00	0.39	10.75	4.200	90.00	77.88	91.30	80.42
2.00	0.79	19.70	8.760	91.00	79.82	92.00	81.83
3.00	1.19	27.20	12.750	92.00	81.83	92.70	83.26
4.00	1.61	33.30	16.340	93.00	83.87	93.40	84.91
7.00	2.86	44.60	23.960	94.00	85.97	94.20	86.40
10.00	4.16	52.20	29.920	95.00	88.15	95.05	88.25
13.00	5.51	57.40	34.510	95.57	89.41	95.57	89.41
16.00	6.86	61.10	38.060				

附录四

乙醇-水混合物的热焓量

液相中乙醇质量分数 /%	泡点温度 t/℃	露点温度 t/℃	溶液汽化潜热 $r_{溶}$/（kJ/kg）	蒸汽热焓量 I/（kJ/kg）	溶液热焓量 I/（kJ/kg）
0	100.0	100.0	2253.0	2671.0	418.0
5	94.9	99.4	2182.0	2605.8	423.8
10	91.3	98.8	2110.9	2536.4	425.5
15	89.0	98.2	2039.8	2462.4	422.6
20	87.0	97.6	1968.8	2388.9	420.1
25	85.7	97.0	1899.8	2319.5	419.7
30	84.7	96.0	1830.8	2246.8	416.0
35	83.8	95.3	1759.8	2166.1	406.3
40	83.1	94.0	1688.7	2083.7	395.0
45	82.5	93.2	1621.8	2003.5	381.7
50	81.9	91.9	1550.8	1919.5	368.7
55	81.4	90.6	1481.8	1838.0	356.2
60	81.0	89.0	1412.8	1755.2	342.4
65	80.6	87.0	1343.9	1666.2	322.3
70	80.2	85.1	1274.9	1580.9	306.0
75	79.8	82.8	1208.0	1491.8	283.8
80	79.5	80.8	1141.1	1400.7	259.6
85	79.0	79.6	1070.1	1319.6	249.5
90	78.5	78.7	994.8	1231.9	237.1
95	78.2	78.2	923.6	1146.2	222.4
100	78.3	78.3	852.7	1062.1	209.4

附录五

全数字型流体力学综合实验数据处理示例

1. 雷诺实验数据处理模板示例

附表 1 雷诺实验数据处理结果表

序号	水温 t/℃	测点 ⑭ 液位 /cmH_2O	测点 ⑮ 液位 /cmH_2O	流量 FI201 /（L/min）	管内流体流速 u/（m/s）	水的运动黏度 υ/（m^2/s）	雷诺数 $Re_{实}$	临界雷诺数 Re_c	实验误差 /%
1	25	53.1	49.2	1.1	0.1202	8.96182×10^{-7}	2011	2320	-13.31
2									
3									
4									

2. 伯努利方程实验数据处理示例

附表 2 伯努利方程实验数据记录表

序号	1 组
水温 t/℃	32.2
测点①液位 /cmH_2O	52.4
测点②液位 /cmH_2O	46.6
测点③液位 /cmH_2O	46.6
测点④液位 /cmH_2O	45.1
测点⑤液位 /cmH_2O	43.6
测点⑥液位 /cmH_2O	22.8
测点⑦液位 /cmH_2O	32.0
测点⑧液位 /cmH_2O	31.0
测点⑨液位 /cmH_2O	24.7
测点⑩液位 /cmH_2O	27.8
测点 ⑪ 液位 /cmH_2O	26.8

续表

序号	1 组
测点 ⑫ 液位 /cmH_2O	26.7
测点 ⑬ 液位 /cmH_2O	20.5
流量 FI202/（L/min）	7.99
管内流体流速 u/（m/s）	0.865

附表 3　伯努利方程实验数据处理结果表

测点距离 /mm	$z+p/(\rho g)$	$u^2/(2g)$	$z+p/(\rho g)+u^2/2g$
0	52.4	0.0	52.4
165	46.6	3.8	50.4
315	45.1	3.8	48.9
465	43.6	3.8	47.4
528	22.8	14.7	37.5
672	32	3.8	35.8
837	24.7	3.8	28.5
987	26.8	0.9	27.7
1137	20.5	3.8	24.3

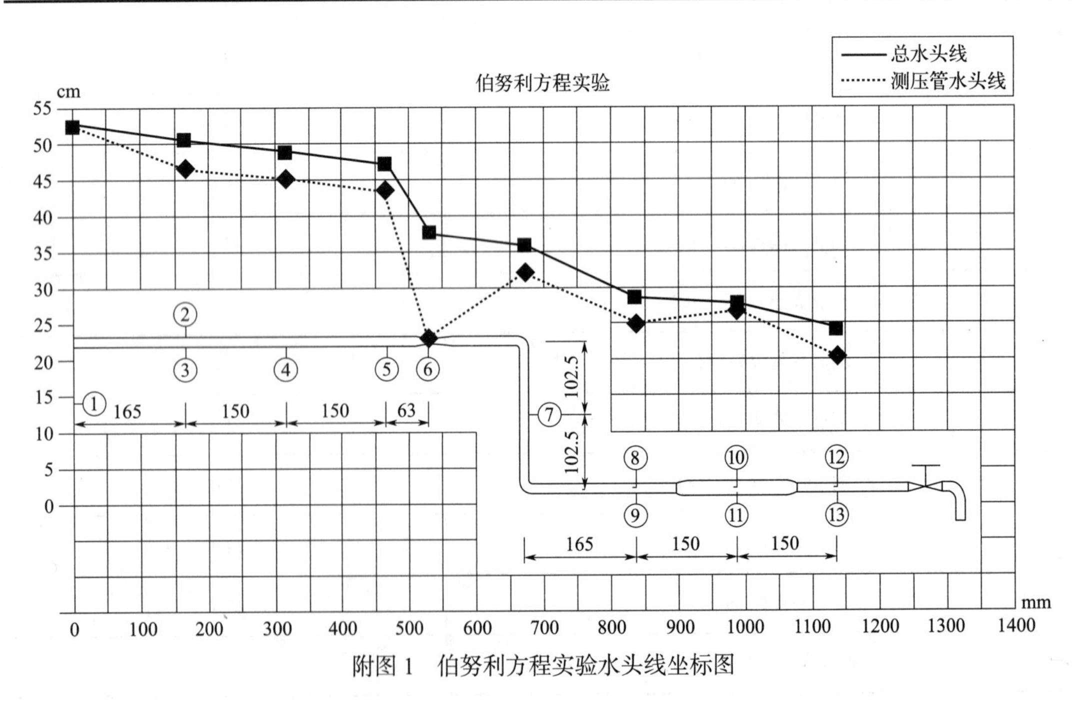

附图 1　伯努利方程实验水头线坐标图

3. 毕托管测速实验数据处理示例

附表 4　毕托管测速实验数据处理结果表

序号	水温 /℃	测压管水位高 /cm				流量 Q/（mL/s）	平均 流速 u/（m/s）	$u_{约定真值}$ /（m/s)	运动黏度 υ/(m^2/s)	雷诺数 Re	毕托管的点流速 u/（m/s）	
		⑥	⑦	⑫	⑬						测点流速	$Y_{误差}$/%
1	32	43.7	22.8	26.7	20.5	133.5	0.867	1.084	7.7×10^{-7}	16890	1.069	−1.35
2												
3												

4. 文丘里流量计校核实验数据处理示例

附表 5　文丘里流量计校核实验数据处理结果表

序号	水温 t/℃	流量 Q/(m^3/h)	压差 Δp/kPa	文丘里测定流量 Q/(m^3/h)	运动黏度 υ/（m^2/s）	流速 u/（m/s）	雷诺数 Re	流量系数 C_0
1	35.4	3.88	37.90	3.89	7.19×10^{-7}	4.235	106084	1.106
2	35.5	3.25	26.30	3.24	7.17×10^{-7}	3.548	89037	1.112
3	35.6	2.69	17.80	2.67	7.16×10^{-7}	2.936	73842	1.119
4	35.7	2.02	9.90	1.99	7.14×10^{-7}	2.205	55561	1.126
5	35.8	1.44	5.00	1.41	7.13×10^{-7}	1.572	39687	1.130
6	35.9	0.74	1.30	0.72	7.12×10^{-7}	0.808	20435	1.139
7								
8								
9								
10								

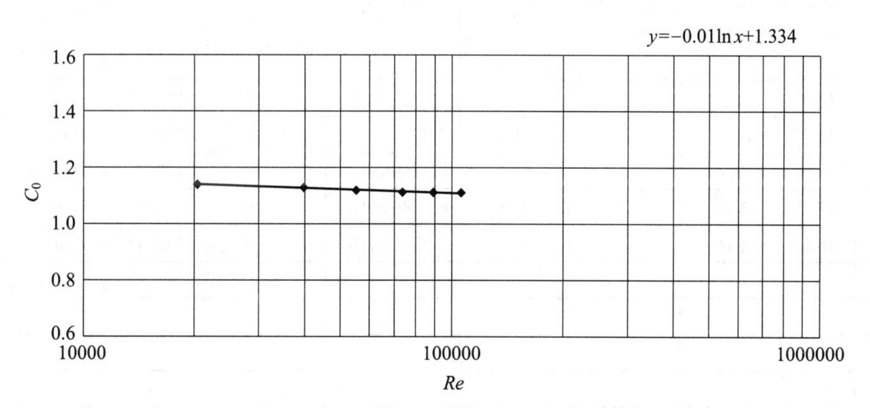

附图 2　文丘里流量计 C_0-Re 关系曲线

5. 孔板流量计校核实验数据处理示例

附表 6　孔板流量计校核实验数据处理结果表

序号	水温 t/℃	流量 Q/（m^3/h）	压差 Δp/kPa	孔板测定流量 Q/（m^3/h）	运动黏度 υ/（m^2/s）	流体流速 u/（m/s）	雷诺数 Re	流量系数 C_0
1	36.1	3.77	52.60	3.74	7.09×10^{-7}	4.115	104523	0.752
2	36.2	3.25	38.70	3.21	7.07×10^{-7}	3.548	90285	0.755
3	36.3	2.65	25.40	2.60	7.06×10^{-7}	2.893	73763	0.760
4	36.4	1.99	13.75	1.91	7.05×10^{-7}	2.172	55501	0.776
5	36.5	1.29	5.50	1.21	7.03×10^{-7}	1.408	36049	0.795
6	36.6	0.74	1.70	0.67	7.02×10^{-7}	0.808	20720	0.821
7								
8								
9								
10								

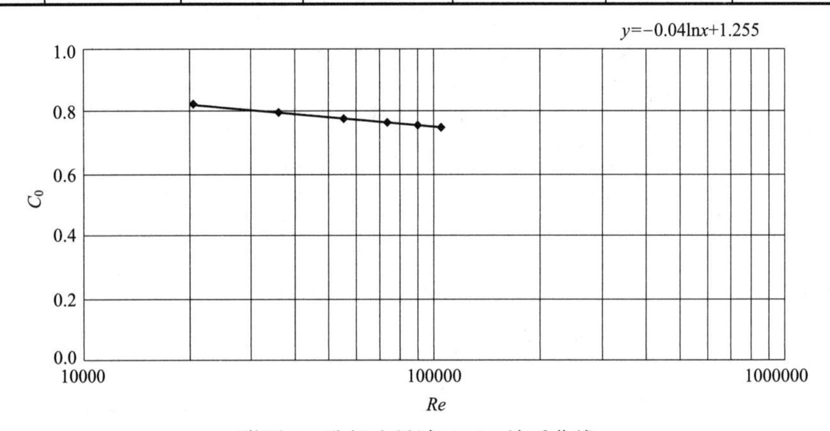

附图 3　孔板流量计 C_0-Re 关系曲线

6. 阀门局部阻力系数测定实验数据处理示例

附表 7　阀门局部阻力系数测定实验数据处理结果表

序号	闸阀 F1-6 开度	水温 t/℃	流量 Q/（m^3/h）	测点 Q1—Q4 压差 $p_{局部}$/kPa	测点 Q2—Q3 压差 $p_{局部}$/kPa	运动黏度 υ/（m^2/s）	流体流速 u/（m/s）	雷诺数 Re	闸阀压头损失 h_f/mH_2O	局部阻力系数 ζ
1	全开	36.5	4.16	22.3	15.1	7.03116×10^{-7}	7.095	145315	0.8055	0.3138
2	全开	36.7	3.66	17.6	11.8	7.00348×10^{-7}	6.243	128354	0.6118	0.3079
3	全开	36.9	3.06	12.6	8.42	6.97598×10^{-7}	5.219	107736	0.4323	0.3113
4	全开	37.1	2.48	8.58	5.68	6.94864×10^{-7}	4.230	87659	0.2835	0.3107
5	全开	36.5	4.16	22.3	15.1	7.03116×10^{-7}	7.095	145315	0.8055	0.3138
6										
7										
8										
9										
10										

7. 突扩突缩局部阻力测定实验数据处理示例

附表 8　突扩突缩局部阻力测定实验数据处理结果表

序号	水温 t/℃	流量 Q/（m^3/h）	运动黏度 υ/（m^2/s）	Q12 流速 u_1/（m/s）	Q13 流速 u_2/（m/s）	Q14 流速 u_3/（m/s）	Q12Re	Q13Re	突扩压头损失 h_f/kPa	突缩压头损失 h_f/kPa	突扩压头损失 h_f/ mH_2O	突缩压头损失 h_f/ mH_2O	突扩局部压头损失 h_f/ mH_2O	突缩局部压头损失 h_f/ mH_2O	突扩局部阻力系数 ζ	突扩局部阻力系数 $\zeta_{理论值}$	突缩局部阻力系数 ζ	突缩局部阻力系数 $\zeta_{理论值}$
1	38.2	4.27	6.801×10^{-7}	4.663	2.667	4.663	123423	93345	2.06	15.30	0.210	1.560	0.497	0.4083	0.4486	0.4019	0.3682	0.3170
2																		
3																		
4																		
5																		

8. 粗糙管沿程阻力测定实验数据处理示例

附表 9　粗糙管沿程阻力测定实验数据处理结果表

序号	水温 t/℃	流量 Q/（m^3/h）	差压 p/kPa	运动黏度 υ/（m^2/s）	平均流速 u/（m/s）	雷诺数 Re	沿程压头损失 h_f/m	实际沿程阻力系数 $\lambda_{实验}$	理论沿程阻力系数 $\lambda_{理论}$
1	30.0	5.00	73.00	8.032×10^{-7}	5.458	122315	7.44	0.0382	0.0169
2	30.0	4.00	50.00	8.032×10^{-7}	4.366	97852	5.10	0.0409	0.0179
3	30.0	3.00	30.00	8.032×10^{-7}	3.275	73389	3.06	0.0436	0.0192
4	30.0	2.20	17.00	8.032×10^{-7}	2.402	53818	1.73	0.0460	0.0208
5	30.0	1.60	9.70	8.032×10^{-7}	1.747	39141	0.99	0.0496	0.0225
6	30.0	1.00	4.30	8.032×10^{-7}	1.092	24463	0.44	0.0563	0.0253
7									
8									
9									
10									

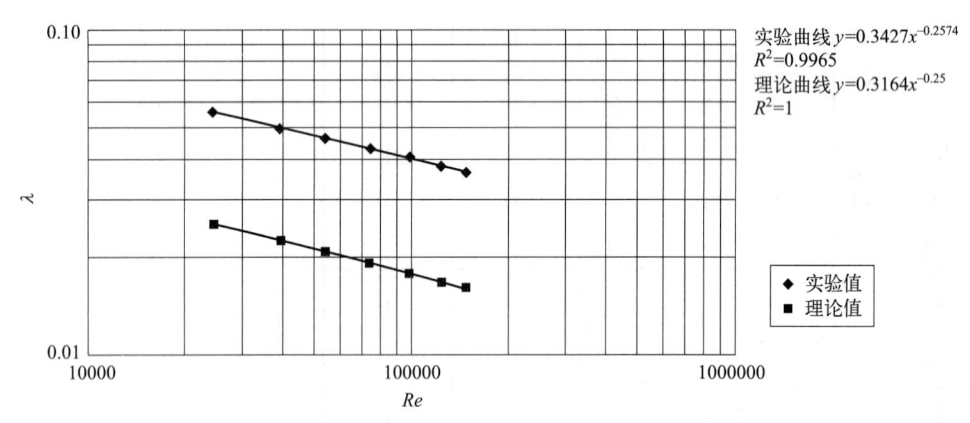

附图 4　粗糙管沿程阻力 λ-Re 的关系曲线

9. 光滑管湍流沿程阻力测定实验数据处理示例

附表 10　光滑管湍流沿程阻力测定实验数据处理结果表

序号	水温 t/℃	流量 Q/（m^3/h）	差压 p/kPa	运动黏度 υ/（m^2/s）	平均流速 u/（m/s）	雷诺数 Re	沿程压头损失 h_f/m	沿程阻力系数 $\lambda_{实验}$	沿程阻力系数 $\lambda_{理论}$
1	34.8	4.33	14.1	7.273×10^{-7}	4.727	116973	1.438	0.0189	0.0171

续表

序号	水温 t/℃	流量 Q/（m^3/h）	差压 p/kPa	运动黏度 υ/（m^2/s）	平均流速 u/（m/s）	雷诺数 Re	沿程压头损失 h_f/m	沿程阻力系数 $\lambda_{实验}$	沿程阻力系数 $\lambda_{理论}$
2	35.0	3.62	10.1	7.244×10^{-7}	3.952	98186	1.030	0.0194	0.0179
3	35.2	3.03	7.34	7.215×10^{-7}	3.308	82514	0.748	0.0201	0.0187
4	35.4	2.41	4.88	7.186×10^{-7}	2.631	65893	0.498	0.0212	0.0197
5	35.6	1.82	2.96	7.158×10^{-7}	1.987	49960	0.302	0.0225	0.0212
6	35.8	1.34	1.75	7.129×10^{-7}	1.463	36931	0.178	0.0245	0.0228
7	36.0	0.74	0.63	7.101×10^{-7}	0.808	20476	0.064	0.0290	0.0265
8									
9									
10									

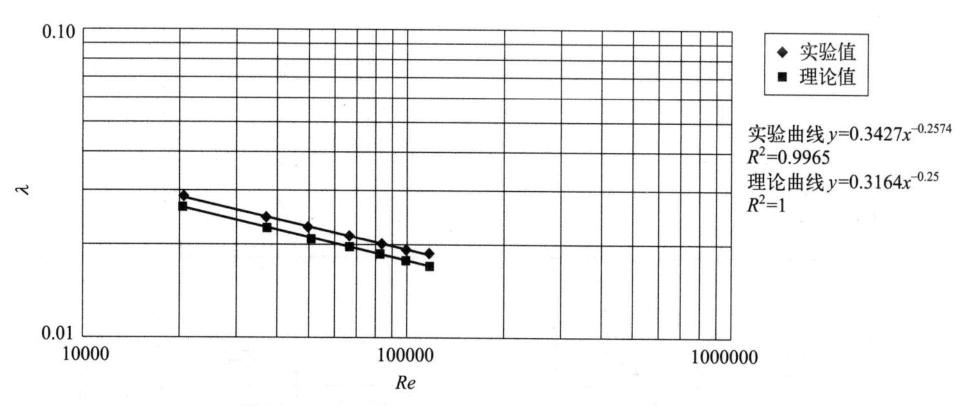

附图 5　光滑管湍流时沿程阻力 λ-Re 的关系曲线

10. 光滑管层流时沿程阻力测定实验数据处理示例

附表 11　光滑管层流时沿程阻力测定实验数据处理结果表

序号	水温 t/℃	流量 Q/（mL/min）	测点 Q6—Q7 差压 p/cmH_2O	运动黏度 υ/（m^2/s）	平均流速 u/（m/s）	雷诺数 Re	沿程压头损失 h_f/mH_2O	沿程阻力系数 $\lambda_{实验}$	沿程阻力系数 $\lambda_{理论}$
1	25.6	400	3.0	8.842×10^{-7}	0.236	1600	0.030	0.0577	0.0400

续表

序号	水温 t/℃	流量 Q/（mL/min）	测点 Q6—Q7 差压 p /cmH_2O	运动黏度 υ/（m^2/s）	平均流速 u/（m/s）	雷诺数 Re	沿程压头损失 h_f/mH_2O	沿程阻力系数 $\lambda_{实验}$	沿程阻力系数 $\lambda_{理论}$
2	25.6	350	2.5	8.842×10^{-7}	0.206	1400	0.025	0.0628	0.0457
3	25.6	300	2.0	8.842×10^{-7}	0.177	1200	0.020	0.0684	0.0533
4	25.6	250	1.7	8.842×10^{-7}	0.147	1000	0.017	0.0837	0.0640
5	25.6	200	1.3	8.842×10^{-7}	0.118	800	0.013	0.1001	0.0800
6	25.6	150	1.0	8.842×10^{-7}	0.088	600	0.010	0.1368	0.1067
7	25.6	100	0.7	8.842×10^{-7}	0.059	400	0.007	0.2155	0.1600
8									
9									
10									

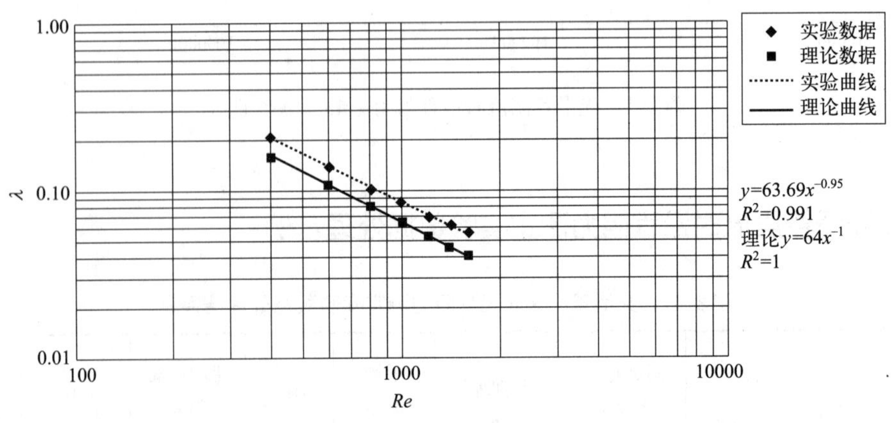

附图 6　光滑管层流时沿程阻力 λ-Re 的关系曲线

11. 离心泵特性曲线测定实验数据处理示例

附表 12 离心泵特性曲线测定实验数据处理结果表

序号	TI1011 /℃	FI101 /（m^3/h）	PI103 /kPa	PI104 /kPa	功率 JI101 $N_{输入}$/W	转速 SI101 /（r/min）	n_1/n_2	折算后流量 /（m^3/h）	折算后功率 /W	轴功率 N/W	理论扬程 H/mH_2O	折算后扬程 H/mH_2O	有效功率 Ne/W	总效率 η/%
1	31.8	8.1	−7.4	76.7	450	2826	1.0085	8.17	461.6	438.5	9.11	9.27	206.4	47.06
2	32.4	7.4	−6.6	88.5	448	2816	1.0121	7.49	464.4	441.2	10.17	10.42	212.7	48.20
3	32.8	6.7	−4.8	106.2	435	2816	1.0121	6.78	450.9	428.4	11.74	12.02	222.2	51.86
4	33.1	6.0	−3.8	118.2	421	2819	1.0110	6.07	435.0	413.3	12.81	13.09	216.4	52.36
5	33.4	5.3	−2.7	133.7	404	2827	1.0081	5.34	413.9	393.2	14.23	14.46	210.6	53.56
6	33.7	4.6	−1.7	147.2	384	2834	1.0056	4.63	390.5	371.0	15.47	15.64	197.2	53.15
7	34.0	3.9	−0.8	158.6	366	2842	1.0028	3.91	369.1	350.6	16.50	16.60	176.9	50.44
8	34.3	3.3	−0.2	167.9	345	2853	0.9989	3.30	343.9	326.7	17.37	17.33	155.7	47.65
9	34.5	2.5	0.0	178.2	317	2861	0.9962	2.49	313.4	297.7	18.37	18.23	123.7	41.56
10	34.7	1.7	0.0	185.4	284	2872	0.9923	1.69	277.5	263.6	19.09	18.79	86.4	32.77
11	34.9	0.9	0.0	190.5	252	2886	0.9875	0.89	242.7	230.6	19.59	19.11	46.3	20.07
12	35.1	0.0	0.0	194.5	219	2899	0.9831	0.00	208.1	197.7	20.00	19.33	0.0	0.00
13														
14														
15														

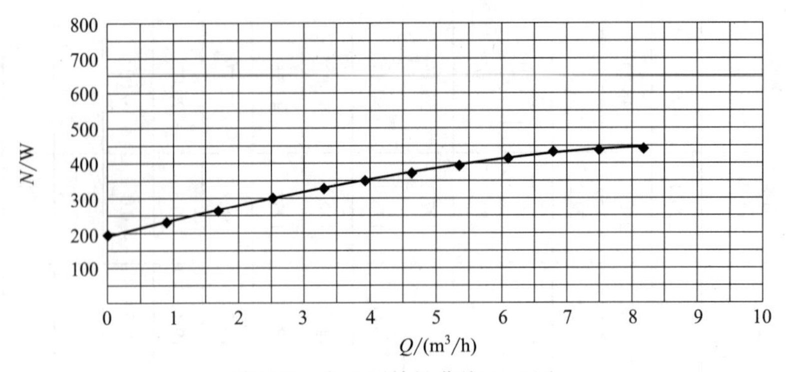

附图 7　离心泵特性曲线 N-Q 图

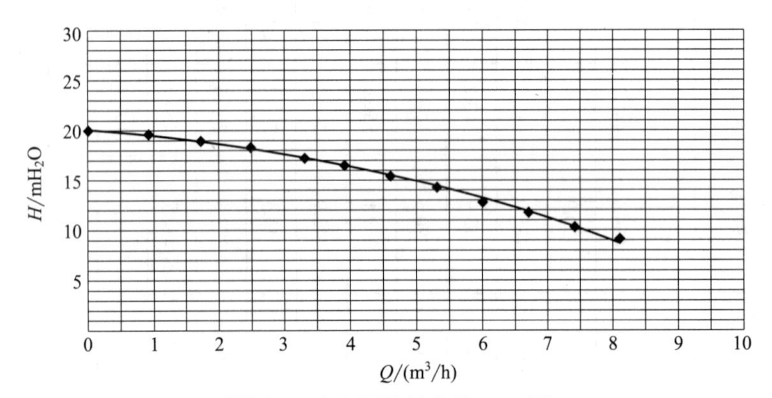

附图 8　离心泵特性曲线 H-Q 图

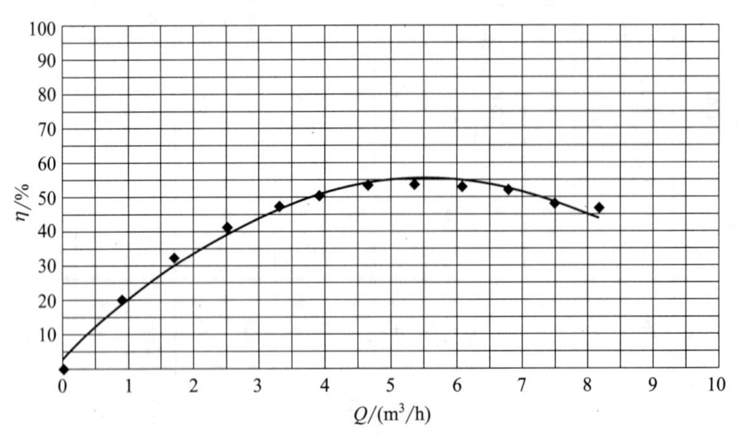

附图 9　离心泵特性曲线 η-Q 图

12. 比例定律实验数据处理示例

附表 13　比例定律实验数据处理结果表

序号	TI101/℃	FI101 /（m^3/h）	PI103 /kPa	PI104 /kPa	功率 JI101/W	转速 SI101 /（r/min）	n_1/n_2	Q_1/Q_2	Q 误差 /%	扬程 H/m	H_1/H_2	H 误差 /%	轴功率 N/W	N_1/N_2	N 误差 /%
1	34.60	8.10	−7.40	74.20	456.00	2814.00				8.85			342.00		
2	34.80	7.30	−5.80	61.40	351.00	2543.00	1.11	1.11	−0.27	7.31	1.21	1.13	263.25	1.30	4.12
3	35.00	6.40	−4.30	49.50	271.00	2263.00	1.24	1.27	−1.78	5.87	1.51	2.54	203.25	1.68	12.49
4	35.20	5.60	−3.00	37.70	203.00	1988.00	1.42	1.45	−2.19	4.48	1.97	1.44	152.25	2.25	20.80
5															

13. 管路特性曲线实验数据处理示例

附表 **14**　管路特性曲线实验数据处理结果表

序号	流量调节 /%	TI101/℃	FI101/（m^3/h）	PI101/kPa	PI102/kPa	H/mH_2O
1	100	34.6	8.10	−7.40	74.20	35.18
2	90	34.8	7.30	−5.80	61.40	31.58
3	80	35.0	6.40	−4.30	49.50	27.98
4	70	35.2	5.60	−3.00	37.70	25.17
5						
6						
7						
8						

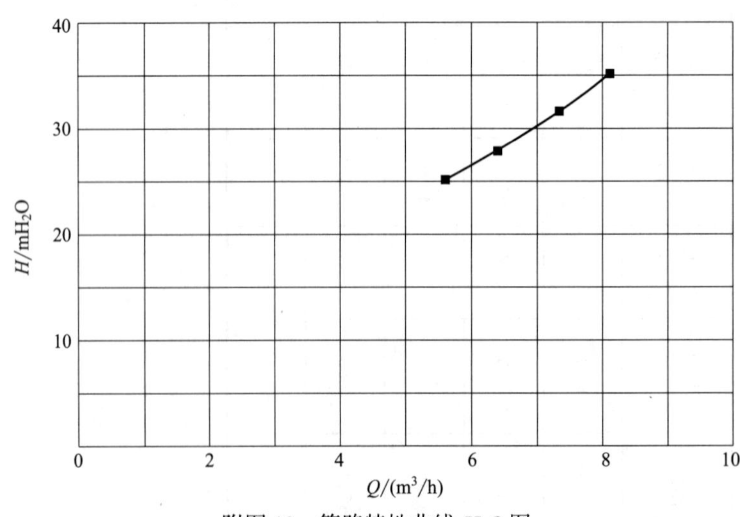

附图 10　管路特性曲线 H-Q 图

14. 离心泵串联特性曲线测定实验数据处理示例

附表 15 离心泵串联特性曲线测定实验数据处理结果表

序号	TT1/℃	FT1/（m^3/h）	PT3/kPa	PT2/kPa	泵串联 H/mH_2O	单 2# 泵 H/mH_2O
1	23.20	7.58	−38.62	152.50	20.46	13.74
2	23.80	7.02	−33.50	213.70	26.06	16.04
3	24.00	6.37	−29.70	258.40	30.11	18.41
4	24.00	5.73	−27.10	299.50	33.92	20.43
5	24.00	5.12	−25.80	331.20	36.92	22.06
6						
7						
8						

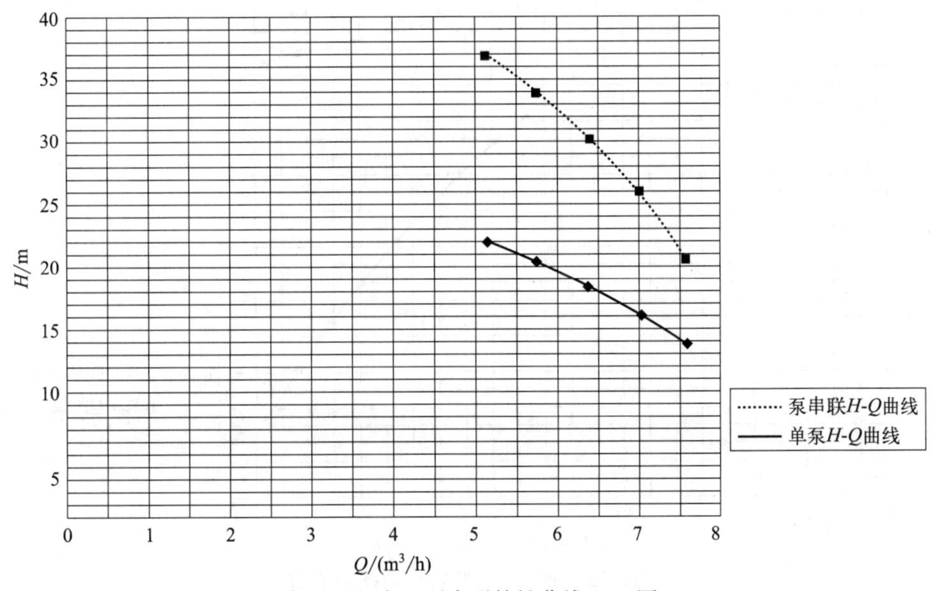

附图 11 离心泵串联特性曲线 H-Q 图

15. 离心泵并联特性曲线测定实验数据处理示例

附表 16　离心泵并联特性曲线测定实验数据处理结果表

序号	TT1/℃	FT1/（m^3/h）	PT1/kPa	PT2/kPa	泵并联 H/mH_2O	2# 泵 H/mH_2O
1	22.00	9.44	-18.90	207.70	24.54	4.36
2	22.50	8.94	-17.40	213.60	24.86	7.14
3	22.70	8.46	-16.20	219.70	25.23	9.63
4	23.00	7.98	-15.20	225.40	25.60	11.94
5	23.20	7.45	-14.60	230.50	25.94	14.29
6	23.80	6.92	-13.70	236.90	26.39	16.43
7	24.00	6.48	-13.10	241.00	26.66	18.03
8	24.30	6.00	-12.30	244.60	26.86	19.62
9	24.60	5.48	-11.60	248.40	27.09	21.14
10						

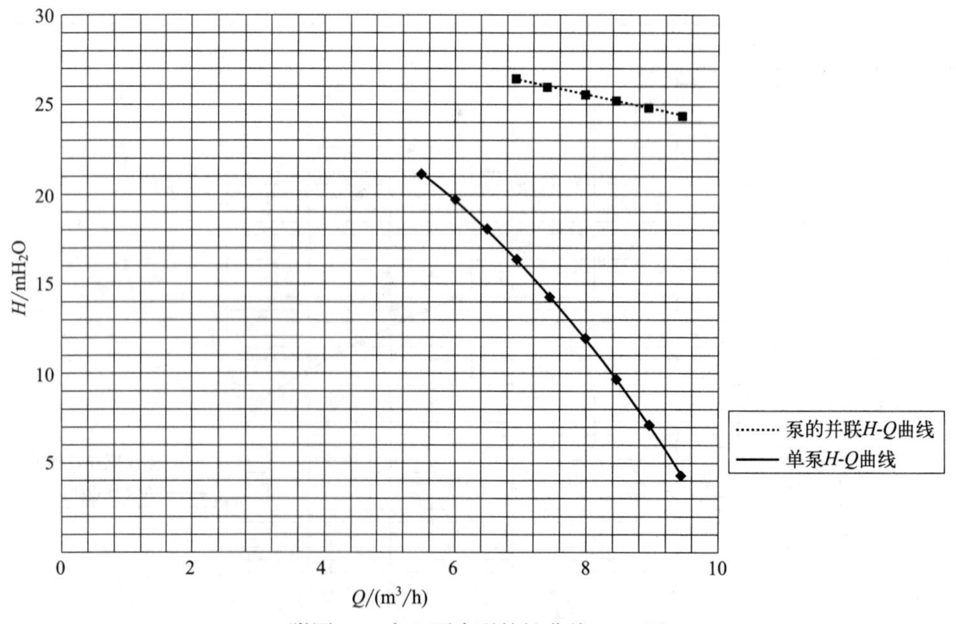

附图 12　离心泵串联特性曲线 H-Q 图

附录六

对流传热系数测定实验数据处理示例

附表　对流传热系数测定实验数据处理结果表

管长 l=1.2m　　　　管径 d= 0.016m

序号	Δp/kPa	p/kPa	t_1/℃	T_{W2}/℃	T_{W1}/℃	t_2/℃	T/℃	ρ/（kg/m^3）	V/（m^3/h）	c_p/［J/（kg·℃）］
1	3.57	10.00	47.18	100.03	103.01	81.33	103.29	1.21249	40.451	1006.7
2										
3										
4										
5										

序号	Q/W	Δt_m/℃	a/［W/（m^2·℃）］	$t_{性}$/℃	μ/（Pa·s）	λ［W/（m·℃）］	Re	$Nu_{实验值}$	$Nu_{公认值}$	γ 相对误差 /%
1	468.42	34.98	222.11	64.25	2.031×10^{-5}	2.928×10^{-2}	53400.85	121.37	120.73	0.53
2										
3										
4										
5										

附录七

精馏实验数据处理示例

一、板式精馏塔实验数据处理

1. 板式精馏塔全回流实验

全回流的实验数据记录与结果如下。

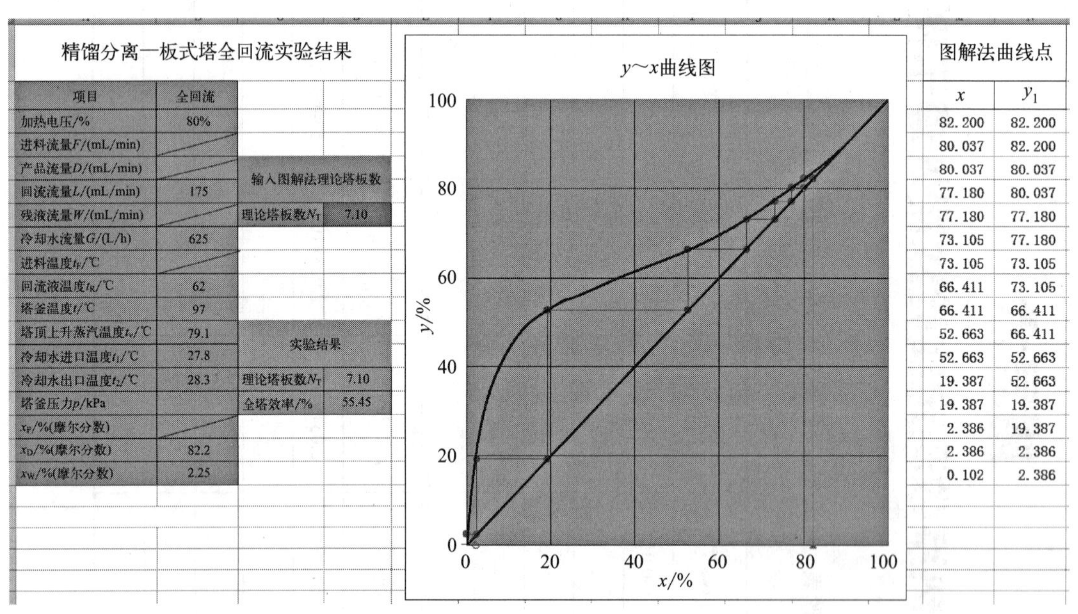

精馏分离一板式塔全回流实验结果

项目	全回流
加热电压/%	80%
进料流量F/(mL/min)	
产品流量D/(mL/min)	
回流流量L/(mL/min)	175
残液流量W/(mL/min)	
冷却水流量G/(L/h)	625
进料温度t_F/℃	
回流液温度t_R/℃	62
塔釜温度t/℃	97
塔顶上升蒸汽温度t_v/℃	79.1
冷却水进口温度t_1/℃	27.8
冷却水出口温度t_2/℃	28.3
塔釜压力p/kPa	
x_F/%(摩尔分数)	
x_D/%(摩尔分数)	82.2
x_W/%(摩尔分数)	2.25

输入图解法理论塔板数	
理论塔板数N_T	7.10

实验结果	
理论塔板数N_T	7.10
全塔效率/%	55.45

图解法曲线点	
x	y_1
82.200	82.200
80.037	82.200
80.037	80.037
77.180	80.037
77.180	77.180
73.105	77.180
73.105	73.105
66.411	73.105
66.411	66.411
52.663	66.411
52.663	52.663
19.387	52.663
19.387	19.387
2.386	19.387
2.386	2.386
0.102	2.386

附图 1　板式精馏塔全回流实验结果

2. 板式精馏塔部分回流实验

部分回流的实验数据记录与结果如下。

二、填料精馏塔实验数据处理

1. 填料精馏塔全回流实验

全回流的实验数据记录与结果如下。

2. 填料精馏塔部分回流实验

部分回流的实验数据记录与结果如下。

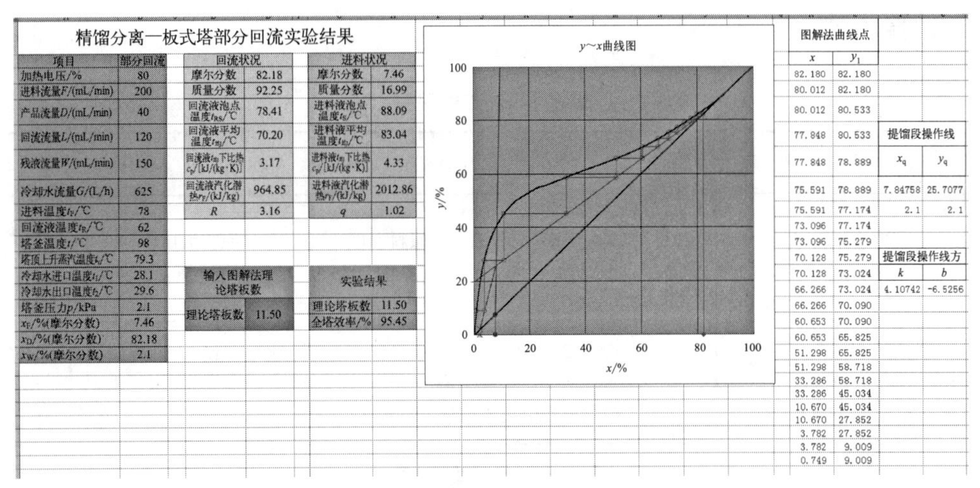

精馏分离一板式塔部分回流实验结果

项目	部分回流
加热电压/%	80
进料流量F/(mL/min)	200
产品流量D/(mL/min)	40
回流流量L/(mL/min)	120
残液流量W/(mL/min)	150
冷却水流量G/(L/h)	625
进料温度t_F/℃	78
回流液温度t_R/℃	62
塔釜温度t/℃	98
塔顶上升蒸汽温度t_v/℃	79.3
冷却水进口温度t_1/℃	28.1
冷却水出口温度t_2/℃	29.6
塔釜压力p/kPa	2.1
x_F/%(摩尔分数)	7.46
x_D/%(摩尔分数)	82.18
x_W/%(摩尔分数)	2.1

回流状况	
摩尔分数	82.18
质量分数	92.25
回流液泡点温度t_{RS}/℃	78.41
回流液平均温度t_{m}/℃	70.20
回流液t_m下比热c_p/[kJ/(kg·K)]	3.17
回流液汽化潜热r_F/(kJ/kg)	964.85
R	3.16

进料状况	
摩尔分数	7.46
质量分数	16.99
进料液泡点温度t_S/℃	88.09
进料液平均温度t_m/℃	83.04
进料液t_m下比热c_p/[kJ/(kg·K)]	4.33
进料液汽化潜热r_F/(kJ/kg)	2012.86
q	1.02

输入图解法理论塔板数	
理论塔板数	11.50

实验结果	
理论塔板数	11.50
全塔效率/%	95.45

图解法曲线点	
x	y_1
82.180	82.180
80.012	82.180
80.012	80.533
77.848	80.533
77.848	78.889
75.591	78.889
75.591	77.174
73.096	77.174
73.096	75.279
70.128	75.279
70.128	73.024
66.266	73.024
66.266	70.090
60.653	70.090
60.653	65.825
51.298	65.825
51.298	58.718
33.286	58.718
33.286	45.034
10.670	45.034
10.670	27.852
3.782	27.852
3.782	9.009
0.749	9.009

提馏段操作线	
x_q	y_q
7.84758	25.7077
2.1	2.1

提馏段操作线方	
k	b
4.10742	-6.5256

附图 2　板式精馏塔部分回流实验结果

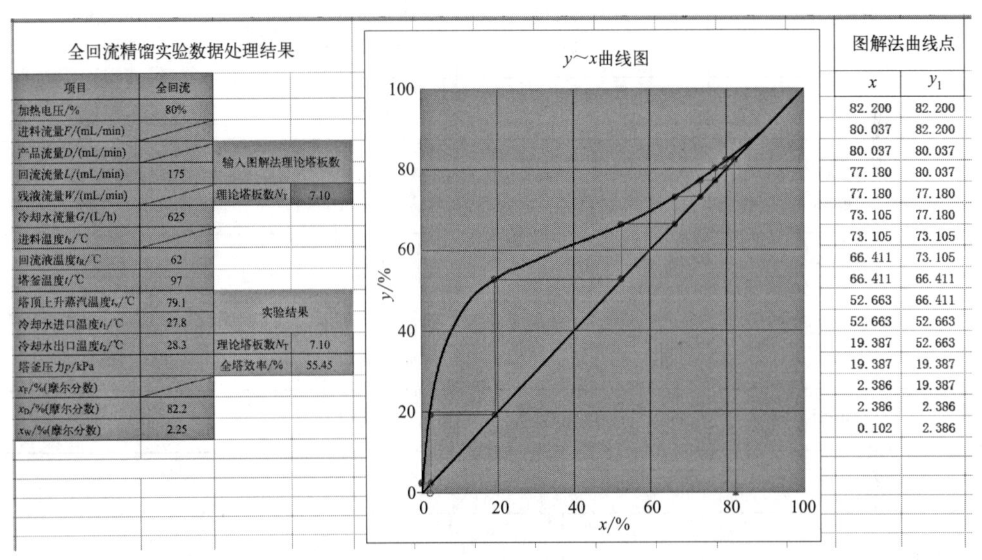

全回流精馏实验数据处理结果

项目	全回流
加热电压/%	80%
进料流量F/(mL/min)	
产品流量D/(mL/min)	
回流流量L/(mL/min)	175
残液流量W/(mL/min)	
冷却水流量G/(L/h)	625
进料温度t_F/℃	
回流液温度t_R/℃	62
塔釜温度t/℃	97
塔顶上升蒸汽温度t_v/℃	79.1
冷却水进口温度t_1/℃	27.8
冷却水出口温度t_2/℃	28.3
塔釜压力p/kPa	
x_F/%(摩尔分数)	
x_D/%(摩尔分数)	82.2
x_W/%(摩尔分数)	2.25

输入图解法理论塔板数	
理论塔板数N_T	7.10

实验结果	
理论塔板数N_T	7.10
全塔效率/%	55.45

图解法曲线点	
x	y_1
82.200	82.200
80.037	82.200
80.037	80.037
77.180	80.037
77.180	77.180
73.105	77.180
73.105	73.105
66.411	73.105
66.411	66.411
52.663	66.411
52.663	52.663
19.387	52.663
19.387	19.387
2.386	19.387
2.386	2.386
0.102	2.386

附图 3　填料精馏塔全回流实验结果

部分回流精馏实验数据处理结果

项目	部分回流
加热电压/%	80
进料流量F/(mL/min)	200
产品流量D/(mL/min)	40
回流流量L/(mL/min)	120
残液流量W/(mL/min)	150
冷却水流量G/(L/h)	625
进料温度t_F/℃	78
回流液温度t_R/℃	62
塔釜温度t/℃	98
塔顶上升蒸汽温度t_v/℃	79.3
冷却水进口温度t_1/℃	28.1
冷却水出口温度t_2/℃	29.6
塔釜压力p/kPa	2.1
x_F/%(摩尔分数)	7.46
x_D/%(摩尔分数)	82.18
x_W/%(摩尔分数)	2.1

回流状况	
摩尔分数	82.18
质量分数	92.25
回流液泡点温度t_{RS}/℃	78.41
回流液平均温度t_{m}/℃	70.20
回流液t_m下比热c_p/[kJ/(kg·K)]	3.17
回流液汽化潜热r_F/(kJ/kg)	964.85
R	3.16

进料状况	
摩尔分数	7.46
质量分数	16.99
进料液泡点温度t_S/℃	88.09
进料液平均温度t_m/℃	83.04
进料液t_m下比热c_p/[kJ/(kg·K)]	4.33
进料液汽化潜热r_F/(kJ/kg)	2012.86
q	1.02

输入图解法理论塔板数	
理论塔板数	11.50

实验结果	
理论塔板数	11.50
全塔效率/%	95.45

y～x曲线图

y/%

x/%

0　20　40　60　80　100

图解法曲线点	
x	y_1
82.180	82.180
80.012	82.180
80.012	80.533
77.848	80.533
77.848	78.889
75.591	78.889
75.591	77.174
73.096	77.174
73.096	75.279
70.128	75.279
70.128	73.024
66.266	73.024
66.266	70.090
60.653	70.090
60.653	65.825
51.298	65.825
51.298	58.718
33.286	58.718
33.286	45.034
10.670	45.034
10.670	27.852
3.782	27.852
3.782	9.009
0.749	9.009

提馏段操作线	
x_q	y_q
7.84758	25.7077
2.1	2.1

提馏段操作线方	
k	b
4.10742	-6.5256

附图 4　填料精馏塔部分回流实验结果

3. 计算示例

附表 1　计算结果表

<table>
<tr><td>项目</td><td colspan="8">原料参数</td></tr>
<tr><td rowspan="2">配料</td><td colspan="2">初始原料量
/kg</td><td colspan="2">原料密度
/（g/cm³）</td><td>原料温度
/℃</td><td colspan="2">原料浓度
（质量分数）</td><td>原料浓度
（摩尔
分数）</td></tr>
<tr><td colspan="2">25.95</td><td colspan="2">0.9762</td><td>15</td><td colspan="2">15.42</td><td>6.66</td></tr>
<tr><td rowspan="16">实验
中间
参数</td><td colspan="8">初始总耗电量表读数 /（kW・h）：5</td></tr>
<tr><td colspan="8">全回流过程参数</td></tr>
<tr><td colspan="2">加热器开度
/%</td><td colspan="2">回流泵开度
/%</td><td colspan="2">回流流量
/（mL/min）</td><td colspan="2">冷却水流量
/（L/h）</td></tr>
<tr><td colspan="2">80</td><td colspan="2">62</td><td colspan="2">155</td><td colspan="2">423</td></tr>
<tr><td colspan="2">塔顶产品密度
/（g/cm³）</td><td colspan="2">塔顶产品温度
/℃</td><td colspan="2">塔顶产品浓度
（质量分数）</td><td colspan="2">塔顶产品浓度
（摩尔分数）</td></tr>
<tr><td colspan="2">0.8159</td><td colspan="2">16</td><td colspan="2">92.04</td><td colspan="2">81.90</td></tr>
<tr><td colspan="2">塔低产品密度
/（g/cm³）</td><td colspan="2">塔低产品温度
/℃</td><td colspan="2">塔低产品浓度
（质量分数）</td><td colspan="2">塔低产品浓度
（摩尔分数）</td></tr>
<tr><td colspan="2">0.9853</td><td colspan="2">32</td><td colspan="2">5.44</td><td colspan="2">2.2</td></tr>
<tr><td colspan="8">部分回流过程参数</td></tr>
<tr><td>加热器
开度
/%</td><td>回流泵频率
/%</td><td>回流流量
/（mL/min）</td><td>产品泵
频率 /%</td><td>产品流量
/（mL/min）</td><td>残液流量
/（mL/min）</td><td>进料
流量 /
（mL/
min）</td><td>冷却水流量
/（L/h）</td></tr>
<tr><td>80</td><td>42</td><td>105</td><td>30</td><td>35</td><td>120</td><td>150</td><td>423</td></tr>
<tr><td colspan="2">塔顶产品密度
/（g/cm³）</td><td colspan="2">塔顶产品温度
/℃</td><td colspan="2">塔顶产品浓度
（质量分数）</td><td colspan="2">塔顶产品浓度
（摩尔分数）</td></tr>
<tr><td colspan="2">0.8192</td><td colspan="2">16</td><td colspan="2">90.82</td><td colspan="2">79.48</td></tr>
<tr><td colspan="2">塔低产品密度
/（g/cm³）</td><td colspan="2">塔低产品温度
/℃</td><td colspan="2">塔低产品浓度
（质量分数）</td><td colspan="2">塔低产品浓度
（摩尔分数）</td></tr>
<tr><td colspan="2">0.9863</td><td colspan="2">35</td><td colspan="2">4.25</td><td colspan="2">1.71</td></tr>
<tr><td colspan="8">结束时总耗电量表读数 /（kW・h）：13</td></tr>
</table>

4. 参数计算过程

回流流量 = 回流泵开度 ×250（mL/min）=155（mL/min）

产品流量 = 产品泵开度 ×117（mL/min）=35（mL/min）

原料浓度根据密度值和温度值可通过查软件得到。

附表 2　最终参数表

最终产品量 /kg	最终产品密度 /（g/cm³）	取样温度 /℃	最终产品浓度（质量分数）	最终产品浓度（摩尔分数）	剩余原料量 /kg
1.65	0.8210	16	90.15	78.18	9.36
最终残液量 /kg	最终残液密度 /（g/cm³）	取样温度 /℃	最终残液浓度（质量分数）	最终残液浓度（摩尔分数）	总耗能 /kW·h
14.26	0.9846	33	5.66	2.29	8
产物收率 /%：58.15			能耗比 /［kg/（kW·h）］：0.186		

5. 参数计算过程

总耗能 = 结束时总耗电量表读数 − 初始总耗电量表读数 =13−5=8（kW·h）

$$产品收率=\frac{最终产品量\times最终产品浓度}{(初始原料量-剩余原料量)\times原料浓度}$$

$$=\frac{1.65\times90.15\%}{(25.95-9.36)\times15.42}=58.15\%$$

$$能耗比=\frac{最终产品量\times最终产品浓度}{总耗能}=\frac{1.65\times90.15\%}{8}=0.186$$

附录八

吸收实验数据处理示例

附表 1　吸收实验数据处理表

原始实验数据		装置基本参数			
混合气流量 FI102/（m^3/h）	11.4	填料层高度 Z/m	1.700		
混合气温度 TI101/℃	27.3	塔的横截面积 Ω/m^2	0.008		
混合气表压 /kPa	8.2	计算结果		平衡线	
二氧化碳流量 /（L/min）	4.0	塔内操作压力 p/kPa	103.150	x/%	y^*/%
二氧化碳表压 /MPa	0.2	混合气的摩尔流率 $V/[mol/(m^2 \cdot s)]$	17.678	0.0000	0.0000
吸收剂流量 FI101/（L/h）	726.0	水的摩尔流率 $L/[mol/(m^2 \cdot s)]$	1427.223	0.0014	2.4424
吸收剂温度 TI102/℃	29.7	塔底液相组成 x_1/%（摩尔分数）	0.00136	操作线	
塔顶底压差 /cmH_2O	37.0	亨利系数 E/kPa	184914.843	x/%	y/%
		相平衡常数 m	1792.679	0.0014	2.5200
		吸收因数 A	0.045	0.0000	2.4100
塔顶、底组成		实验结果			
塔底气相组成 y_1/%（摩尔分数）	2.52	总传质单元数 N_{OL}	3.60		
塔顶气相组成 y_2/%（摩尔分数）	2.41	总传质单元高度 H_{OL}/m	0.47		
塔顶液相组成 x_2/%（摩尔分数）	0.00	体积吸收系数 $K_xa/[mol/(m^3 \cdot s)]$	3021.09		

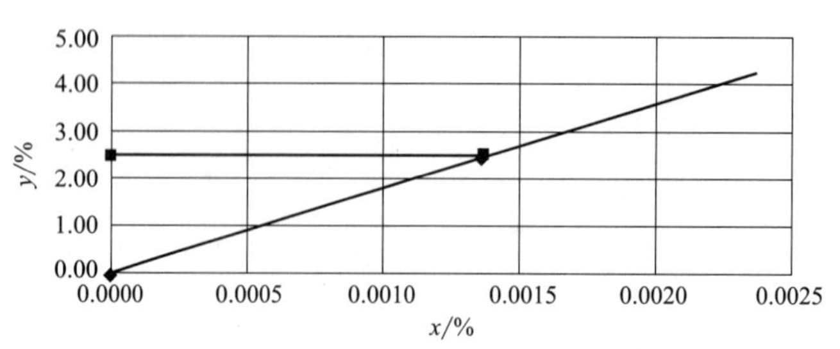

附图 1　吸收气液平衡线 $y \sim x$ 图

参考文献

[1] 周长丽. 化工单元操作. 3 版. 北京：化学工业出版社，2022.

[2] 吕维忠，刘波，罗仲宽，等. 化工原理实验技术. 北京：化学工业出版社，2016.

[3] 包强，张建，罗明检 . 化工原理实验 . 北京：石油工业出版社，2022.

[4] 王志魁 . 化工原理. 5 版. 北京：化学工业出版社，2017.

[5] 何潮洪，冯霄. 化工原理. 2 版. 北京：科学出版社，2016.

[6] 姚玉英，陈常贵，柴诚敬. 化工原理学习指南. 2 版. 天津：天津大学出版社，2013.

[7] 周长丽，任珂. 化工原理. 北京：化学工业出版社，2024.